関数解析

関数解析

岡本 久・中村 周

岩波書店

まえがき

　本書は関数解析の入門書である．関数解析の教科書は実に多いにもかかわらずあえてさらに一書を付け加える必要性を，筆者らはそれほど感じなかった．にもかかわらず執筆を引き受けたのは，「具体例から学ぶ，ユーザーのための関数解析の教科書」を書いてみれば少しはものの役に立つかもしれないと考えたからである．応用家のための入門書を目指して執筆を進めた．入門書とはいえ，多くの定理の証明などを他の標準的な教科書に依存している点が初学者にはとっつきにくいかもしれない．本書だけで大体の知識が得られるように配慮してはいない．その代わり，証明のありかはできる限り丁寧に参照したつもりである．前半第1〜5章は中村が，後半第6〜11章は岡本が担当した．前半と後半で記号などに統一性があるように配慮したつもりであるが，まだ不整合が残っているかもしれない．内容に関する勘違いとともに，読者のお叱りを待つことにしたい．

　本書の目的は，「関数解析が数理物理学や応用数学でどのように役立っているか」を解説することである．特に，(偏)微分方程式の解析に不可欠な材料・手法を紹介し，それを通じて自然に物理現象の数学的理解の重要性を浮かび上がらせたい．そういった意味での「ユーザーのための関数解析入門」である．そもそも筆者らは二人とも関数解析の専門家ではなく，自分たちの専門のために関数解析を利用してきた際のノウハウをここにまとめたものが本書である．既存の関数解析の教科書には大部なものが多い．その厚みだけでくじけてしまう初学者も多いことであろう．本書は関数解析を本格的に勉強するには適していないかもしれないが，関数解析を使う人のための手引きとして役立ってくれることを願っている．

　「ユーザーのための」とはいうものの本書の前半は入門的であり，定義・

定理・証明をある程度丁寧に説明する．ページ数の関係で割愛した話題あるいは証明も多いが，藤田-黒田-伊藤『関数解析』などを参照していただくようにその都度注釈を入れた．第1章から第4章までで最小限の知識を概観する．しかし，ここまでは話を有界作用素に限ることにした．最小限の知識を得るにはまずは非有界作用素を排除しておいた方がわかりやすいと考えたからである．非有界作用素は第5章でBanach空間の一般論とともに論ずることにする．

後半はいわゆる応用の部分である．応用では非有界作用素あるいは非線形作用素の取り扱いが不可欠である．これを本格的に論ずると膨大なページ数を消費するのであまり初学者を驚かすようなことはやめて，むしろ使い方の例を紹介することに専念する．応用は，流体力学や数値解析学から例をとった．予定ではSchrödinger方程式からも例をとることになっていたが，時間とページ数の関係でほとんど入れることができなかったのは残念でならない．

本書の構成は次のようになっている．

第1章 ノルム空間とBanach空間
　ノルム，有界作用素などの，関数解析の基本的な用語を準備する．基本的には，線形代数の用語の自然な拡張と考えてよい．

第2章 Hilbert空間
　Euclid空間，またはHermite空間の無限次元への拡張であるHilbert空間の基本的な性質，例えば，正規直交基底の存在や，Rieszの表現定理，共役作用素などについて論じる．

第3章 スペクトル定理
　Hilbert空間上の自己共役作用素の構造定理である，スペクトル定理について論じる．これは，対称行列の対角化の拡張であり，量子力学などの応用においてきわめて重要な役割を果たす．

第4章 コンパクト作用素
　Jordan標準形の定理は，一般の有界作用素には拡張できないが，「コンパクト作用素」と呼ばれる特別な作用素に対しては，類似の定理が成立

する．これは，例えば積分作用素に応用できる．

第5章　線形作用素

第4章までは，もっぱら有界な線形写像について論じたが，応用上現れる作用素，例えば微分作用素は有界ではない．この章では，有界ではない作用素を取り扱うための手法について論じる．

第6章　注意と補足

この章ではいくつかの注意をする．無限次元と有限次元の違い，一般の Banach 空間と Hilbert 空間の違いなど，あまり単純な類推を行うと失敗するような例をあげる．

第7章　Lebesgue 空間と Sobolev 空間

Lebesgue 空間とは p 乗可積分な関数全体のなす空間であり，Sobolev 空間は関数のみならずその導関数まで含めて p 乗可積分な関数全体のなす空間である．これらは Banach 空間の中で最も使用頻度の高いものであるので，1章を設けて理論を概観する．とはいえ，Sobolev 空間だけで大部な書物ができるほどであるから，例によって，詳しいところはそういった成書に譲らねばならない．したがって詳しく説明するのは理解を助けるような具体例である．

第8章　積分方程式と積分変換

積分方程式は積分変換を含む関数方程式である．積分変換には実に多くの種類があるが，その種類の多さ自体が応用上の重要性を物語っている．積分変換はつねに，適当な関数空間上の有界線形作用素として実現できるので，これらは線形作用素の理論を復習したり，理論に慣れるのに非常に適している．このゆえに1章を設ける．

第9章　不動点定理

非線形作用素に対する不動点定理を紹介する．Schauder の不動点定理，Leray–Schauder の不動点定理が応用上もっとも重要であるが，その他の原理も紹介する．応用として Krein–Rutman 理論を紹介する．

第10章　流体力学への応用

Navier–Stokes 方程式という，現在活発に研究されている非線形偏微分

方程式を取り上げ，関数解析の概念・手法がどのように応用されているのかを紹介する．

第11章　関数解析的数値解析学

数値解析学あるいは近似理論などの概念が，関数解析の言葉に翻訳される．これによって，数値計算という一見どろくさい応用分野が，実は美しい数学的な体系を持っていることを理解する．

俣野博氏は筆者らの原稿を丁寧に読んで多くのコメントをくださり，その結果多くの改良が得られた．中でも，本書の中のKrein–Rutman理論の定理9.15の証明は俣野氏から教えていただいたものであることをここに明記させていただきたい．筆者のうち岡本は，日頃より杉原正顯氏から数値解析学に関する多大の影響を直接間接に受けてきた．のみならず，同氏からは最終章の原稿に関して貴重なアドバイスをいただいた．ここに厚く御礼を申し上げる次第である．

2005年11月

岡本 久・中村 周

目 次

まえがき ・・・・・・・・・・・・・・・・・・・ v

第1章 ノルム空間と Banach 空間 ・・・・・・・ 1
§1.1 ノルム空間と Banach 空間の定義 ・・・・・・ 1
§1.2 有界作用素 ・・・・・・・・・・・・・・・ 4
§1.3 レゾルベントとスペクトル ・・・・・・・・ 9
§1.4 Lebesgue 空間 ・・・・・・・・・・・・・ 13
演習問題 ・・・・・・・・・・・・・・・・・・ 17

第2章 Hilbert 空間 ・・・・・・・・・・・・・ 19
§2.1 Hilbert 空間の定義 ・・・・・・・・・・・ 19
§2.2 正規直交基底 ・・・・・・・・・・・・・・ 24
§2.3 正規直交基底の存在 ・・・・・・・・・・・ 26
§2.4 正規直交基底の例 ・・・・・・・・・・・・ 29
§2.5 共役空間と Riesz の表現定理 ・・・・・・・ 33
§2.6 Hilbert 空間上の有界作用素 ・・・・・・・ 38
§2.7 いくつかの有界作用素の例 ・・・・・・・・ 44
演習問題 ・・・・・・・・・・・・・・・・・・ 47

第3章 スペクトル定理 ・・・・・・・・・・・ 49
§3.1 自己共役作用素の関数 ・・・・・・・・・・ 50
§3.2 直交射影 ・・・・・・・・・・・・・・・・ 54
§3.3 スペクトル射影 ・・・・・・・・・・・・・ 57
§3.4 スペクトル分解 ・・・・・・・・・・・・・ 63

- §3.5 スペクトルの分類 ・・・・・・・・・・・・・ *66*
- §3.6 いくつかの実例 ・・・・・・・・・・・・・・ *72*
- §3.7 かけ算型のスペクトル定理 ・・・・・・・・・ *79*
- 演習問題 ・・・・・・・・・・・・・・・・・・・ *80*

第4章 コンパクト作用素 ・・・・・・・・・ *81*

- §4.1 コンパクト作用素の定義と弱収束 ・・・・・・ *82*
- §4.2 コンパクト作用素の基本的性質といくつかの例・ *84*
- §4.3 コンパクト作用素のスペクトル論 ・・・・・・ *89*
- 演習問題 ・・・・・・・・・・・・・・・・・・・ *94*

第5章 線形作用素 ・・・・・・・・・・・・ *97*

- §5.1 作用素の定義域, 閉作用素 ・・・・・・・・・ *98*
- §5.2 共役空間と Hahn–Banach の拡張定理 ・・・・ *102*
- §5.3 一様有界性の原理 ・・・・・・・・・・・・・ *105*
- §5.4 共役作用素 ・・・・・・・・・・・・・・・・ *108*
- §5.5 スペクトル分解 ・・・・・・・・・・・・・・ *114*
- 演習問題 ・・・・・・・・・・・・・・・・・・・ *118*

第6章 注意と補足 ・・・・・・・・・・・・ *121*

- §6.1 無限次元と有限次元の違いについて ・・・・・ *121*
- §6.2 汎弱収束 ・・・・・・・・・・・・・・・・・ *124*
- §6.3 基 底 ・・・・・・・・・・・・・・・・・ *125*
- §6.4 同 型 ・・・・・・・・・・・・・・・・・ *127*
- 演習問題 ・・・・・・・・・・・・・・・・・・・ *127*

第7章 Lebesgue 空間と Sobolev 空間 ・・・・・ *131*

- §7.1 Lebesgue 空間 ・・・・・・・・・・・・・・・ *131*
- §7.2 Fourier 変換とウェーブレット変換 ・・・・・ *139*

- §7.3　Fourier 変換と合成積 ・・・・・・・・・・・・ *144*
- §7.4　Sobolev 空間 ・・・・・・・・・・・・・・・・ *147*
- §7.5　Rellich–Kondrachov のコンパクト性定理 ・・・ *157*
- §7.6　Dirichlet の原理 ・・・・・・・・・・・・・・・ *158*

第8章　積分方程式と積分変換 ・・・・・・・ *163*

- §8.1　各種の積分方程式 ・・・・・・・・・・・・・・ *163*
- §8.2　Hilbert 変換 ・・・・・・・・・・・・・・・・・ *169*
- §8.3　Hilbert 変換を含む偏微分方程式 ・・・・・・・ *177*
  - （a）　Constantin–Lax–Majda 方程式 ・・・・・・ *177*
  - （b）　Levi-Civita 方程式 ・・・・・・・・・・・・ *178*
  - （c）　Benjamin–Ono 方程式 ・・・・・・・・・・ *179*
- §8.4　離散 Hilbert 変換 ・・・・・・・・・・・・・・ *180*

第9章　不動点定理 ・・・・・・・・・・・・・ *181*

- §9.1　Brouwer の不動点定理 ・・・・・・・・・・・ *181*
- §9.2　Banach 空間における不動点定理 ・・・・・・ *184*
- §9.3　Krein–Rutman 理論 ・・・・・・・・・・・・ *191*

第10章　流体力学への応用 ・・・・・・・・・ *199*

- §10.1　Navier–Stokes 方程式 ・・・・・・・・・・・ *199*
- §10.2　付録: Navier–Stokes 方程式の導き方 ・・・ *208*
  - （a）　構成方程式 ・・・・・・・・・・・・・・・ *211*
  - （b）　Stokes の流体公理 ・・・・・・・・・・・・ *212*
  - （c）　古典的流体力学 ・・・・・・・・・・・・・ *214*

第11章　関数解析的数値解析学 ・・・・・・・ *217*

- §11.1　最良近似 ・・・・・・・・・・・・・・・・・ *217*
- §11.2　関数族の完全性 ・・・・・・・・・・・・・・ *224*
- §11.3　Wiener の定理 ・・・・・・・・・・・・・・ *231*

§11.4　数値積分の関数解析的解釈 ・・・・・・・・・ *234*
§11.5　Lax–Milgram の定理 ・・・・・・・・・・・・ *237*
§11.6　最良近似としての Galerkin 法 ・・・・・・・ *239*
§11.7　Trefftz 法 ・・・・・・・・・・・・・・・・・ *241*
§11.8　境界要素法 ・・・・・・・・・・・・・・・・ *245*
　　　演習問題 ・・・・・・・・・・・・・・・・・・ *248*
あとがき ・・・・・・・・・・・・・・・・・・・・・ *251*
参考文献 ・・・・・・・・・・・・・・・・・・・・・ *255*
演習問題解答 ・・・・・・・・・・・・・・・・・・・ *261*
索　　引 ・・・・・・・・・・・・・・・・・・・・・ *269*

1 ノルム空間と Banach 空間

この章においては，ノルム空間と Banach 空間のごく基本的な定義や性質について述べる．この章のひとつの目的は，次の章の Hilbert 空間についての議論をするための最低限の一般論を準備することにある．Banach 空間の上の作用素についてのもっと詳しい議論，特に完備性から導かれる深い結果は，後の章にまわすことにする．実例についても，この章では多くは述べないし，定理，命題や実例の主張のかなりの部分が演習にまわされている．初めて読むときは，あまり細かい部分にとらわれずに読み進んでほしい．関数空間やその上の作用素についての具体的なイメージがつかめるようになると，証明は自ずから明らかになってくるはずである．

§1.1 ノルム空間と Banach 空間の定義

以降では，X を複素数体 $\mathbb{C}$ 上の線形空間（複素ベクトル空間）とする．実数体 $\mathbb{R}$ 上の線形空間とも考えることもできるが，特に注意しない限り係数体は複素数ということにしよう．以下の多くの議論は，単に係数体を実数に制限して複素共役を省略すれば，実数体上で成立する．線形空間についての復習はここではしないので，部分空間，線形独立，線形写像などの用語に不慣れな人は適切な線形代数の教科書を参照してほしい．記号として，多くの場合，$\alpha, \beta, \gamma \in \mathbb{C}$ によってスカラー量を，$u, v, w \in X$ によって線形空間の要素

を表す.ただし,関数のなす線形空間を考えるときは,その要素を f, g, h 等で,その変数を x, y, z 等で表す.

最初に,線形空間の上のノルムを定義する.これは,長さという概念の公理化と思ってよい.

定義 1.1 線形空間 X から,非負実数の集合 $\mathbb{R}_+ = [0, \infty)$ への写像:
$$\|\cdot\| : u \in X \longmapsto \|u\| \in \mathbb{R}_+$$
がノルム(norm)であるとは,次の性質,(i)–(iii)を満たすことである.

(i) $\alpha \in \mathbb{C}$, $u \in X$ に対し,$\|\alpha u\| = |\alpha| \|u\|$ (斉次性).

(ii) $u, v \in X$ に対し,$\|u+v\| \leq \|u\| + \|v\|$ (三角不等式).

(iii) $\|u\| = 0$ の必要十分条件は $u = 0$. □

線形空間 X とその上のノルム $\|\cdot\|$ が与えられたとき,この組 $(X, \|\cdot\|)$ を**ノルム空間**(normed linear space)と呼ぶ.しばしば省略して,「X がノルム空間のとき…」という表現を用いるが,これは暗黙のうちにノルムを組み合わせて考えている.

さて,$(X, \|\cdot\|)$ をノルム空間とすると,この「長さ」によって収束を定義することができる.

定義 1.2 $u, u_1, u_2, \cdots \in X$ とする.点列 $\{u_n\}$ が u に(X で)収束するとは,$n \to \infty$ のとき,$\|u - u_n\| \to 0$ が成立することである. □

次に述べる性質は「ノルムの連続性」と呼ばれ,この収束の定義がノルムと整合的なことを保証している.

命題 1.3 $u, u_1, u_2, \cdots \in X$ とするとき,$u_n \to u$ ならば,$\|u_n\| \to \|u\|$.

[証明] まず三角不等式から,
$$\|u_n\| - \|u\| \leq \|u_n - u\|, \quad \|u\| - \|u_n\| \leq \|u - u_n\|$$
がそれぞれ示される.したがって,
$$|\|u\| - \|u_n\|| \leq \|u - u_n\|$$
が得られる.命題の主張はこれからただちに従う. ■

微積分学で学んだように,収束する点列は Cauchy 列である.すなわち,$n, m \to \infty$ のとき,三角不等式により,
$$\|u_n - u_m\| \leq \|u_n - u\| + \|u_m - u\| \to 0$$

が成立する．微積分学の基本的な定理として，「実数，あるいは(有限次元の) Euclid 空間での Cauchy 列は必ず収束する」という事実を学んだ．これは，一般のノルム空間では必ずしも成立しない．任意の Cauchy 列が収束するとき，このノルム空間は**完備**(complete)であると呼ばれる．

定義 1.4 完備なノルム空間を **Banach 空間**(Banach space)と呼ぶ．つまり，ノルム空間 $(X, \|\cdot\|)$ が Banach 空間であるとは，任意の Cauchy 列 $\{u_n\}$ に対して，$u \in X$ が存在して，$\{u_n\}$ が u に収束することである． □

例 1.5 有限次元の複素ベクトル空間 $\mathbb{C}^N$ における標準的な長さ：

$$|u| = \left(\sum_{j=1}^{N} |u_j|^2 \right)^{1/2} \quad (u = (u_1, \cdots, u_N) \in \mathbb{C}^N)$$

がこれらの公理を満たすことは，容易に確かめられる．しかし，$\mathbb{C}^N$ 上のノルムはこれだけではない．例えば，

$$|u|_1 = \sum_{j=1}^{N} |u_j|, \quad |u|_\infty = \max_{j=1,\cdots,N} |u_j|$$

も，それぞれノルムの公理を満たす．この証明は簡単なので，読者自ら確かめてほしい．一般に，有限次元空間の上で定義されたノルムはすべて同値であることが示される．つまり，$\|\cdot\|_1, \|\cdot\|_2$ を有限次元線形空間 X 上のふたつのノルムとするとき，ある定数 $C > 0$ が存在して

$$C^{-1} \|u\|_1 \leqq \|u\|_2 \leqq C \|u\|_1 \quad (u \in X)$$

が成立する．(上の $|\cdot|_1, |\cdot|_\infty$ について確かめてみよ．) □

例 1.6 無限次元のベクトル空間の最初の例として，有界な無限数列の作る空間：

$$\ell^\infty = \left\{ u = (x_1, x_2, \cdots) \ \Big| \ \sup_{1 \leqq j < \infty} |x_j| < \infty \right\}$$

を考えよう．ℓ^∞ のノルムを

$$\|u\|_\infty = \sup_j |x_j| \quad (u = (x_1, x_2, \cdots) \in \ell^\infty)$$

で定義すると，これはノルムの公理を満たす．さらに，$(\ell^\infty, \|\cdot\|_\infty)$ は Banach 空間である(演習問題 1.8)． □

例 1.7 K を $\mathbb{R}$ の有界閉部分集合とする．このとき，K 上の連続関数全体のなす関数空間を
$$C(K) = \{f(x) \mid f \text{ は } K \text{ 上連続}\}$$
と書く．$C(K)$ は普通の線形演算によって，線形空間になる．つまり，$f, g \in C(K)$, $\alpha, \beta \in \mathbb{C}$ のとき，
$$(\alpha f + \beta g)(x) = \alpha f(x) + \beta g(x) \quad (x \in K)$$
で線形演算は定義され，恒等的に 0 の関数が $C(K)$ の零元となる．多くの場合，関数空間の演算はこのようにして定義される．このとき，
$$\|f\|_\infty = \sup_{x \in K} |f(x)| \quad (f \in C(K))$$
とおくと，これはノルムの公理を満たし，$(C(K), \|\cdot\|_\infty)$ は Banach 空間である．一方，別のノルム $\|\cdot\|_1$ を
$$\|f\|_1 = \int_{x \in K} |f(x)| dx \quad (f \in C(K))$$
で定義すると，これもノルムの公理を満たすが完備ではない(演習問題 1.1)．
□

§1.2 有界作用素

線形代数で学んだように，一般に X と Y を線形空間とするとき X から Y への写像 A が線形写像であるとは，
$$A(\alpha u + \beta v) = \alpha A(u) + \beta A(v) \quad (u, v \in X, \ \alpha, \beta \in \mathbb{C})$$
が成立するときにいう．関数解析においては，(歴史的理由から)線形写像のことを**線形作用素**(linear operator)，または単に**作用素**(operator)と呼ぶ．行列の記法と同様に，括弧を省略して $A(u) = Au$ と書くことが多い．X から Y への線形写像の集合は，それ自体線形空間である．つまり，A, B が線形写像，$\alpha, \beta \in \mathbb{C}$ のとき，
$$(\alpha A + \beta B)(u) = \alpha Au + \beta Bu \quad (u \in X)$$
によって，自然に線形演算を定義することができる．これは，行列の演算と

同じであるから説明の必要はないだろう．零元は，すべての要素を $0 \in Y$ に写す写像である．以下，断らない限り X, Y, Z 等はノルム空間とする．

定義 1.8 X から Y への線形作用素 A が**有界**(bounded)であるとは，定数 $C>0$ が存在して，
$$\|Au\|_Y \leqq C\|u\|_X \quad (u \in X) \tag{1.1}$$
が成立することである．ここで，X, Y でのノルムをそれぞれ $\|\cdot\|_X, \|\cdot\|_Y$ で表した．(以下，しばしばこの記法を用いる．) □

(1.1)を満たす $C \geqq 0$ の下限を A の**作用素ノルム**(operator norm)，または単に**ノルム**(norm)と呼び，$\|A\|$ で表す．すると，
$$\begin{aligned}\|A\| &= \inf\{C \geqq 0 \mid \|Au\| \leqq C\|u\|, \, u \in X\} \\ &= \inf\{C \geqq 0 \mid \|Au\|/\|u\| \leqq C, \, u \neq 0\} \\ &= \sup_{u \neq 0} \frac{\|Au\|}{\|u\|} = \sup_{\|u\|=1} \|Au\|\end{aligned}$$
である(各自，これらの等式を確かめよ)．これからただちにわかるように，
$$\|Au\|_Y \leqq \|A\| \, \|u\|_X \quad (u \in X)$$
が成立する．X から Y への有界作用素全体の集合を $B(X,Y)$ で表す．特に $X=Y$ のときは $B(X,Y)=B(X)$ で表し，X の上の有界線形作用素の空間，という言い方をする．

命題 1.9 $(B(X,Y), \|\cdot\|)$ はノルム空間である．ここで，$\|\cdot\|$ は作用素ノルムとする．

[証明] $A, B \in B(X,Y), \, \alpha, \beta \in \mathbb{C}, \, u \in X$ のとき，
$$\begin{aligned}\|(\alpha A+\beta B)u\| &= \|\alpha(Au)+\beta(Bu)\| \leqq |\alpha|\|Au\|+|\beta|\|Bu\| \\ &\leqq (|\alpha|\|A\|+|\beta|\|B\|)\|u\|\end{aligned}$$
だから，$\alpha A + \beta B \in B(X,Y)$ であり，特に $\alpha=\beta=1$ とすれば，三角不等式
$$\|A+B\| \leqq \|A\|+\|B\|$$
が得られる．ノルムの公理のうち，他のふたつは容易だから省略する． ∎

さて，$A \in B(Y,Z), \, B \in B(X,Y)$ ならば，線形写像の合成によって，線形写像 $(AB)(u) = A(B(u)) \, (u \in X)$ が定義されるが，実は $AB \in B(X,Z)$ である．

命題 1.10 $A \in B(Y,Z)$, $B \in B(X,Y)$ ならば, $AB \in B(X,Z)$ であり,
$$\|AB\| \leq \|A\|\|B\|$$
が成立する．特に，$A, B \in B(X)$ ならば，$AB \in B(X)$ である． □

証明は，
$$\|ABu\| = \|A(B(u))\| \leq \|A\|\|Bu\| \leq \|A\|\|B\|\|u\| \quad (u \in X)$$
よりただちに従う．次に，作用素の有界性と連続性の関係を注意しよう．写像が連続であるとは，いつものように
$$A: X \mapsto Y \text{ が連続} \iff u_n \to u \text{ ならば, } Au_n \to Au$$
によって定義される．

命題 1.11 X から Y への線形作用素 A が連続であるための必要十分条件は，$A \in B(X,Y)$，すなわち有界であることである．

［証明］　まず A が有界と仮定する．すると，$u_n \to u$ ならば，
$$\|Au_n - Au\| \leq \|A\|\|u_n - u\| \to 0 \quad (n \to \infty)$$
だから，明らかに A は連続である．逆に，A が有界でないと仮定しよう．すると，任意の $n \geq 1$ に対して $u_n \in X \setminus \{0\}$ で，
$$\|Au_n\| \geq n\|u_n\|$$
を満たすものが存在するはずである．そこで，
$$v_n = \frac{1}{\sqrt{n}} \frac{u_n}{\|u_n\|}$$
とおく．v_n のノルムは容易に計算できて，$n \to \infty$ のとき $\|v_n\| = n^{-1/2} \to 0$ である．一方，u_n の選び方から
$$\|Av_n\| = \frac{1}{\sqrt{n}} \frac{\|Au_n\|}{\|u_n\|} \geq \sqrt{n}$$
であり，Av_n は 0 に収束しない．したがって A は連続ではない． ■

ここからは，Banach 空間の上の有界作用素を考えることにしよう．まず，Banach 空間の上の有界作用素の空間は，それ自身 Banach 空間になる．

命題 1.12 Y が Banach 空間ならば，$B(X,Y)$ も Banach 空間である．特に，X が Banach 空間ならば $B(X)$ も Banach 空間である．

［証明］　$A_1, A_2, \cdots \in B(X,Y)$ が $B(X,Y)$ の中の Cauchy 列であるとしよ

う．すると，任意の $u \in X$ に対して，
$$\|A_n u - A_m u\| \leqq \|A_n - A_m\| \|u\| \to 0 \quad (n, m \to \infty)$$
であるから，$A_n u$ も Y の中の Cauchy 列である．仮定より Y は完備なので極限が存在する．この極限を，Au と書くことにしよう．つまり，
$$Au = \lim_{n \to \infty} A_n u \quad (u \in X).$$
A が線形作用素であることは定義から容易に確かめられる．実際，
$$A(\alpha u + \beta v) = \lim(\alpha A_n u + \beta A_n v) = \alpha \lim A_n u + \beta \lim A_n v$$
$$= \alpha Au + \beta Av$$
である．一方，仮定より任意の $\varepsilon > 0$ に対して N を十分大きくとれば

(1.2) $\qquad \|(A_n - A_m)u\| \leqq \varepsilon \|u\| \quad (n, m \geqq N, u \in X)$

である．したがって特に $\varepsilon = 1$ の場合より，$n \geqq N$ なら，
$$\|A_n u\| \leqq \|A_N u\| + \|(A_n - A_N)u\| \leqq (\|A_N\| + 1)\|u\|.$$
ここで $n \to \infty$ の極限を考えると，ノルムの連続性(命題1.3)を用いて，
$$\|Au\| = \lim \|A_n u\| \leqq (\|A_N\| + 1)\|u\|$$
となり，A は有界であることが示された．また，(1.2)で $m \to \infty$ の極限をとると，ふたたびノルムの連続性を用いて
$$\|(A_n - A)u\| \leqq \varepsilon \|u\| \quad (n \geqq N, u \in X)$$
を得る．ゆえに $\|A_n - A\| \leqq \varepsilon$ となり，$n \to \infty$ のとき $A_n \to A$ であることが証明された． ■

次の定理は，証明は決して難しくないが，しばしばきわめて有用である．

定理 1.13 X をノルム空間，Y を Banach 空間，$\widetilde{X}$ を X の稠密な(線形)部分空間とする．$\widetilde{A}$ が $\widetilde{X}$ から Y への有界作用素であるとする．つまり，$\widetilde{A}$ は $\widetilde{X}$ から Y への線形写像で，$C < \infty$ が存在し
$$\|\widetilde{A}u\|_Y \leqq C\|u\|_X \quad (u \in \widetilde{X})$$
が成立すると仮定する．このとき，$\widetilde{A}$ は X から Y への有界線形作用素 $A \in B(X, Y)$ に一意的に拡張される．

［証明］ 任意の $u \in X$ に対して，$\widetilde{X}$ の稠密性から $u_1, u_2, \cdots \in \widetilde{X}$ が存在して $u_n \to u$ となる．このとき，
$$Au = \lim_{n \to \infty} \widetilde{A} u_n$$

と定義しよう．まず，この極限は存在する．なぜなら，$\widetilde{A}$ の有界性から $\{\widetilde{A}u_n\}$ は Cauchy 列であり，Y の完備性から極限が存在する．$\widetilde{A}$ の連続性から，Au は点列 $\{u_n\}$ のとり方によらず決まる．実際，$u_n \to u$, $v_n \to u$ ならば
$$\|\widetilde{A}u_n - \widetilde{A}v_n\| \leqq C\|u_n - v_n\| \to 0 \quad (n \to \infty)$$
なので，$\lim \widetilde{A}u_n = \lim \widetilde{A}v_n$ となる．特に，$u \in \widetilde{X}$ ならば $Au = \widetilde{A}u$ である．このことから線形性も容易に示される．次に，ノルムの連続性を用いると，
$$\|Au\| = \lim_{n\to\infty} \|\widetilde{A}u_n\| \leqq C \lim_{n\to\infty} \|u_n\| = C\|u\|$$
であるから A は有界である．また，$B \in B(X, Y)$ が同じ性質を満たすならば，$(A-B) \in B(X, Y)$ の連続性より
$$(A-B)u = \lim_{n\to\infty}(Au_n - Bu_n) = \lim_{n\to\infty}(\widetilde{A}u_n - \widetilde{A}u_n) = 0$$
となり，$A = B$ でなければならない．つまり，A の連続な拡張はひとつしかない． ∎

例 1.14 有限次元複素ベクトル空間 $X = \mathbb{C}^N$ から $\mathbb{C}^M$ への有界線形作用素とは，行列のことに他ならない．つまり，$A \in B(\mathbb{C}^N, \mathbb{C}^M)$ ならば，
$$(Au)_i = \sum_{j=1}^{N} a_{ij} u_j \quad (i = 1, \cdots, M, \ u \in (u_j) \in \mathbb{C}^N)$$
と書けるから，A は行列 (a_{ij}) によって表現される．逆に行列 (a_{ij}) が与えられたとき，上で定義される A は有界である．実際，
$$|Au| \leqq \sqrt{M} \max_{j} |(Au)_j| \leqq \sqrt{M} N \max_{i,j} |a_{ij} u_j|$$
$$\leqq \sqrt{M} N \max_{i,j} |a_{ij}| \max_{j} |u_j| \leqq \sqrt{M} N \max_{i,j} |a_{ij}| \cdot |u|$$
である． ∎

例 1.15 K を $\mathbb{R}$ の有界閉部分集合，$X = C(K)$ とする．$f \in C(K)$ とするとき，
$$M_f u(x) = f(x) u(x) \quad (u \in X, \ x \in K)$$
とおけば，$M_f \in B(X)$ である．また，$k(x, y) \in C(K \times K)$ とするとき，
$$I_k u(x) = \int_K k(x, y) u(y) \, dy \quad (u \in X, \ x \in K)$$
も有界作用素を定める．特に

$$\|M_f\|_{B(X)} = \max_{x \in K} |f(x)|,$$

$$\|I_k\|_{B(X)} \leqq |K| \max_{x,y \in K} |k(x,y)|$$

である．ただし $|K|$ は K の Lebesgue 測度である(証明は演習問題 1.3)． □

§1.3 レゾルベントとスペクトル

X を Banach 空間，$A \in B(X)$，$z \in \mathbb{C}$ とする．このとき，u に関する方程式

$$Au - zu = v$$

が，任意の $v \in X$ に対して解けるかどうかを考えてみよう．これは，$(A-z) \in B(X)$ が逆作用素を持つか，という問題と同じである．これが解けるとき，z はレゾルベント集合に入るといい，解けないとき，z はスペクトルに入るという．スペクトルは，Banach 空間の上の作用素を特徴付ける重要な量のひとつである．この節では，有界作用素のスペクトルの基本的な性質について述べる．

定義 1.16 $z \in \mathbb{C}$ が $A \in B(X)$ のレゾルベント集合(resolvent set) $\rho(A)$ に入るとは，$(A-z) \in B(X)$ が X で全射，1 対 1 で，有界な逆作用素が存在することである．つまり，

$$z \in \rho(A) \iff \begin{cases} (A-z)^{-1} \in B(X) \text{ が存在して，} X \text{ 上で} \\ (A-z)(A-z)^{-1} = (A-z)^{-1}(A-z) = 1. \end{cases}$$

ここで，恒等写像を 1 で表した．以下同様に，恒等写像やその定数倍を単に実数を表す記号で書くことにする．$\sigma(A) = \mathbb{C} \setminus \rho(A)$ を A の**スペクトル** (spectrum) と呼ぶ．また，$z \in \rho(A)$ のとき，$(A-z)^{-1}$ を A のレゾルベント (resolvent) と呼ぶ． □

レゾルベント，スペクトルの性質を調べるために，**Neumann 級数展開**を用意しておこう．これは，$(1-x)^{-1}$ の Taylor 展開の作用素版である．

命題 1.17 (Neumann 級数展開) X が Banach 空間，$A \in B(X)$ で，$\|A\|$

<1 とする．このとき，$(1-A)$ は可逆で，逆作用素は，

$$(1.3) \qquad (1-A)^{-1} = \sum_{n=0}^{\infty} A^n = 1 + A + A^2 + \cdots$$

で与えられる．この右辺は作用素ノルムに関して収束する．

[証明] まず最初に，

$$\sum_{n=0}^{\infty} \|A^n\| \leq \sum_{n=0}^{\infty} \|A\|^n = \frac{1}{1-\|A\|} < \infty$$

だから，(1.3) の右辺は $B(X)$ の中で収束し，

$$\left\| \sum_{n=0}^{\infty} A^n \right\| \leq \frac{1}{1-\|A\|}$$

である．有限部分和を考えると，

$$(1-A) \sum_{n=0}^{N} A^n = \sum_{n=0}^{N} A^n - \sum_{n=1}^{N+1} A^n = 1 - A^{N+1}$$

となる．$N \to \infty$ のとき，$\|A^N\| \leq \|A\|^N \to 0$ だから，

$$(1-A) \sum_{n=0}^{\infty} A^n = \lim_{N\to\infty} (1-A^{N+1}) = 1.$$

同様にして $\sum_{n=0}^{\infty} A^n (1-A) = 1$ も示されるから，確かに $(1-A)^{-1} = \sum_{n=0}^{\infty} A^n$ である．

これを用いると，スペクトルは閉集合であることがわかる．

命題 1.18 $A \in B(X)$ とするとき，$\rho(A)$ は開集合であり，したがってまた $\sigma(A)$ は閉集合である．

[証明] $z_0 \in \rho(A)$ として，z_0 の ε-近傍が $\rho(A)$ に入ることをいえばよい．

$$A - z = (A - z_0) - (z - z_0) = (A - z_0)[1 - (z - z_0)(A - z_0)^{-1}]$$

と書いて，この右辺の $[\cdots]$ の逆作用素を命題 1.17 を用いて作ろう．$\varepsilon = \|(A-z_0)^{-1}\|^{-1}$ とおいて $|z-z_0| < \varepsilon$ と仮定すれば $\|(z-z_0)(A-z_0)^{-1}\| < 1$ なので，$[\cdots]$ には逆作用素が存在して，

$$(A-z)^{-1} = [1-(z-z_0)(A-z_0)^{-1}]^{-1}(A-z_0)^{-1}$$

となる．したがって $z \in \rho(A)$ が示された．

上の証明より，$|z-z_0| < \varepsilon/2 = 2^{-1}\|(A-z_0)^{-1}\|^{-1}$ のとき

$$\|(1-(z-z_0)(A-z_0)^{-1})^{-1}-1\| = \left\|\sum_{n=1}^{\infty}[(z-z_0)(A-z_0)^{-1}]^n\right\|$$
$$\leqq \frac{|z-z_0|\,\|(A-z_0)^{-1}\|}{1-|z-z_0|\,\|(A-z_0)^{-1}\|} \leqq 2|z-z_0|\varepsilon^{-1}$$

が成立する．したがって,

$$\|(A-z)^{-1}-(A-z_0)^{-1}\|$$
$$\leqq \|[(1-(z-z_0)(A-z_0)^{-1})^{-1}-1](A-z_0)^{-1}\| \leqq 2\varepsilon^{-2}|z-z_0|$$

となり，

$$\|(A-z)^{-1}-(A-z_0)^{-1}\| \to 0 \quad (z\to z_0)$$

がわかる．すなわち，$z\in\rho(A) \mapsto (A-z)^{-1}\in B(X)$ は作用素値の連続関数である．

さらに，$(A-z)^{-1}$ を z に関する(普通の)関数だと思うと，z に関して微分できるように見える．実際，$z\in\rho(A)$ のときレゾルベントは z に関して正則であり，無限回微分できる．それを示す前に，「正則」の意味を定義しておこう．

定義 1.19 Ω を $\mathbb{C}$ の領域，$z\mapsto f(z)\in X$ を Banach 空間 X に値を持つ Ω 上の関数とする．このとき，f が**正則**(regular)であるとは，f の微分:

$$f'(z) = \lim_{z+h\in\Omega,\,h\to 0}\frac{f(z+h)-f(z)}{h} \in X$$

が各点 $z\in\Omega$ で存在することである．ここで極限は，X のノルムで考えている． □

Banach 空間値の正則関数に関しては，初等的な複素関数論の理論がほとんどそのまま成立する．例えば，Cauchy の定理，Cauchy の積分公式，Cauchy–Hadamard の公式などは証明もまったく同様にして成立する．これらについては，ここでは詳しく述べない．必要な部分については，複素関数論の教科書を参考に各自考えてみてほしい．

命題 1.20 レゾルベント $(A-z)^{-1}$ は $\rho(A)$ 上の $B(X)$-値の正則関数である．

［証明］ まず $z,w\in\rho(A)$ のとき，簡単な計算で

(1.4) $\quad (A-z)^{-1} - (A-w)^{-1} = (z-w)(A-z)^{-1}(A-w)^{-1}$

が成立することがわかる．（これを**第 1 レゾルベント方程式**(first resolvent equation)と呼ぶ．）ここで $w = z + h$ とおくと，

$$\frac{1}{h}[(A-(z+h))^{-1} - (A-z)^{-1}] = (A-z)^{-1}(A-(z+h))^{-1}$$

となる．上で述べたように $(A-z)^{-1}$ は z に関して連続だから，

$$\frac{1}{h}[(A-(z+h))^{-1} - (A-z)^{-1}] \to [(A-z)^{-1}]^2 \quad (h \to 0)$$

となる．すなわち，$(A-z)^{-1}$ は微分可能でありその微分は $(A-z)^{-2}$ である．

さて，Neumann 級数展開からただちに導かれるスペクトルのもうひとつの性質は，

$$\sigma(A) \subset \{z \mid |z| \leqq \|A\|\}$$

である．実際，

$$(A-z) = -z(1-z^{-1}A)$$

と書けば，$|z| > \|A\|$ のとき $\|z^{-1}A\| < 1$ なので，命題 1.17 より

(1.5) $\quad (A-z)^{-1} = -z^{-1}(1-z^{-1}A)^{-1} \in B(X)$

が存在する．さらに，ノルムの計算をすると

$$\|(A-z)^{-1}\| \leqq |z|^{-1} \sum_{n=0}^{\infty} (|z|^{-1}\|A\|)^n = \frac{1}{|z| - \|A\|}$$

であることがわかる．特に，$|z| \to \infty$ のとき，$\|(A-z)^{-1}\| \to 0$ である．

しかし，実はもう少し強い主張が成立する．

$$r(A) = \sup\{|z| \mid z \in \sigma(A)\}$$

を，A の**スペクトル半径**(spectral radius)と呼ぶ．上に述べた主張は，$r(A) \leqq \|A\|$ を意味する．

定理 1.21

(1.6) $\quad r(A) = \lim_{n \to \infty} \|A^n\|^{1/n}.$

[証明] 最初に(1.6)の右辺の極限が存在することを示す．$a_n = \log\|A^n\| \in [-\infty, \infty) = \{-\infty\} \cup \mathbb{R}$ とおく．すると，

$$a_{n+m} = \log\|A^{n+m}\|$$
$$\leqq \log(\|A^n\|\,\|A^m\|) = \log\|A^n\| + \log\|A^m\| = a_n + a_m$$

が成立する．この性質($a_{n+m} \leqq a_n + a_m$)を**劣加法性**(subadditivity)と呼ぶ．

補題 1.22 $a_n \in [-\infty, \infty)$, $n = 1, 2, \cdots$ が劣加法的な数列ならば，
$$\lim_{n \to \infty} \frac{a_n}{n} = \inf_n \frac{a_n}{n} \in [-\infty, \infty)$$

である． □

補題の証明は演習とする(演習問題 1.4)．したがって，
$$\tilde{r}(A) \equiv \lim_{n \to \infty} \|A^n\|^{1/n} = \lim_{n \to \infty} \exp(a_n/n) \in [0, \infty)$$

が存在する．さて，式(1.5)から得られる Neumann 級数展開：
$$(A-z)^{-1} = -\frac{1}{z}\sum_{n=0}^{\infty}\left(\frac{1}{z}A\right)^n = -\sum_{n=1}^{\infty} A^{n-1}z^{-n}$$

に注目すると，これは $(A-z)^{-1}$ の $z = \infty$ のまわりでの z^{-1} に関する Taylor 展開になっている．その展開係数は，作用素 A^{n-1} である．したがって，Cauchy–Hadamard の公式によって収束半径を計算すると，
$$|z^{-1}| < \left(\limsup_{n \to \infty}\|A^{n-1}\|^{1/n}\right)^{-1} = \tilde{r}(A)^{-1} \iff |z| > \tilde{r}(A)$$

のときには上の Neumann 級数展開が絶対収束することがわかる．つまり，$|z| > \tilde{r}(A)$ のとき $z \in \rho(A)$ となり，$r(A) \leqq \tilde{r}(A)$ が示された．逆方向の不等式は演習としよう(これは実際，関数論の演習問題である：演習問題 1.5)．■

§1.4 Lebesgue 空間

この節では，Banach 空間の実例として応用上広く使われている Lebesgue 空間について簡単に述べる．名前からも想像されるように，Lebesgue 空間というのは Lebesgue 測度論の上に構成される空間で，Lebesgue 積分の基本的な応用としてほとんどの測度論の教科書で解説されている．そこで，ここでは証明はそれらの教科書を参照してもらうことにして最小限にとどめ，今まで学んだ関数解析の言葉を用いて復習することにしよう．もっと詳しい性

質については，第7章で議論される．

定義 1.23（Lebesgue 空間 L^p: p が有限の場合） $(X, \mathcal{B}, \mu)$ を測度空間，$1 \leqq p < \infty$ とする．このとき，Lebesgue 空間: $L^p(X, \mu)$ は次のように定義される．X 上の $\mathcal{B}$-可測な関数 $f(x)$ が $L^p(X, \mu)$ に入るとは，

$$\int_X |f(x)|^p d\mu < \infty$$

が成立することをいう．つまり，

$$L^p(X, \mu) = \left\{ f \colon \mathcal{B}\text{-可測} \,\middle|\, \int_X |f|^p d\mu < \infty \right\}.$$

$f \in L^p(X, \mu)$ に対して，ノルムは

$$\|f\|_p = \|f\|_{L^p} = \left(\int_X |f|^p d\mu \right)^{1/p}$$

で定義される． □

定義 1.24（Lebesgue 空間 L^∞） $(X, \mathcal{B}, \mu)$ を測度空間とするとき，X 上の可測関数が**本質的有界**(essentially bounded)であるとは，定数 $C < \infty$ が存在して，

$$\mu\{x \in X \mid |f(x)| > C\} = 0$$

が成立することをいう．$(X, \mathcal{B}, \mu)$ 上の本質的有界関数の集合を $L^\infty(X, \mu)$ で表す．$f \in L^\infty(X, \mu)$ のとき，f のノルムは

$$\|f\|_\infty = \|f\|_{L^\infty} = \operatorname{ess\,sup} |f| = \inf\{ C \geqq 0 \mid \mu\{x \mid |f(x)| > C\} = 0\}$$

で定義される． □

しばしば，$L^p(X, \mu)$ は $L^p(X)$, $L^p(\mu)$ などとも書かれる．混乱がない場合は，空間を省略して単に L^p と書くことにする．$f, g \in L^p$ のとき，ほとんどいたるところで $f(x) = g(x)$ ならば（L^p の元として）$f = g$ であると考える．したがって，厳密にいえば L^p は「関数の集合の空間」ではなくて，「関数の同値類からなる空間」である．言い換えると，$f \in L^p$ に関しては，

$$f = 0 \iff \int |f| d\mu = 0$$

と定義する．そうすることによって，以下のような都合のよい性質が成り立

つようになるのである.

定理 1.25 $L^p(X,\mu)$ は Banach 空間である. □

証明は,Lebesgue 積分の教科書を参照してほしい.上に定義したノルムについては,それがノルムの公理,特に三角不等式を満たすことも ($p=1,\infty$ の場合以外は) 定義から明らかではない.その証明には,次の **Hölder の不等式**が用いられる.

命題 1.26 (Hölder の不等式) $1 \leqq p, q \leqq \infty$, $p^{-1}+q^{-1}=1$ とする.このとき,$f \in L^p(X,\mu)$, $g \in L^q(X,\mu)$ ならば fg は可積分 ($fg \in L^1(X,\mu)$) であって,

$$(1.7) \qquad \|fg\|_1 = \left|\int_X f(x)g(x)\,d\mu(x)\right| \leqq \|f\|_p \|g\|_q$$

が成立する. □

証明は,例えば伊藤 [35], 藤田–黒田–伊藤 [21] を見よ.これを用いると,$f, g \in L^p(X,\mu)$, $1 < p < \infty$ のとき,

$$\int |f+g|^p d\mu = \int |f+g|^{p-1}|f+g|d\mu$$

$$\leqq \int |f+g|^{p-1}|f|d\mu + \int |f+g|^{p-1}|g|d\mu$$

$$\leqq \| |f+g|^{p-1}\|_q \|f\|_p + \| |f+g|^{p-1}\|_q \|g\|_p$$

を得る.ここで,q は命題 1.26 のようにとった.そこで乗数を計算すると,

$$(p-1)q = (p-1)\left(1-\frac{1}{p}\right)^{-1} = p$$

であるから,結局上の式は

$$\|f+g\|_p^p \leqq \|f+g\|_p^{p/q}(\|f\|_p + \|g\|_p)$$

を意味する.両辺を整理すると ($p - p/q = 1$ を用いて),三角不等式:

$$\|f+g\|_p \leqq \|f\|_p + \|g\|_p$$

が導かれる.これは,**Minkowski の不等式**と呼ばれる.

Lebesgue 空間の完備性は,Lebesgue の収束定理などを用いて証明される.この性質は,Riemann 積分可能な関数の範囲内では成立しないことに注意してほしい.つまり,上で定義されたノルムに関して Riemann 積分可能

な関数の列が Cauchy 列であるとするときに,極限は(Lebesgue 可測だが) Riemann 積分可能とは限らない.したがって,Riemann 積分可能な関数だけで考えては完備性は成立しない..

$p=\infty$ のときに,$L^\infty(X,\mu)$ が本質的有界関数の集合として定義されるのは少し不思議な感じがするかもしれない.ひとつの説明は,Hölder の不等式の指数 p, q が ∞ でも成立するように定義されている,という考え方である.もうひとつの説明は次のようなものである:$L^p(X,\mu)$ に属する関数の持ちうる特異性は p が大きくなると弱くなってくる.これは,Euclid 空間の上の Lebesgue 空間を考えると理解できよう(演習問題 1.6 参照).そして,$p \to \infty$ となると,ついに本質的有界でなければならなくなる.さらに,f が本質的有界で $\mu(X)<\infty$ の場合には

$$\|f\|_\infty = \lim_{p\to\infty}\|f\|_p$$

であることも証明できる(演習問題 1.7).

例 1.27 $X=\Omega\subset\mathbb{R}^N$ が Lebesgue 可測,$\mathcal{B}=\mathcal{L}(\Omega)$ が Lebesgue 可測集合族,$\mu=m$ が Lebesgue 測度のとき,$L^p(\Omega,m)$ を(狭義の)Lebesgue 空間という.普通 m を省略して $L^p(\Omega)$ と書く. □

例 1.28 (ℓ^p-空間) $\mathbb{N}=\{1,2,\cdots\}$(自然数の集合),$\mathcal{B}=\mathcal{P}(X)$(部分集合全体,またはべき集合),$\mu(\Lambda)=\sharp(\Lambda)$(元の個数,counting measure)とするとき,$L^p(\mathbb{N},\sharp(\cdot))$ を ℓ^p で表す.これは,p-乗和が有限な数列の空間に他ならない.すなわち,$1\leqq p<\infty$ のときは,

$$(x_1,x_2,\cdots)\in\ell^p \iff \sum_{n=1}^\infty |x_n|^p < \infty,$$

そしてノルムは,

$$\|(x_n)\|_p = \Bigl(\sum_{n=1}^\infty |x_n|^p\Bigr)^{1/p}$$

で与えられる.$p=\infty$ の場合はすでに見た有界数列のなす Banach 空間 ℓ^∞ である.もっと一般に,離散的な集合,例えば $X=\mathbb{Z}^N$ の上に counting measure を与えて決まる L^p-空間を $\ell^p(X)$ と書くこともある(演習問題 1.8 参照). □

———— 演習問題 ————

1.1 $C(K)$ と L^1-空間のノルム $\|\cdot\|_1$ を組み合わせたノルム空間 $(C(K), \|\cdot\|_1)$ を考えると，これは完備でないことを示せ．(ヒント：$C(K)$ の元の列 f_n $(n=1,2,\cdots)$ で不連続な関数に収束し，しかも一様有界なものを考えてみよ．)

1.2 （積の連続性）$A_n, B_n, A, B, \ n=1,2,\cdots$ を $B(X)$ の元の列とする．$A_n \to A$, $B_n \to B$ のとき，$A_n B_n \to AB$ であることを示せ．

1.3 例 1.15 の作用素 M_f, I_k が有界であること，またそのノルムの評価を証明せよ．

1.4 次の手順に従って補題 1.22 を証明せよ．

(1) $n = mk+r$ のとき，次が成立する．
$$a_n = a_{mk+r} \leqq ka_m + a_r.$$

(2) (1)を用いて，任意の m に対して
$$\limsup_{n\to\infty} \frac{a_n}{n} \leqq \frac{a_m}{m}$$

が成立することを示せ．

(3) これより，極限 $\lim(a_n/n)$ の存在を示し，補題を証明せよ．

1.5 定理 1.21 の証明の中の不等式：$r(A) \geqq \tilde{r}(A)$ を証明せよ．(ヒント：$r(A) < \tilde{r}(A)$ と仮定して背理法を用いる．このとき，$(A-z)^{-1}$ の $z=\infty$ のまわりの収束円の半径は $r(A)^{-1} > \tilde{r}(A)^{-1}$ となる．これより Cauchy の積分公式を用いて矛盾を導く．)

1.6 $1 \leqq p < \infty$ とするとき，次の問に答えよ．

(1) $I = [0,1]$ とする．$f_\alpha(x) = x^\alpha$ $(\alpha \in \mathbb{R})$ とおくとき，$f_\alpha \in L^p(I)$ となるための必要十分条件を与えよ．

(2) $B_1(0) = \{x \in \mathbb{R}^n \,|\, |x| < 1\}$ $(n \geqq 1)$ とする．$g_\alpha(x) = |x|^\alpha$ $(\alpha \in \mathbb{R})$ とおくとき，$g_\alpha \in L^p(B_1(0))$ となるための必要十分条件を与えよ．

1.7 $(X, \mathcal{B}, \mu)$ を有限測度空間 $(\mu(X) < \infty)$，L^p をその上の L^p-空間とする．f が X 上の有界可測関数のとき，
$$\|f\|_\infty = \lim_{p\to\infty} \|f\|_p$$

であることを証明せよ．

1.8 例 1.6, 例 1.28 で定義された ℓ^p-空間が Banach 空間であることを証明せよ．

Hilbert 空間

この章では，Euclid 空間の(無限次元の場合を含むような)拡張である Hilbert 空間について論じる．大まかにいえば，Hilbert 空間というのは内積を持つ Banach 空間のことである．内積が与えられていれば，(実数係数だと思えば)ふたつのベクトルのなす角の余弦が定義できる．したがってまた，「角度」が考えられることになる．一般には内積は複素数なので角度は定義できないが，少なくとも，ふたつのベクトルが「直交する」ということは定義でき，これによって「正規直交基底」を定義できる．§2.3 で見るように，一般に Hilbert 空間には正規直交基底が存在する．この事実は Hilbert 空間をきわめて強く特徴付ける性質であり，抽象的な意味では(つまり同型を除いて) Hilbert 空間は次元だけで定まる，という主張を導く．もうひとつの Hilbert 空間の著しい性質は，任意の 1 次元複素空間への有界線形写像は内積を用いて書ける，という Riesz の表現定理である(§2.5)．この定理を用いて，共役行列の自然な拡張である「共役作用素」が定義でき，さらに，Hermite 行列の拡張である自己共役作用素や，ユニタリー行列の拡張であるユニタリ―作用素が定義される(§2.6)．

§2.1 Hilbert 空間の定義

最初に，「内積」の意味を抽象的に定義しておこう．

定義 2.1（内積） X を線形空間とするとき，$X \times X$ から $\mathbb{C}$ への写像:
$$(u,v) \in X \times X \longmapsto (u,v) \in \mathbb{C}$$
が**内積**(inner product)であるとは，次の条件を満たすことである．
 (i) $\alpha, \beta \in \mathbb{C}, u, v, w \in X$ に対して，$(\alpha u + \beta v, w) = \alpha(u,w) + \beta(v,w)$.
 (ii) $u, v \in X$ に対して，$(u,v) = \overline{(v,u)}$. ただし，$\bar{a}$ は a の複素共役を表す．
 (iii) 任意の $u \in X$ に対して，$(u,u) \geqq 0$. しかも $(u,u) = 0$ の必要十分条件は，$u = 0$. □

$(\cdot, \cdot)$ が内積ならば，(i)と(ii)より $\alpha, \beta \in \mathbb{C}, u, v, w \in X$ に対し
$$(u, \alpha v + \beta w) = \overline{(\alpha v + \beta w, u)}$$
$$= \overline{\alpha(v,u) + \beta(w,u)} = \bar{\alpha}(u,v) + \bar{\beta}(u,w)$$

がわかる．つまり，$(u,v) \mapsto (u,v)$ は第1成分に関して線形，第2成分に関して共役線形である．このような写像は**双線形形式**(quadratic form, §3.3 参照)と呼ばれる．$(\cdot, \cdot)$ が内積のとき，対応するノルムを
$$\|u\| = \sqrt{(u,u)} \quad (u \in X)$$
で定義する．これがノルムの公理の(i)と(iii)を満たすことは容易にわかる．例えば，
$$\|\alpha u\| = \sqrt{(\alpha u, \alpha u)} = \sqrt{|\alpha|^2 (u,u)} = |\alpha| \|u\| \quad (\alpha \in \mathbb{C}, u \in X)$$
である．三角不等式を示すために，それ自身重要な **Schwarz の不等式**を示しておこう．

命題 2.2 (Schwarz の不等式) $u, v \in X$ のとき，
$$|(u,v)| \leqq \|u\| \|v\|.$$
等号は，u と v が一次従属のときのみ成立する．すなわち，
$$|(u,v)| = \|u\| \|v\| \iff$$
$$|\alpha| + |\beta| \neq 0 である \alpha, \beta \in \mathbb{C} が存在して，\alpha u + \beta v = 0.$$
［証明］ 内積の公理(iii)より，任意の $\alpha \in \mathbb{C}$ に対して
$$0 \leqq \|\alpha u + v\|^2 = (\alpha u + v, \alpha u + v)$$
$$= |\alpha|^2 (u,u) + \alpha(u,v) + \bar{\alpha}(v,u) + (v,v)$$
$$= |\alpha|^2 \|u\|^2 + \|v\|^2 + 2\operatorname{Re}(\alpha(u,v))$$

が成立する．$(u,v)=0$ の場合は命題は明らかなので，$(u,v)\neq 0$ と仮定し，

$$\alpha = \frac{\overline{(u,v)}}{|(u,v)|}\lambda, \quad \lambda \in \mathbb{R}$$

とおくと，上の式は次のようになる．

$$\|u\|^2\lambda^2 + 2|(u,v)|\lambda + \|v\|^2 \geqq 0.$$

これがすべての $\lambda \in \mathbb{R}$ について成立するのだから，判別式の条件より

$$|(u,v)|^2 - \|u\|^2\|v\|^2 \leqq 0,$$

すなわち，求める Schwarz の不等式が成立する．また，等号が成立するのは上の方程式が重根を持つときだが，それは元の式に戻れば $\|\alpha u+v\|^2=0$，つまり u と v が一次従属なときである． ∎

命題 2.3 $(\cdot,\cdot)$ が内積であるとき，上で定義されるノルムはノルムの公理(i), (ii), (iii)を満たす．

[証明] 三角不等式だけ示せばよい．$u,v \in X$ ならば，Schwarz の不等式より

$$\begin{aligned}\|u+v\|^2 &= (u+v, u+v) = \|u\|^2 + (u,v) + (v,u) + \|v\|^2 \\ &= \|u\|^2 + 2\operatorname{Re}(u,v) + \|v\|^2 \\ &\leqq \|u\|^2 + 2\|u\|\|v\| + \|v\|^2 = (\|u\|+\|v\|)^2.\end{aligned}$$ ∎

定義 2.4 線形空間 X とその上に定義された内積 $(\cdot,\cdot)$ の組 $(X,(\cdot,\cdot))$ を**内積空間**(inner product space)と呼ぶ．(しばしば，単に X を内積空間と呼ぶ．)内積空間が，それによって定まるノルムに関して Banach 空間であるとき，**Hilbert 空間**(Hilbert space)と呼ばれる．つまり，Hilbert 空間とは完備な内積空間のことである． □

さて，Euclid 空間においてはふたつのベクトル u,v のなす角度 θ は，その余弦

$$\cos\theta = (u,v)/|u||v|$$

によって決められる．複素数上の線形空間においてはこのような角度は考えにくいが，特に重要な $\theta = \pm \pi/2$ の場合，すなわち u と v が直交する場合は自然に定義できる．

u と v が直交する $\overset{定義}{\iff}$ $(u,v)=0$.

次の命題は Euclid 空間での中線定理の拡張で,証明もまったく同様である.

命題 2.5(中線定理) X が内積空間のとき,
$$(2.1) \qquad \|u+v\|^2 + \|u-v\|^2 = 2\bigl(\|u\|^2 + \|v\|^2\bigr) \quad (u,v \in X). \qquad \square$$

証明は,式(2.1)の左辺を内積で書き,展開して整理すればよい.実はこの逆が成立する.

命題 2.6 X をノルム空間とする.X が内積空間であるための必要十分条件は,中線定理(2.1)が成立することである.すなわち,(2.1)が成立すれば,X 上の内積が存在して X のノルムはそれから導かれたものに一致する.

$\square$

この証明は,特に難しくはないが長くなるので詳細は省略する.しかし,そのアイデアを理解するために,それ自身興味深い次の公式を示しておこう.

命題 2.7(分極公式(polarization identity)) X が内積空間ならば,次の公式が成立する.

$$(2.2) \qquad (u,v) = \frac{1}{4}\bigl(\|u+v\|^2 - \|u-v\|^2\bigr)$$
$$\qquad\qquad - \frac{1}{4i}\bigl(\|u+iv\|^2 - \|u-iv\|^2\bigr) \quad (u,v \in X). $$

$\square$

この証明も,右辺を内積で書いて展開,整理すればよい.X が $\mathbb{R}$ 上の内積空間の場合は複素数の部分がなくなり,

$$(u,v) = \frac{1}{4}\bigl(\|u+v\|^2 - \|u-v\|^2\bigr)$$

と簡単になる.

分極公式は内積がノルムだけで書けることを示しているから,一般にノルム空間が与えられれば(2.2)の右辺で内積を定義すべく試みることができる.それが実際に内積の公理を満たすことを示すのに,中線定理が用いられるのである.興味のある読者は証明を試みてほしい.やや意外なことに,示すが面倒な部分は内積の線形性(i)である.

例 2.8(Hermite 空間 $\mathbb{C}^N$) $\mathbb{C}^N$ における標準的な内積:
$$(x,y) = \sum_{j=0}^{N} x_j \overline{y_j} \quad (x = (x_1, \cdots, x_N),\ y = (y_1, \cdots, y_N) \in \mathbb{C}^N)$$
はもちろん内積の公理を満たし,$\mathbb{C}^N$ は Hilbert 空間になる. □

命題 2.9(L^2-空間) 測度空間 $(\Omega, \mathcal{B}, \mu)$ の上の L^2-空間 $L^2(\Omega, \mu)$ は,内積:

$$(2.3) \qquad (f,g) = \int_\Omega f(x)\overline{g(x)}\, d\mu(x) \quad (f, g \in L^2(\Omega, \mu))$$

によって Hilbert 空間になる.

[証明] まず,(2.3) の右辺が収束することを見よう.相加相乗平均により,
$$\left| f(x)\overline{g(x)} \right| \leqq \frac{1}{2}(|f(x)|^2 + |g(x)|^2)$$
だから,
$$\int \left| f(x)\overline{g(x)} \right| d\mu \leqq \frac{1}{2}\left(\|f\|^2 + \|g\|^2 \right) < \infty.$$
すると,内積の公理は積分の性質から容易に示される.またこの内積から導かれるノルムが,前に定義した L^2-ノルムと一致することは明らかだろう.ゆえに,L^p-空間の完備性から L^2-空間も完備である. ■

特によく使われるのは,次のふたつの場合である.

例 2.10(ℓ^2-空間) 2 乗和が有限な数列の空間
$$\ell^2 = \left\{ x = (x_1, x_2, \cdots) \,\middle|\, \sum_{j=1}^{\infty} |x_j|^2 < \infty \right\}$$
は,内積:
$$(x,y) = \sum_{j=1}^{\infty} x_j \overline{y_j} \quad (x = (x_1, x_2, \cdots),\ y = (y_1, y_2, \cdots) \in \ell^2)$$
によって Hilbert 空間である. □

例 2.11($L^2(\Omega)$) Ω が $\mathbb{R}^N$ の可測部分集合のとき,Ω 上の 2 乗可積分関数の集合

$$L^2(\Omega) = \left\{ f \,\Big|\, \int_\Omega |f(x)|^2 dx < \infty \right\}$$

は，内積:

$$(f,g) = \int_\Omega f(x)\overline{g(x)}\,dx \quad (f,g \in L^2(\Omega))$$

によって Hilbert 空間である． □

§2.2 正規直交基底

有限次元のベクトル空間には基底が存在して，任意のベクトルは基底の一次結合として一意的に書けることを線形代数で学んだ．特に内積が定義された Euclid 空間においては，基底として互いに直交する長さ 1 のベクトルの組が選べた．Hilbert 空間においても上述の性質を満たすベクトルの集合が定義できて，正規直交基底と呼ばれる．

定義 2.12 Hilbert 空間 X の(可算)部分集合 $\{u_1, u_2, \cdots\}$ は次のふたつの条件を満たすとき，**正規直交系**(orthonormal system)と呼ばれる．
（i） $j=1,2,\cdots$ に対して，$\|u_j\| = 1$,
（ii） 任意の $i \neq j$ に対して，$(u_i, u_j) = 0$．
Kronecker のデルタ記号を用いて，

$$(u_i, u_j) = \delta_{ij} \quad (i,j = 1,2,\cdots)$$

と書くこともできる．$\{u_1, u_2, \cdots\}$ が**正規直交基底**(orthonormal basis)，あるいは**完全正規直交系**(complete orthonormal system)であるとは，正規直交系であって，任意の $v \in X$ に対して係数の列 $\alpha_1, \alpha_2, \cdots$ が存在して，$N \to \infty$ のとき，

$$\left\| v - \sum_{j=1}^N \alpha_j u_j \right\| \to 0$$

が成立することである．つまり，X の任意の元が正規直交系 $\{u_1, u_2, \cdots\}$ の元の一次結合でいくらでも近似できるとき，$\{u_1, u_2, \cdots\}$ は正規直交基底であるという． □

§2.2 正規直交基底──25

この定義について注意すべきことは,正規直交系は一般には無限集合なので,有限次元の場合と違って $\sum_{j=1}^{\infty} \alpha_j u_j$ は必ずしも意味を持たない,あるいは意味が明らかではないことである.そこで,正規直交基底(正規直交系)による展開の収束について考えてみよう.まず,正規直交基底 $\{u_j\}$ による展開の展開係数は,(v, u_j) で与えられることがわかる.実際,u の展開係数が $\{\alpha_j\}$ であるとすると,$n<N$ のとき,

$$\left(v-\sum_{j=1}^{N}\alpha_j u_j, u_n\right) = (v, u_n) - \sum_{j=1}^{N}\alpha_j(u_j, u_n)$$
$$= (v, u_n) - \alpha_n$$

であり,$N\to\infty$ とすれば左辺は 0 に収束する.したがって $\alpha_n=(v,u_n)$ である.すなわち,

(2.4) $$v = \lim_{N\to\infty}\sum_{j=1}^{N}(v,u_j)u_j \quad (v\in X)$$

が成立する.右辺のノルムの和は(簡単な計算でわかるように),$\sum_{j=1}^{\infty}|(v,u_j)|^2$ で与えられる.

この収束は次の **Bessel の不等式**によって示される.

命題 2.13(Bessel の不等式) $\{u_1, u_2, \cdots\}$ が正規直交系ならば

$$\sum_{j=1}^{\infty}|(v,u_j)|^2 \leqq \|v\|^2 \quad (v\in X).$$

[証明] ノルムを内積に書いて展開すれば,

$$0 \leqq \left\|v-\sum_{j=1}^{m}(v,u_j)u_j\right\|^2$$
$$= \|v\|^2 - \sum_{j=1}^{m}[\overline{(v,u_j)}(v,u_j) + (v,u_j)(u_j,v)] + \sum_{j=1}^{m}|(v,u_j)|^2$$
$$= \|v\|^2 - \sum_{j=1}^{m}|(v,u_j)|^2$$

を得る.ここで $m\to\infty$ とすれば,Bessel の不等式が得られる. ∎

ここで用いられた等式:

(2.5) $$\left\|v - \sum_{j=1}^{m}(v,u_j)u_j\right\|^2 = \|v\|^2 - \sum_{j=1}^{m}|(v,u_j)|^2$$

は，しばしば用いられる便利な公式である．例えば，次の **Parseval の等式**もこれを用いて証明される．

命題 2.14 (Parseval の等式) $\{u_1, u_2, \cdots\}$ が正規直交基底ならば
$$\sum_{j=1}^{\infty}|(v,u_j)|^2 = \|v\|^2 \quad (v \in X).$$

[証明] (2.4)により，$m \to \infty$ のとき
$$\left\|v - \sum_{j=1}^{m}(v,u_j)u_j\right\| \to 0$$
が成立する．したがって，(2.5)より
$$\left\|v - \sum_{j=1}^{m}(v,u_j)u_j\right\|^2 = \|v\|^2 - \sum_{j=1}^{m}|(v,u_j)|^2 \to 0$$
となり，求める Parseval の等式が示される． ∎

以上をまとめると，特に次のことがわかった．

命題 2.15 $\{u_j\}$ が正規直交系ならば，任意の $v \in X$ に対して $\sum_{j=1}^{\infty}(v,u_j)u_j$ は(ノルムに関し)収束する．特に，$\{u_j\}$ が正規直交基底ならば
$$X = \left\{u = \sum_{j=1}^{\infty}\alpha_j u_j \;\middle|\; \sum_{j=1}^{\infty}|\alpha_j|^2 < \infty\right\}$$
が成立する．また，任意の $v \in X$ は
$$v = \sum_{j=1}^{\infty}(v,u_j)u_j$$
と表される． □

§2.3　正規直交基底の存在

この節では，ある一定の条件を満たす Hilbert 空間には正規直交基底が存在することを証明する．以下では，議論を簡単にするために「可分性」を仮定する．これは必ずしも必要ではないが，応用上用いられる Hilbert 空間は

ほとんど可分であるし，定式化もいくらかやさしくなる．

定義 2.16（可分性） ノルム空間 X が**可分**(separable)であるとは，X の可算部分集合 $\Gamma \subset X$ が存在して，Γ が X の中で稠密になることである． □

無限次元のベクトル空間が可分である，というのはきわめて強い制約条件だと思うかもしれないが，実際には多くの空間が可分である．

例 2.17 ℓ^p $(1 \leqq p < \infty)$ は可分である．特に ℓ^2 は可分．実際，
$$\Gamma = \{x = (x_1, x_2, \cdots) \mid x_j \text{ は有限個を除いて } 0,$$
$$\text{しかも } x_j \in \mathbb{Q},\ j = 1, 2, \cdots\}$$
とおけば，Γ は ℓ^p の中で稠密な可算集合である．ただし，$\mathbb{Q}$ は有理数全体の集合である．（確かめよ：演習問題 2.4） □

例 2.18 Ω を $\mathbb{R}^N$ の可測部分集合とすると，$L^p(\Omega)$ $(1 \leqq p < \infty)$ は可分である．特に $L^2(\Omega)$ は可分．証明はここでは省略する．例えば伊藤[35]，藤田–黒田–伊藤[21]を見よ． □

ちなみに，ℓ^∞ は可分ではない．なぜなら，
$$U = \{x = (x_1, x_2, \cdots) \mid x_j = \pm 1,\ j = 1, 2, \cdots\} \subset \ell^\infty$$
は互いにノルムが 1 以上離れた点からなる非可算な集合であるから，ℓ^∞ は可分ではあり得ない．U が可算でないことは，対角線論法によって示される．

次の定理がこの節の主要結果である．

定理 2.19 可分な Hilbert 空間には正規直交基底が存在する． □

定理の証明の準備として，ひとつ命題を用意しよう．

命題 2.20 $\{u_1, \cdots, u_m\}$ が正規直交系ならば，任意の $v \in X$ と $\beta_1, \beta_2, \cdots$ に対して，
$$\left\| v - \sum_{j=1}^m (v, u_j) u_j \right\| \leqq \left\| v - \sum_{j=1}^m \beta_j u_j \right\|$$
が成立する．つまり，v の $\{u_1, \cdots, u_m\}$ による最良の近似は $\sum_{j=1}^m (v, u_j) u_j$ で与えられる．

[証明] Bessel の不等式の証明と同様に，ノルムを 2 乗して内積を展開すると

$$\left\|v - \sum_{j=1}^{m}\beta_j u_j\right\|^2 = \|v\|^2 - \sum 2\,\mathrm{Re}(\beta_j(u_j,v)) + \sum|\beta_j|^2$$
$$= \|v\|^2 + \sum|\beta_j - (v,u_j)|^2 - \sum|(u_j,v)|^2$$

この右辺が最小値をとるのは $\beta_j = (v, u_j)$, $j = 1, \cdots, m$ のときである. ■

[定理 2.19 の証明] $\{w_j \mid j = 1, 2, \cdots\}$ を X の稠密な可算部分集合とする. $\{w_j\}$ から正規直交基底を構成するのに, **Schmidt の直交化法**と呼ばれる手順を用いる. まず, $\{w_j\}$ から一次独立なものだけを取り出す. つまり, $\{w_1, \cdots, w_n\}$ が一次独立として, w_{n+1} が独立でないとき, すなわち

$$w_{n+1} = \alpha_1 w_1 + \cdots + \alpha_n w_n \quad (\alpha_1, \cdots, \alpha_n \in \mathbb{C})$$

と書けるときは w_{n+1} を取り除く. この手順で一次独立でない要素を順次除いていけば, 残ったベクトルの集合: $\{w'_1, w'_2, \cdots\}$ は一次独立になる. さて, ここからまず

$$u_1 = w'_1 / \|w'_1\|$$

と定義する. 一次独立性から $w'_1 \neq 0$ であることに注意する. 次に, w'_2 から w'_1 と直交する成分を取り出す. それには

$$v_2 = w'_2 - (w'_2, u_1)u_1, \quad u_2 = v_2 / \|v_2\|$$

とおけばよい. w'_1 と w'_2 は一次独立だから $v_2 \neq 0$ である. 以下この手順に従って正規直交系を構成していく. すなわち, $\{u_1, \cdots, u_n\}$ が $\{w'_1, \cdots, w'_n\}$ から構成された正規直交系とするとき, w'_{n+1} から $u_1, \cdots, u_n$ に直交する成分を次のようにして取り出す.

$$v_{n+1} = w'_{n+1} - \sum_{j=1}^{n}(w'_{n+1}, u_j)u_j, \quad u_{n+1} = v_{n+1} / \|v_{n+1}\|.$$

するとふたたび一次独立性により $v_{n+1} \neq 0$ であり, u_{n+1} が $\{u_1, \cdots, u_n\}$ と直交することは容易に示せる. こうやって構成されたベクトルの集合 $\{u_1, u_2, \cdots\}$ は, 明らかに正規直交系である. 後はこれが基底であることを示せばよい.

X の部分集合 Γ の張る部分空間(Γ を含む最小の部分空間)を $\mathrm{Span}\,\Gamma$ と書くことにしよう. すると,

(2.6) $\qquad \mathrm{Span}\{w'_1, \cdots, w'_n\} = \mathrm{Span}\{u_1, \cdots, u_n\}$

である. まず (左辺) ⊃ (右辺) は構成から明らかだろう. また両辺の次元を考

えると，$\{u_1,\cdots,u_n\}$ は正規直交系だから一次独立で $\dim\{u_1,\cdots,u_n\}=n$．一方，$\dim\{w'_1,\cdots,w'_n\}\leqq n$ だから両辺は一致しなければならない．

さて，$u\in X$, $\varepsilon>0$ を任意にとる．すると可分性の仮定から，ある w_m が存在して $\|u-w_m\|<\varepsilon$ となる．$\{w'_1,w'_2,\cdots\}$ の構成法から，w_m は
$$w_m = \alpha_1 w'_1 + \cdots + \alpha_m w'_m \quad (\alpha_1,\cdots,\alpha_m \in \mathbb{C})$$
と表現できる．(2.6)に注意すると，これは
$$w_m = \beta_1 u_1 + \cdots + \beta_m u_m \quad (\beta_1,\cdots,\beta_m \in \mathbb{C})$$
とも書ける．ゆえに，
$$\left\| u - \sum_{j=1}^m \beta_j u_j \right\| < \varepsilon$$
が得られた．命題 2.20 と組み合わせると，
$$\left\| u - \sum_{j=1}^m (u,u_j)u_j \right\| < \varepsilon$$
がわかる．$\varepsilon>0$ は任意だったから，これは $\{u_1,u_2,\cdots\}$ が正規直交基底であることを意味している． ∎

§2.4　正規直交基底の例

この節では，Hilbert 空間の正規直交基底のいくつかの例について述べる．

例 2.21（Fourier 関数系）　$X=L^2(I)$, $I=[-\pi,\pi]$ の上の三角関数の列：
$$\left\{ \frac{1}{\sqrt{2\pi}}, \frac{1}{\sqrt{\pi}}\sin x, \frac{1}{\sqrt{\pi}}\cos x, \frac{1}{\sqrt{\pi}}\sin 2x, \frac{1}{\sqrt{\pi}}\cos 2x, \cdots \right\}$$
$$= \left\{ \frac{1}{\sqrt{2\pi}}, \frac{1}{\sqrt{\pi}}\sin nx, \frac{1}{\sqrt{\pi}}\cos nx \;\middle|\; n=1,2,3,\cdots \right\}$$

を Fourier 関数系と呼ぶ．簡単な計算でわかるように，これは正規直交系である．さらに，これは基底になっている．この事実は，「Fourier 級数展開の完全性」と呼ばれる．計算上は，互いに簡単に線形変換で移り合える関数系：
$$\left\{ \frac{1}{\sqrt{2\pi}} e^{inx} \;\middle|\; n=0,\pm 1,\pm 2,\cdots \right\} = \{\varphi_n(x) \mid n\in\mathbb{Z}\}$$

の方が便利なことが多い(これは複素 Fourier 関数系とも呼ばれる).これら
を用いると,任意の $f \in L^2(I)$ は,

$$f = \lim_{N \to \infty} \sum_{|n| \le N} (f, \varphi_n) \varphi_n = \lim_{N \to \infty} \sum_{|n| \le N} \left(\frac{1}{2\pi} \int_{-\pi}^{\pi} e^{inx} f(x) \, dx \right) e^{inx}$$

と書くことができる.ここでの極限は,$L^2(I)$ の元としての収束であって,各点収束ではないことに注意してほしい.この収束を**平均収束**(convergence in mean)と呼ぶこともある.Fourier 関数系が基底をなすことの証明については,Fourier 解析の教科書等を参照してほしい.例えば,高橋陽一郎著『実関数と Fourier 解析』,あるいは伊藤[35],谷島[80]に載っている. □

次に説明するふたつの正規直交系の例は,常微分方程式の固有値問題を解くのに用いられる,古典的な関数系である.詳細については,応用数学の本,例えば,吉田–加藤[39]を参照せよ.

例 2.22 (Legendre 関数系) $X = L^2(I)$, $I = (-1, 1)$ とする.このとき,単項式の列 $\{x^n \mid n = 0, 1, 2, \cdots\}$ に対して Schmidt の直交化を行うことによって得られる関数列を **Legendre 多項式**と呼ぶ.はじめの3項を計算すると,

$$P_0(x) = \frac{1}{\sqrt{2}}, \quad P_1(x) = \sqrt{\frac{3}{2}} \, x, \quad P_3 = \sqrt{\frac{5}{8}} \, (3x^2 - 1).$$

一般には,

$$P_n(x) = \frac{1}{2^n n!} \frac{d^n}{dx^n} (x^2 - 1)^n$$

で与えられ,$P_n(x)$ は n 次の多項式になっている.これらが直交系をなすことは部分積分によって計算でき,また基底をなすことは,Weierstrass の多項式近似定理より証明される(もう少し詳しい性質については,§11.2 を参照せよ). □

例 2.23 (Hermite 関数系) $L^2(\mathbb{R})$ において,関数列 $\{x^n e^{-x^2/2} \mid n = 0, 1, 2, \cdots\}$ に対して Schmidt の直交化を行って得られる関数列を **Hermite 関数系**と呼ぶ.Hermite 関数は,一般に

$$\varphi_n(x) = P_n(x) \, e^{-x^2/2}, \quad P_n(x): n \text{次多項式}$$

の形を持ち,$P_n(x)$ は **Hermite 多項式**と呼ばれる.これらが,完全正規直

交系をなすことは，Stone–Weierstrass の定理を用いて示される(§11.2)． □

以下に述べるのは，**ウェーブレット基底**と呼ばれるものの簡単な例である．これらの著しい特徴は，基底のすべての元が，ひとつの関数から簡単な変換（平行移動とスケール変換）によって得られることである．つまり，すべての元が，「同じ形」をしている，といってもよい．これにより高速な数値計算が可能になり，応用上きわめて有用である．興味を持った読者は，例えば，Daubechies [14]，Meyer [51]，ベネデット[5] に詳細や，いろいろな応用が述べられている．§7.2 のウェーブレット変換も，まったく同じものではないが関係があるので参考にしてほしい．

例 2.24（Haar 関数系） $X = L^2(I)$, $I = [0,1)$ において考える．

$$\varphi_0(x) = 1,$$

$$\varphi_1(x) = \begin{cases} 1, & x \in [0, 1/2) \\ -1, & x \in [1/2, 1) \end{cases}$$

$$\varphi_2(x) = 2^{1/2}\varphi_1(2x) = \begin{cases} \sqrt{2}, & x \in [0, 1/4) \\ -\sqrt{2}, & x \in [1/4, 1/2) \\ 0, & \text{それ以外} \end{cases}$$

$$\varphi_3(x) = 2^{1/2}\varphi_1(2x-1) = \begin{cases} \sqrt{2}, & x \in [1/2, 3/4) \\ -\sqrt{2}, & x \in [3/4, 1) \\ 0, & \text{それ以外} \end{cases}$$

$$\varphi_4(x) = 2^{2/2}\varphi_1(2^2 x), \quad \varphi_5(x) = 2^{2/2}\varphi_1(2^2 x - 1),$$
$$\varphi_6(x) = 2^{2/2}\varphi_1(2^2 x - 2), \quad \varphi_7(x) = 2^{2/2}\varphi_1(2^2 x - 3)$$
$$\vdots$$
$$\varphi_{2^m}(x) = 2^{m/2}\varphi_1(2^m x), \quad \varphi_{2^m+1}(x) = 2^{m/2}\varphi_1(2^m x - 1),$$
$$\cdots\cdots \quad \varphi_{2^{m+1}-1}(x) = 2^{m/2}\varphi_1(2^m x - (2^m - 1))$$
$$\vdots$$

とおくと，$\{\varphi_n(x)\}$ が正規直交系であることは容易に確かめられる．さらに，$\{\varphi_n(x)\}$ は基底である．なぜならば，これらの一次結合で，

$$f(x) = \begin{cases} 1, & x \in [2^{-m}k,\ 2^{-m}(k+1)) \\ 0, & \text{それ以外} \end{cases}$$

の形の関数 ($m \geq 1,\ 0 \leq k \leq 2^m$) はすべて作れる．したがってまた，二進小数 ($2^{-m}k$ の形の数) に不連続点を持つ階段関数は，$\{\varphi_n(x)\}$ の一次結合で構成できることが導かれる．このような関数の集合が $L^2(I)$ の中で稠密であることは，$L^p(I)$ の可分性の証明と同様にして，Lebesgue 積分論を用いて示される．これらのことから，$\{\varphi_n(x)\}$ が基底であることがわかる．

上に定義した $\{\varphi_n(x)\}$ は，$\varphi_0(x)$ を除いてすべて

$$\varphi_n(x) = 2^{m/2}\varphi_1(2^m x - k) \quad (m \geq 0,\ 0 \leq k \leq 2^m - 1)$$

の形をしている．つまり，上で注意したように，$\varphi_1(x)$ からスケール変換と平行移動によって作られている． □

例 2.25 (Haar 基底，$\mathbb{R}$ 上の場合) 今度は，$L^2(\mathbb{R})$ 上で考える．前の $\varphi_1(x)$ を，

$$\phi(x) = \begin{cases} 1, & x \in [0, 1/2) \\ -1, & x \in [1/2, 1) \\ 0, & \text{それ以外} \end{cases}$$

と書こう．これから，ふたつのインデックスを持つ関数の列：

$$\{\psi_{mk}(x) = 2^{m/2}\phi(2^m - k) \mid m, k \in \mathbb{Z}\}$$

を考える．ここでは，m, k ともに整数全体を動くことに注意する．これは正規直交基底になる．直交性は明らかだろうが，基底であることを示すのは，前の例で述べた区間の場合に比べて少し複雑な議論が必要になる．ここでは，証明は省略する (Daubechies [14] Chapter 1 に載っている)．興味深いのは，すべての $\{\psi_{mk}(x)\}$ は $\phi(x)$ のスケール変換で作られるので，

$$\int_{-\infty}^{\infty} \psi_{mk}(x)\, dx = 0 \quad (m, k \in \mathbb{Z})$$

が成立することである．したがって，$f \in L^2(\mathbb{R}) \cap L^1(\mathbb{R})$，$\int f\, dx \neq 0$ のときは，決して

$$\left\| f - \sum_{|m|+|k|<N} (f, \psi_{mk})\psi_{mk} \right\|_{L^1} \to 0 \quad (N \to \infty)$$

とはならない．これは矛盾ではないが不思議な感じのする事実で，ウェーブレットによる展開の収束が，一般に強い収束ではあり得ないことを暗示している． □

例 2.26（Mayer のウェーブレット）　前例のような形の正規直交系は，数値計算の上では便利に思われるが，一方 Haar 関数系は不連続なので，微分方程式への応用には不便であり，また，展開される関数が滑らかでも収束がよくならない，という問題点がある．滑らかなウェーブレットの例は，Y. Meyer によってはじめて構成された．ϕ を滑らかな急減少関数で，任意の $\xi \in \mathbb{R}$ に対して $0 \leq \widehat{\phi}(\xi) \leq (2\pi)^{-1/2}$，しかも

$$\widehat{\phi}(\xi) = \begin{cases} (2\pi)^{-1/2}, & |\xi| \leq 2\pi/3 \\ 0, & |\xi| \geq 4\pi/3 \end{cases}$$

となるようにとる．ここで $\widehat{\phi}$ は ϕ の Fourier 変換とする．これを用い，ψ を

$$\widehat{\psi}(\xi) = \sqrt{2\pi}\, e^{i\xi/2}\Big[\widehat{\phi}(\xi+2\pi) + \widehat{\phi}(\xi-2\pi)\Big]\widehat{\phi}(\xi/2)$$

と定義すると，$\psi(x)$ はウェーブレットである．すなわち，

$$\{\psi_{mk}(x) = 2^{m/2}\psi(2^m x - k) \mid m, k \in \mathbb{Z}\}$$

が正規直交基底となる．これが正規直交基底を作るメカニズムは必ずしも簡単ではなく，多重解像度解析(multi-resolution analysis)と呼ばれる手法によって証明される．これらについては，Daubechies [14], Meyer [51], ベネデット[5]を参照してほしい． □

§2.5　共役空間と Riesz の表現定理

有界作用素の空間の中でも特に重要なカテゴリーとして，ノルム空間 X から $\mathbb{C}$ への有界作用素全体のなす集合がある．これを

$$X^* = B(X, \mathbb{C})$$

と書き，X の共役空間(conjugate space)，または双対空間(dual space)と呼ぶ．X^* の元を(歴史的理由により)線形汎関数(linear functional)と呼ぶことがある．X^* は，ノルム：

$$\|f\| = \|f\|_{X^*} = \sup_{u \in X, u \neq 0} \frac{|f(u)|}{\|u\|} = \sup_{\|u\|=1} |f(u)| \quad (f \in X^*)$$

によって Banach 空間になる．

ここでは特に，X が Hilbert 空間の場合を考えよう．$w \in X$ を固定すると，

$$f_w : X \to \mathbb{C}, \quad f_w(u) = (u, w) \quad (u \in X)$$

は X^* の元を定める．Schwarz の不等式により

$$|f_w(u)| = |(u, w)| \leq \|u\| \|w\|$$

なので，$\|f_w\| \leq \|w\|$ がわかる．一方，

$$f_w(w) = (w, w) = \|w\|^2$$

だから $\|f_w\| \geq \|w\|$ であり，合わせて $\|f_w\| = \|w\|$ を得る．次の **Riesz の表現定理**(Riesz representation theorem)によれば，X^* のすべての元はこの形に書ける．

定理 2.27(Riesz の表現定理) X を Hilbert 空間，$f \in X^*$ とすると，$w \in X$ が唯ひとつ存在して，

$$f(u) = (u, w) \quad (u \in X)$$

が成立する．特に，$\|f\|_{X^*} = \|w\|_X$ である． □

この Riesz の表現定理の証明のために，**射影定理**(projection theorem)を準備しておこう．次のような記号を用いることにする：$M \subset X$, $u, v \in X$ に対して，

$$u \perp v \overset{\text{定義}}{\iff} (u, v) = 0,$$
$$u \perp M \overset{\text{定義}}{\iff} \text{すべての } v \in M \text{ に対して } u \perp v.$$

命題 2.28(射影定理) X を Hilbert 空間，$M \subset X$ を閉部分空間とする．このとき，任意の $u \in X$ に対して，$v \in M$, $w \in X$ が唯ひとつ存在して，

$$u = v + w, \quad w \perp M$$

§2.5 共役空間と Riesz の表現定理 —— 35

が成立する.

[証明] ここでは証明を見やすくするために,X を可分と仮定し,正規直交基底の存在を用いることにしよう.一般の場合の証明は,やや異なった議論を用いる(例えば,藤田–黒田–伊藤[21]を見よ).

M は Hilbert 空間の閉部分空間だから,M 自身が Hilbert 空間である.すると,定理 2.19 により,M の正規直交基底 $\{v_n\}_{n=1}^{\infty}$ が存在する.Bessel の不等式によって,

$$\sum_{n=1}^{\infty} |(u,v_n)|^2 \leq \|u\|^2 < \infty$$

であるから,$\sum_{n=1}^{m}(u,v_n)v_n,\ m=1,2,\cdots$ は Cauchy 列で,

$$v = \lim_{m\to\infty}\sum_{n=1}^{m}(u,v_n)v_n \in M$$

が存在する.

$$w = u - v$$

とおいて,$w \perp M$ を示せば証明は終わる.さて,各 v_k ごとに,

$$(w,v_k) = (u,v_k) - \left(\lim_{m\to\infty}\sum_{n=1}^{m}(u,v_n)v_n,\ v_k\right)$$
$$= (u,v_k) - \lim_{m\to\infty}\sum_{n=1}^{m}(u,v_n)(v_n,v_k)$$
$$= (u,v_k) - (u,v_k) = 0$$

となり,w と直交する.任意の M の元は $h = \sum \alpha_n v_n$,$\sum|\alpha_n|^2 < \infty$ の形に書けるので,

$$(w,h) = (w,\sum \alpha_n v_n) = \sum \overline{\alpha_n}(w,v_n) = 0$$

となり,$w \perp M$ が示された.このような v,w は一意的である.実際,v',w' が同じ条件を満たすとすれば,$v - v' = -(w - w')$,しかも $(v-v') \perp (w-w')$ であることがわかる.したがって $v-v' = w-w' = 0$ が従う. ∎

射影定理の中の v を,u の M への**直交射影(成分)**(orthogonal projection) と呼ぶ.

[定理 2.27 の証明] $f = 0$ の場合は $w = 0$ ととればよいから,$f \neq 0$ と仮

定してかまわない.
$$N = \operatorname{Ker} f = \{u \in X \mid f(u) = 0\}$$
とおくと N は閉部分空間で, $f \neq 0$ だから $N \neq X$ である. そこで $u_0 \notin N$ を任意にとって射影定理を用いると,
$$u_0 = v_0 + w_0 \quad (v_0 \in N, \ w_0 \perp N).$$
そしてもちろん, $w_0 \neq 0$ である. また一方, $u_0 \notin N$ だから,
$$0 \neq f(u_0) = f(v_0 + w_0) = f(v_0) + f(w_0) = f(w_0).$$
そこで,
$$\alpha(u) = f(u)/f(w_0) \quad (u \in X)$$
とおけば,
$$f(u - \alpha(u)w_0) = f(u) - \alpha(u)f(w_0) = 0$$
が成立する. つまり, 任意の $u \in X$ について, $u - \alpha(u)w_0 \in N$ である. したがって, w_0 の定義を思い出せば,
$$0 = (u - \alpha(u)w_0, w_0) = (u, w_0) - \alpha(u)\|w_0\|^2.$$
ここに, $\alpha(u)$ の定義を代入して変形すると,
$$\begin{aligned}f(u) &= f(w_0)\|w_0\|^{-2}(u, w_0) \\ &= (u, \overline{f(w_0)}\|w_0\|^{-2}w_0) \quad (u \in X)\end{aligned}$$
を得る. すなわち, $w = \overline{f(w_0)}\|w_0\|^{-2}w_0$ とおけば, 定理の主張を満たすことがわかる.

一意性を示すために, $w, w' \in X$ が, ともに求める性質を満たしているとすると,
$$f(u) = (u, w) = (u, w') \quad (u \in X).$$
ここで, $u = w - w'$ とおくと, 簡単な計算で $w = w'$ が従う. ∎

Riesz の表現定理は, ある意味で $X^* \cong X$ と見なしてよいことを示している. しかし, この対応:
$$J : f \in X^* \longmapsto w \in X$$
は等長だが線形ではない. ただし, 一般に写像 F が等長であるとは
$$\|F(u)\| = \|u\| \quad (u \in X)$$
が成立することである. 実際, $\alpha, \beta \in \mathbb{C}, f, g \in X^*$ とすると,

§2.5 共役空間と Riesz の表現定理

$$(\alpha f+\beta g)(u) = \alpha(u, Jf)+\beta(u, Jg) = (u, (\overline{\alpha}(Jf)+\overline{\beta}(Jg)))$$

なので，

$$J(\alpha f+\beta g) = \overline{\alpha}Jf+\overline{\beta}Jg \quad (\alpha, \beta \in \mathbb{C}, \ f, g \in X^*)$$

となる．つまり，J は**共役線形**(conjugate linear)である．以上より，次が示された．

命題 2.29 Riesz の表現定理の対応 $J: f \mapsto w$ は，X^* から X の上への共役線形な等長写像である． □

例 2.30 (N 次元 Hermite 空間 $\mathbb{C}^N$) $\mathbb{C}^N$ の標準的な基底を

$$e_1 = \begin{pmatrix} 1 \\ 0 \\ 0 \\ \vdots \\ 0 \end{pmatrix}, \quad e_2 = \begin{pmatrix} 0 \\ 1 \\ 0 \\ \vdots \\ 0 \end{pmatrix}, \quad \cdots, \quad e_N = \begin{pmatrix} 0 \\ 0 \\ \vdots \\ 0 \\ 1 \end{pmatrix}$$

とすると，$f \in (\mathbb{C}^N)^*$ は e_j ($j = 1, 2, \cdots, N$) に対する値:

$$f_j = f(e_j) \quad (j = 1, 2, \cdots, N)$$

で決まる．つまり，このとき $u = \sum_{j=1}^{N} x_j e_j$ とすれば，

$$f(u) = f(\sum x_j e_j) = \sum x_j f(e_j) = \sum f_j x_j.$$

逆に，$(f_1, f_2, \cdots, f_N) \in \mathbb{C}^N$ が与えられれば，上の式で $(\mathbb{C}^N)^*$ の元が決まる．もとの $\mathbb{C}^N$ の元を縦ベクトルで表すことにすれば，$(\mathbb{C}^N)^*$ の元は横ベクトルで表すのが見やすい．つまり，$\mathbb{C}^N$ と，$(\mathbb{C}^N)^* \cong \mathbb{C}^N$ の対応は，

$$f(u) = \sum_{j=1}^{N} f_j \cdot x_j = (f_1, f_2, \cdots, f_N) \begin{pmatrix} x_1 \\ x_2 \\ \vdots \\ x_N \end{pmatrix}$$

$$= \sum_{j=1}^{N} x_j \overline{(\overline{f_j})} = ((x_1, \cdots, x_N), (\overline{f_1}, \cdots, \overline{f_N}))$$

となる．内積の形の表現から，

$$f \in (\mathbb{C}^N)^* \longmapsto (\overline{f_1}, \cdots, \overline{f_N}) \in \mathbb{C}^N$$

が Riesz の表現定理の対応になっていることがわかる． □

例 2.31 (ℓ^2-空間) ℓ^2 においては，$\mathbb{C}^N$ と同様に標準的な基底を $\{e_1, e_2, \cdots\}$

として，
$$f_j = f(e_j), \quad j = 1, 2, \cdots$$
とおくことによって，$(\ell^2)^* \cong \ell^2$ の対応が決まる．ただし，有限次元の場合と違って，任意の数列 (f_j) を与えたときに
$$fu = \sum f_j(u, e_j) \quad (u \in \ell^2)$$
によって $(\ell^2)^*$ の元が定まるわけではない．Riesz の表現定理により，$(f_j) \in \ell^2$ の場合に限り上で定まる f は $(\ell^2)^*$ の元になるのである． □

例 2.32 ($L^2(\Omega)$)　$f \in L^2(\Omega)^*$ とすると，Riesz の表現定理から $\varphi \in L^2(\Omega)$ が存在して
$$f(u) = (u, \varphi) = \int_\Omega u(x) \overline{\varphi(x)} \, dx \quad (u \in L^2(\Omega))$$
と書ける．$f \mapsto \varphi$ が Riesz の表現定理の対応である(右辺の複素共役に注意する)． □

§2.6　Hilbert 空間上の有界作用素

有限次元の行列の理論においては，転置行列 A^t (^tA と書くこともある)や共役行列 $A^* = \overline{A^t}$ が定義され，対称行列や Hermite 行列が特別な性質を持っていることを学んだ．この節では，それら(の一部)が Hilbert 空間上の作用素に拡張されることを見よう．

最初に，共役行列の拡張が定義できることを見てみる．

命題 2.33　$A \in B(X, Y)$，X, Y は Hilbert 空間とすると，次の性質を満たす $B \in B(Y, X)$ が唯ひとつ存在する．
$$(Au, v) = (u, Bv) \quad (u \in X, \ v \in Y).$$

[証明]　$v \in Y$ を固定すると，写像：
$$f \colon u \in X \longmapsto (Au, v) \in \mathbb{C}$$
は X^* の元を定める．実際，
$$|(Au, v)| \leq \|Au\| \|v\| \leq \|A\| \|v\| \|u\|$$
である．したがって，Riesz の表現定理により，唯ひとつ $w \in X$ が存在して

§2.6 Hilbert空間上の有界作用素 —— 39

$$(Au, v) = (u, w) \quad (u \in X)$$

が成立する．そこで，$w = Bv$ と定義する．B が線形なことは，

$$(u, B(\alpha v + \beta w)) = (Au, \alpha v + \beta w) = \overline{\alpha}(Au, v) + \overline{\beta}(Av, w)$$
$$= \overline{\alpha}(u, Bv) + \overline{\beta}(u, Bw) = (u, \alpha Bv + \beta Bw)$$

よりわかる．また，

$$\|Bv\|^2 = |(Bv, Bv)| = |(A(Bv), v)| \leq \|A\| \|Bv\| \|v\|$$

より，$\|B\| \leq \|A\|$ となり，B は有界である． ∎

定義 2.34 命題 2.33 の B を，作用素 A の**共役作用素**(adjoint operator)と呼び，A^* で表す．すなわち，

$$(Au, v) = (u, A^*v) \quad (u \in X, v \in Y).$$ □

命題 2.35 対応: $A \mapsto A^*$ は共役線形であり，$(A^*)^* = A$．しかも，$\|A^*\| = \|A\|$．

[証明] まず，$\alpha, \beta \in \mathbb{C}$, $A, B \in B(X, Y)$, $u \in X$, $v \in Y$ としたとき，

$$((\alpha A + \beta B)u, v) = \alpha(Au, v) + \beta(Bu, v)$$
$$= \alpha(u, A^*v) + \beta(u, B^*v) = (u, (\overline{\alpha}A^* + \overline{\beta}B^*)v)$$

であるから，$(\alpha A + \beta B)^* = \overline{\alpha}A^* + \overline{\beta}B^*$．また，

$$((A^*)^*u, v) = (u, A^*v) = (Au, v) \quad (u \in X, v \in Y)$$

なので，$(A^*)^* = A$．一方，命題 2.33 の証明中に示したように，$\|A^*\| \leq \|A\|$ であるから，

$$\|A\| = \|(A^*)^*\| \leq \|A^*\| \leq \|A\|.$$

したがって等号が成立して，$\|A^*\| = \|A\|$． ∎

定義 2.36 $A \in B(X)$ が**自己共役**(self-adjoint)であるとは，

$$A^* = A$$

が成立することをいう．$A \in B(X, Y)$ が，**ユニタリー作用素**(unitary operator)であるとは，A が逆作用素を持ち，

$$A^* = A^{-1}$$

が成立することをいう． □

自己共役な有界作用素を,「対称(symmetric)である」ともいう.有界でない作用素の場合は自己共役と対称は異なる意味を持つが,有界の場合は区別する必要はない.A が自己共役であるための必要十分条件は,
$$(Au, v) = (u, Av) \quad (u, v \in X)$$
である.$u = v$ の場合を考えると,
$$(Au, u) = (u, Au) = \overline{(Au, u)}$$
なので,$(Au, u) \in \mathbb{R}$ である.特に,任意の $u \in X$ に対して $(Au, u) \geq 0$ であるとき,A は非負(non-negative)であるといい,$A \geq 0$ と書く.任意の $A \in B(X)$ に対して,A^*A は自己共役となるが,さらに,
$$(A^*Au, u) = (Au, Au) = \|Au\|^2 \geq 0 \quad (u \in X)$$
なので,非負作用素である.

一般に,$A \in B(X)$ に対して,
$$\operatorname{Re} A = \frac{1}{2}(A + A^*), \quad \operatorname{Im} A = \frac{1}{2i}(A - A^*)$$
を,A の**自己共役部分**(self-adjoint part),**反自己共役部分**(skew-adjoint part)と呼ぶ.すると,容易に確かめられるように,
$$A = \operatorname{Re} A + i \operatorname{Im} A$$
であって,$\operatorname{Re} A$, $\operatorname{Im} A$ は自己共役である.上の観察と組み合わせると,
$$\operatorname{Re}(Au, u) = ((\operatorname{Re} A)u, u), \quad \operatorname{Im}(Au, u) = ((\operatorname{Im} A)u, u)$$
であることがわかる.

作用素 $A \in B(X, Y)$ がユニタリーであるための必要十分条件を考えると,
$$A^*Au = u \quad (u \in X); \quad AA^*v = v \quad (v \in Y)$$
である.これを書き換えると,
$$(Au, Av) = (u, A^*Av) = (u, v) \quad (u, v \in X)$$
となる.特に,$u = v$ として,
$$\|Au\|^2 = \|u\|^2 \quad (u \in X).$$
つまり,ユニタリー作用素 A は,内積を変えない等長写像である.また,この議論より,A がユニタリーである必要十分条件は,A^{-1} がユニタリーであることもすぐわかる.

次に，Hilbert 空間の上の作用素のスペクトルの基本的な性質について考えよう．

命題 2.37 X を Hilbert 空間，$A \in B(X)$ とすると，
$$\sigma(A^*) = \overline{\sigma(A)} = \{\overline{z} \mid z \in \sigma(A)\}.$$

［証明］ $z \in \rho(A)$ ならば，任意の $u, v \in X$ に対して，
$$(((A-z)^{-1})^*(A^* - \overline{z})u, v) = ((A^* - \overline{z})u, (A-z)^{-1}v)$$
$$= (u, (A-z)(A-z)^{-1}v) = (u, v).$$

同様にして，
$$((A^* - \overline{z})((A-z)^{-1})^*u, v) = (u, v)$$
も示されるから，
$$(A^* - \overline{z})^{-1} = ((A-z)^{-1})^* \in B(X)$$
がわかり，$\overline{z} \in \rho(A^*)$ が従う．ゆえに，$\overline{\rho(A)} \subset \rho(A^*)$．$A$ を A^* に置き換えて，$(A^*)^* = A$ を用いれば，
$$\overline{\rho(A)} = \overline{\rho((A^*)^*)} \subset \rho(A^*) \subset \overline{\rho(A)}$$
なので，$\overline{\rho(A)} = \rho(A^*)$ が導かれる．これは，$\overline{\sigma(A)} = \sigma(A^*)$ と同じことである．∎

さて，有限次元の線形代数で学んだのと同じように，$\lambda \in \mathbb{C}$ が作用素 $A \in X$ の**固有値**(eigenvalue)であるとは，$u \in X$，$u \neq 0$ で，固有方程式

(2.7) $$Au = \lambda u$$

を満たす元が存在することである．このとき，$(A-\lambda)u = 0$ だから，$(A-\lambda)$ は可逆でなく，$\lambda \in \sigma(A)$ である．もしも，A が自己共役作用素ならば，すべての固有値は実数になることは簡単に示される．（各自確かめよ．）実はもっと一般に，自己共役作用素のスペクトルは $\mathbb{R}$ に含まれることがわかる．

命題 2.38 A が自己共役ならば，$\sigma(A) \subset \mathbb{R}$．

［証明］ $z \in \mathbb{C} \backslash \mathbb{R}$ ならば，$z \in \rho(A)$ を示せばよい．まず，
$$|(u, (A-z)u)| \geq |\mathrm{Im}(u, (A-z)u)| = |\mathrm{Im}\, z| \cdot \|u\|^2 \quad (u \in X).$$
これより Schwarz の不等式を用いて，
$$\|u\| \cdot \|(A-z)u\| \geq |\mathrm{Im}\, z| \cdot \|u\|^2 \quad (u \in X)$$

がわかる．したがって，

(2.8) $$\|(A-z)u\| \geqq |\mathrm{Im}\,z|\cdot\|u\| \quad (u \in X)$$

を得る．$\mathrm{Im}\,z \neq 0$ だから $(A-z)$ は 1 対 1 である．

また，$(A-z)$ の像 $\mathrm{Ran}(A-z)$ は閉部分空間である．なぜなら，
$$v_n = (A-z)u_n \to v \quad (n \to \infty)$$
とすると，(2.8)より，
$$\|v_n - v_m\| \geqq |\mathrm{Im}\,z|\cdot\|u_n - u_m\|$$
なので，$\{u_n\}$ は Cauchy 列になって，極限 $u = \lim u_n$ が存在する．すると，$(A-z)$ の連続性により，$v = (A-z)u$ となり，$v \in \mathrm{Ran}(A-z)$ が従う．

さらに，$\mathrm{Ran}(A-z) = X$ である．なぜなら，$\mathrm{Ran}(A-z) \neq X$ ならば，$v \notin \mathrm{Ran}(A-z)$, $v \neq 0$ が存在する．$\mathrm{Ran}(A-z)$ は閉部分空間だから射影定理(命題2.28)が使えて，$w \perp \mathrm{Ran}(A-z)$, $w \neq 0$ が存在することがわかる．このとき
$$((A-\bar{z})w, u) = (w, (A-z)u) = 0 \quad (u \in X)$$
だから $(A-\bar{z})w = 0$ を得る．すると，(2.8)を $u=w$ として再び用いると，
$$0 = \|(A-\bar{z})w\| \geqq |\mathrm{Im}\,z|\cdot\|w\|$$
となり，$w=0$ でなければならない．これは仮定に矛盾する．

以上で，$(A-z)$ が X から X への 1 対 1 の全射であることがわかった．したがって，逆写像 $(A-z)^{-1}$ が存在する．あとは，これが有界であることを示せばよい．(2.8)で $u = (A-z)^{-1}v$ とおけば，
$$\|v\| = \|(A-z)(A-z)^{-1}v\| \geqq |\mathrm{Im}\,z|\cdot\|(A-z)^{-1}v\| \quad (v \in X).$$
つまり，

(2.9) $$\|(A-z)^{-1}\| \leqq |\mathrm{Im}\,z|^{-1}$$

である．以上で，$z \in \rho(A)$ が証明された． ∎

上の証明中で用いたように，一般に作用素 $A \in B(X, Y)$ の像(range)を $\mathrm{Ran}\,A$，また核(kernel，0 の逆像)を $\mathrm{Ker}\,A$ と書く：
$$\mathrm{Ran}\,A = \{Au \in Y \mid u \in X\}, \quad \mathrm{Ker}\,A = \{u \in X \mid Au = 0\}.$$

第1章で見たように，スペクトル半径は，
$$r(A) \equiv \sup\{|z| \mid z \in \sigma(A)\} = \lim_{n \to \infty} \|A^n\|^{1/n}$$

§2.6 Hilbert 空間上の有界作用素 —— 43

で与えられるが，A が自己共役の場合はもっと簡単に書ける．

命題 2.39 A が自己共役ならば，$r(A) = \|A\|$．

［証明］ K が自己共役とすると，
$$\|K\|^2 = \sup_{\|u\|=1} \|Ku\|^2 = \sup_{\|u\|=1} (Ku, Ku) = \sup_{\|u\|=1} (K^2 u, u)$$
$$\leq \|K^2\| \leq \|K\|^2.$$

ゆえに，$\|K^2\| = \|K\|^2$. これを繰り返して用いると，
$$\|A^{2^n}\| = \|A^{2^{n-1} \cdot 2}\| = \|A^{2^{n-1}}\|^2 = \cdots = \|A\|^{2^n},$$
したがって，
$$r(A) = \lim_{N \to \infty} \|A^N\|^{1/N} = \lim_{n \to \infty} \|A^{2^n}\|^{1/2^n} = \|A\|.$$
∎

命題 2.40 $A \geq 0$ ならば，$\sigma(A) \subset [0, \|A\|]$，しかも，$\|A\| = \sup \sigma(A) = r(A)$．

［証明］ $\lambda > 0$ とすると，
$$\lambda \|u\|^2 \leq ((A+\lambda)u, u) \leq \|(A+\lambda)u\| \cdot \|u\| \quad (u \in X)$$
なので，$\|(A+\lambda)u\| \geq \lambda \|u\|$. すると，命題 2.38 の証明と同様にして，$-\lambda \in \rho(A)$ が示される．ゆえに，$\sigma(A) \subset [0, \infty)$. また，$B = \|A\| - A$ とおくと，
$$(Bu, u) = \|A\| \cdot \|u\|^2 - (Au, u) \geq 0 \quad (u \in X)$$
なので，$B \geq 0$. 上と組み合わせると，$\sigma(B) \subset [0, \infty)$. 一方，
$$\sigma(B) = \{\|A\| - z \mid z \in \sigma(A)\} = \|A\| - \sigma(A)$$
だから，$\sigma(A) \subset (-\infty, \|A\|]$. したがって，$\sigma(A) \subset [0, \|A\|]$. 後半の主張は，これと命題 2.39 より導かれる．
∎

この節の最後に，Hilbert 空間上の作用素のノルムについて注意しよう．Hilbert 空間の元 $u \in X$ のノルムは，
$$\|u\| \leq \sup_{\|v\|=1} |(u, v)| = \sup_{v \neq 0} \frac{|(u, v)|}{\|v\|} \leq \|u\|$$
なので，
$$\|u\| = \sup_{\|v\|=1} |(u, v)| = \sup_{v \neq 0} \frac{|(u, v)|}{\|v\|}$$

である.上の式の右側の不等式において,Schwarzの不等式を用いた.このことと,作用素ノルムの定義を組み合わせると,

$$(2.10) \quad \|A\| = \sup_{\|u\|=1} \|Au\| = \sup_{\|u\|=\|v\|=1} |(Au,v)| = \sup_{u,v \neq 0} \frac{|(Au,v)|}{\|u\|\|v\|}$$

と書けることがわかる.また,ここで u,v は稠密な部分空間の中でとればよいことも明らかだろう.

§2.7 いくつかの有界作用素の例

ここでは,応用上よく現れる,Hilbert空間上の何種類かの有界作用素について説明する.

例2.41(区間上の L^2-空間の上のかけ算作用素) $I=[a,b]$, $-\infty < a < b < \infty$ として,$X=L^2(I)$ 上の作用素を考える.$f(x)$ を I 上の連続関数とする.f による**かけ算作用素**(multiplication operator)M_f は,

$$(M_f u)(x) = f(x)u(x) \quad (u \in L^2(I))$$

で定義される.連続関数は有界閉区間上で有界だから $|f(x)|$ は有界で,

$$\|M_f u\| \leqq \left(\sup_{x \in I} |f(x)|\right) \|u\|,$$

ゆえに,$\|M_f\| \leqq \sup |f(x)|$ で M_f は有界作用素である.M_f のスペクトルは,f の値の集合(軌道)で与えられる:

$$\sigma(M_f) = \{f(x) \mid a \leqq x \leqq b\}.$$

[証明] 上の式の右辺を $\mathrm{Ran}\, f$ と書くことにする.$z \notin \mathrm{Ran}\, f$ ならば,

$$d = \inf\{|z-f(x)| \mid a \leqq x \leqq b\} > 0.$$

したがって,$g(x)=(f(x)-z)^{-1}$ とすると,g は有界連続で,容易にわかるように

$$M_g(M_f - z)u = (M_f - z)M_g u \quad (u \in L^2(I)).$$

つまり,$(M_f - z)^{-1} = M_g \in B(L^2(I))$ であり,$z \in \rho(M_f)$ が示された.一方,$z \in \mathrm{Ran}\, f$ ならば,任意の $\varepsilon > 0$ に対して $x_0 \in I$ と $\delta > 0$ が存在して,

$$|x - x_0| \leqq \delta \implies |f(x) - z| \leqq \varepsilon$$

§2.7 いくつかの有界作用素の例―― 45

が成り立つ.そこで

$$u_\varepsilon(x) = \begin{cases} 1, & |x-x_0| \leq \delta \text{ のとき} \\ 0, & \text{それ以外} \end{cases}$$

とおけば,
$$|(M_f - z)u_\varepsilon(x)| \leq \varepsilon |u_\varepsilon(x)| \quad (x \in I).$$

ゆえに
$$\|(M_f - z)u_\varepsilon\| \leq \varepsilon \|u_\varepsilon\|$$

となる.したがって,$(M_f - z)$ には有界な逆は存在しない.つまり,$z \in \sigma(M_f)$ である. ∎

このことから特に,スペクトル半径は,
$$\|M_f\| \leq \sup |f(x)| = r(M_f) \leq \|M_f\|$$
となり,$\|M_f\| = \sup|f(x)|$ であることが導かれる.

M_f の共役作用素は,$M_{\bar{f}}$ で与えられる.したがって,M_f が自己共役であるための必要十分条件は f が実数値であること,ユニタリーであるための必要十分条件は $|f(x)| = 1 \ (x \in I)$ であること,がそれぞれわかる.これらの主張は読者自ら確かめてほしい. □

例2.42(一般の L^2-空間上のかけ算作用素) 一般の測度空間 $(\Omega, \mathcal{B}, \mu)$ の上の L^2-空間 $L^2(\Omega, \mu)$ でかけ算作用素 M_f を考えよう.f を Ω 上の(本質的)有界関数として,前例と同様に,$(M_f u)(x) = f(x)u(x)$ で M_f を定義する.すると,
$$\|M_f\| = \operatorname{ess\,sup}\{|f(x)| \mid x \in \Omega\}$$
が前例と同様に示される.また,スペクトルは
$$\sigma(M_f) = \{z \in \mathbb{C} \mid \varepsilon > 0 \Longrightarrow \mu(\{x \mid |f(x) - z| < \varepsilon\}) > 0\}$$
で与えられる(証明は演習問題2.8).共役作用素,自己共役作用素になる条件等は,前例と同様である. □

例2.43(積分作用素) $(\Omega, \mathcal{B}, \mu)$ を測度空間とする.一般に,$L^p(\Omega, \mu)$ 上の作用素 K が,$\Omega \times \Omega$ 上の可測関数 $k(x, y)$ を用いて

$$(Ku)(x) = \int_\Omega k(x,y)u(y)\,d\mu(y) \quad (u \in L^p(\Omega,\mu))$$

と表現されるとき，K を($k(x,y)$ を**積分核**(integral kernel)とする)**積分作用素**(integral operator)と呼ぶ．

どのような積分核 $k(x,y)$ に対して作用素 K が $L^2(\Omega,\mu)$ で定義され有界になるか考えよう．まず，$\mu(\Omega) < \infty$ で，$k(x,y)$ が有界可測関数のときは K が有界作用素なことは容易にわかる．実際，

$$|Ku(x)| \leqq \int_\Omega |k(x,y)|\,|u(y)|\,d\mu(y) \leqq \sup_{x,y}|k(x,y)| \cdot \|u\|_{L^1} \quad (x \in \Omega).$$

ゆえに，

$$\|Ku\|_{L^2} \leqq \sup|k(x,y)| \cdot \mu(\Omega)^{1/2} \|u\|_{L^1}.$$

一方，$\mu(\Omega) < \infty$ のときは，Schwarz の不等式により

$$\|v\|_{L^1} \leqq \mu(\Omega)^{1/2} \|v\|_{L^2} \quad (v \in L^2(\Omega,\mu))$$

なので，ふたつを組み合わせて，

$$\|Ku\|_{L^2} \leqq \sup_{x,y}|k(x,y)| \cdot \mu(\Omega) \cdot \|u\|_{L^2}$$

が得られる．もっと一般には，有界性のための次の十分条件が知られている．

命題 2.44 積分核が $k(x,y) = k_1(x,y) \cdot k_2(x,y)$ と分解され，

$$M_1^2 \equiv \sup_{y \in \Omega} \int_\Omega |k_1(x,y)|^2 d\mu(x) < \infty,$$

$$M_2^2 \equiv \sup_{x \in \Omega} \int_\Omega |k_2(x,y)|^2 d\mu(y) < \infty$$

を満たすならば，積分作用素 K は $L^2(\Omega,\mu)$ 上で有界，しかも

$$\|K\| \leqq M_1 \cdot M_2.$$

[証明] $u,v \in L^2 \cap L^\infty$ と仮定して，Schwarz の不等式を用いると

$$|(Ku,v)| \leqq \iint |k(x,y)u(y)\overline{v(x)}|\,d\mu(y)d\mu(x)$$

$$= \iint |k_1(x,y)|\,|u(y)| \cdot |k_2(x,y)|\,|v(x)|\,d\mu(y)d\mu(x)$$

$$\leqq \left[\iint |k_1(x,y)|^2 |u(y)|^2 d\mu(x)d\mu(y)\right]^{1/2}$$
$$\times \left[\iint |k_2(x,y)|^2 |v(x)|^2 d\mu(y)d\mu(x)\right]^{1/2}$$
$$= \left[\int\Bigl(\int |k_1(x,y)|^2 d\mu(x)\Bigr)|u(y)|^2 d\mu(y)\right]^{1/2}$$
$$\times \left[\int\Bigl(\int |k_2(x,y)|^2 d\mu(y)\Bigr)|v(x)|^2 d\mu(x)\right]^{1/2}$$
$$\leqq M_1 M_2 \|u\| \|v\|.$$

したがって,前節最後の注意(2.10)により求める有界性と評価を得る.ただし,$L^2 \cap L^\infty$ が L^2 の中で稠密なことを用いた. ∎

 積分核 $k(x,y)$ による積分作用素 K が有界であるとき,共役作用素 K^* はやはり積分作用素で,積分核は $k^*(x,y) = \overline{k(y,x)}$ で与えられる.これは,共役作用素の定義に戻って書き下してみればすぐわかる.

 積分作用素のスペクトルは,一般に求めるのは大変難しい.実際,歴史的には積分作用素の固有値の性質を調べることが,関数解析の理論のひとつの目標であった.また微分作用素のスペクトルの解析もしばしば積分作用素の解析に帰着され,多くの研究がなされている.これらについては,第8章でさらに論ずる. □

―――――― 演習問題 ――――――

2.1 命題 2.5(中線定理)を確かめよ.

2.2 命題 2.7(分極公式)を確かめよ.

2.3 中線定理を用いて,L^1-空間,L^∞-空間は内積空間ではないことを示せ.

2.4 例 2.17 の説明に従って,ℓ^p-空間は可分であることを証明せよ.(ヒント: 例 2.17 の Γ が可算集合であることと,Γ が ℓ^p で稠密なことを示す.)

2.5 自己共役作用素の固有値は実数であることを示せ.

2.6 $A \in B(X)$ を自己共役作用素,λ, μ を A の異なる固有値とする.このと

き，λ と μ の固有ベクトルは互いに直交することを示せ．

2.7 $A \in B(X)$ が自己共役であるための必要十分条件は，
$$(Au, u) \in \mathbb{R} \quad (u \in X)$$
であることを証明せよ．

2.8 例 2.42 の主張を確かめよ．

3 スペクトル定理

　この章では，自己共役作用素のスペクトル定理について論じる．スペクトル定理とは，ひとことでいえば，任意の自己共役作用素はあたかもかけ算作用素のように扱うことができる，という主張である．

　有限次元の行列の理論では，任意の対称行列は直交行列で対角行列に変換されることを学んだ．つまり，任意の対称行列は，実数の固有値の組に帰着され，行列の演算(べき乗，線形和等)は，固有値の計算だけで簡単に計算できる．同様のことが，自己共役作用素に対しても成立するのである．それを主張する一群の定理をまとめて，「スペクトル定理」とここでは呼ぶことにする．これらは，自己共役作用素の構造を完全に記述する方法を与えている．特に，「スペクトル射影」を用いて自己共役作用素を表現する定理は，「スペクトル分解定理」と呼ばれる．これについては§3.4で論じる．もちろん，具体的な作用素について構造を完全に決定するのは難しい問題で，この問題についての理論を，一般に「スペクトル理論」と呼ぶ．その一端を§3.6で垣間見ることにしよう．また，スペクトル定理のひとつの表現は，実際に自己共役作用素はかけ算作用素に変換できる，という主張である．これについては，応用上用いられることは少ないので，§3.7で簡単に述べるにとどめる．しかし，いったんこの形の定理が得られれば，ほかのスペクトル定理は容易に導かれる，という点で強力な定理である．

§3.1 自己共役作用素の関数

A を Hilbert 空間 X 上の有界な自己共役作用素とする.f を $\mathbb{R}$ 上の関数とするとき,A の「関数」$f(A)$ を定義することができる.この節では,連続関数 f に対して $f(A)$ を定義し,その性質を調べよう.このような演算を**作用素の演算**(functional calculus)と呼ぶ.

$f(x)$ が多項式のとき,つまり,

$$f(x) = \sum_{n=0}^{N} a_n x^n \quad (a_n \in \mathbb{C},\ n = 0, 1, \cdots, N)$$

と書けているときは,

$$f(A) = \sum_{n=0}^{N} a_n A^n \in B(X)$$

で定義すればよい.この定義は,後で見るように代数的な条件から必然的に決まる,自然な定義である.これを,一般の連続な関数に拡張するのに,次の定理を用いる.

命題 3.1(Weierstrass の多項式近似定理) I を $\mathbb{R}$ の中の有界閉集合,f を I 上の連続関数とする.このとき,任意の $\varepsilon > 0$ に対し多項式 $p_\varepsilon(x)$ で

$$\sup_{x \in I} |f(x) - p_\varepsilon(x)| < \varepsilon$$

を満たすものが存在する. □

証明は §11.2 を見られたい.Weierstrass の多項式近似定理は,関数解析の言葉でいえば,

$$\mathcal{P}(I) = \{p(x) \mid p(x) \text{ は多項式}\}$$

が $C(I)$ の稠密な部分空間であることを主張している.そこで,$I = \sigma(A)$ として,$C(\sigma(A))$ の中で $p_n(x) \to f(x)$ となるような多項式の列を選んで,$f(A) = \lim p_n(A)$ で $f(A)$ を定義する,というアイデアが考えられる.そのために,ふたつ命題を準備する.次の**スペクトル写像定理**は,Banach 空間の任意の(有界)作用素について成立する.

命題 3.2(スペクトル写像定理) $A \in B(X)$,$p(x)$ を多項式とするとき,

§3.1 自己共役作用素の関数 —— 51

$$\sigma(p(A)) = p(\sigma(A)) = \{p(z) \mid z \in \sigma(A)\}.$$

［証明］ $p(x) = \sum\limits_{n=0}^{N} a_n x^n$ とする．$w \in \mathbb{C}$ に対して $p(x) - w$ を因数分解して

$$p(x) - w = a_N \prod_{n=1}^{N}(x - z_n) \quad (z_1, \cdots, z_N \in \mathbb{C})$$

と書く．すると，定義より明らかに

$$p(A) - w = \prod_{n=1}^{N}(A - z_n).$$

さて，$w \in p(\sigma(A))$ であるとすると $z \in \sigma(A)$ が存在して $w = p(z)$ だから，

$$0 = p(z) - w = \prod_{n=1}^{N}(z - z_n)$$

となり，ある m について $z = z_m$ でなければならない．すると，$p(A) - w$ は可逆ではない．実際，もし可逆とすると，

$$(A - z_m)^{-1} = (p(A) - w)^{-1} \prod_{n \neq m}(A - z_n) \in B(X)$$

となり，$z_m = z \in \rho(A)$ で矛盾．したがって，$w \in \sigma(p(A))$ が示された．

一方，$w \notin p(\sigma(A))$ とすると，任意の $z \in \sigma(A)$ に対して $p(z) - w \neq 0$．$z_1, \cdots, z_N$ を上の因数分解の根とすると，これより，$z_1, \cdots, z_N \notin \sigma(A)$．ゆえに，

$$(p(A) - w)^{-1} = \prod_{n=1}^{N}(A - z_n)^{-1} \in B(X)$$

となり，$w \notin \sigma(p(A))$．以上で，$\sigma(p(A)) = p(\sigma(A))$ が示された． ∎

命題 3.3 A を自己共役作用素，$p(x)$ を多項式とするとき，

$$\|p(A)\| = \sup_{x \in \sigma(A)} |p(x)| \equiv \|p\|_{C(\sigma(A))}.$$

［証明］ 最初に，

$$(p\overline{p})(x) = \left(\sum_n a_n x^n\right)\left(\sum_n \overline{a_n} x^n\right) = |p(x)|^2 \geqq 0$$

とおくと，

$$\|p(A)\|^2 = \|p(A)^* p(A)\| = \|(p\overline{p})(A)\|$$

となる．$(p\overline{p})(A) = p(A)^* p(A)$ は非負作用素なので，命題 2.40 とスペクトル

写像定理を用いて,
$$\|(p\bar{p})(A)\| = \sup \sigma((p\bar{p})(A)) = \sup(p\bar{p})(\sigma(A))$$
$$= \sup\{|p(x)|^2 \mid x \in \sigma(A)\} = \left(\sup_{x \in \sigma(A)} |p(x)|\right)^2.$$

以上を組み合わせて,$\|p(A)\| = \sup_{x \in \sigma(A)} |p(x)|$ が示された. ∎

この命題は次のように解釈できる. $\mathcal{P}(\sigma(A))$ を $C(\sigma(A))$ の部分空間と考えたとき, 写像:
$$p(x) \in \mathcal{P}(\sigma(A)) \longmapsto p(A) \in B(X)$$
は, 有界(等長)線形写像である. この事実と定理 1.13 を組み合わせて, 次の命題が得られる. ただし, Weierstrass の多項式近似定理より $\mathcal{P}(\sigma(A))$ が $C(\sigma(A))$ の中で稠密なことも用いる.

命題 3.4 A が自己共役作用素ならば, 有界線形作用素 $\phi_A : C(\sigma(A)) \to B(X)$ が(唯ひとつ)存在して次を満たす.
 (ⅰ) 任意の $f \in C(\sigma(A))$ に対して, $\|\phi_A(f)\| = \|f\|_{C(\sigma(A))}$.
 (ⅱ) f が多項式ならば, $\phi_A(f) = f(A)$. ∎

さて, この写像 ϕ_A がどのような性質を満たすか考えてみよう. まず, 明らかに,
 (ϕ_A-1) $\phi_A(1) = 1$,
 (ϕ_A-2) $\phi_A(x) = A$
を満たす. f, g が多項式のときは,
$$f(A)g(A) = (fg)(A) \iff \phi_A(f)\phi_A(g) = \phi_A(fg)$$
が成立しているので, ふたたび Weierstrass の多項式近似定理を用いることにより, 次が成立することがわかる.
 (ϕ_A-3) $f, g \in C(\sigma(A))$ に対し, $\phi_A(f)\phi_A(g) = \phi_A(fg)$.
同様にして,
 (ϕ_A-4) $f \in C(\sigma(A))$ に対し, $\phi_A(f)^* = \phi_A(\bar{f})$.
さらに, (ϕ_A-4)から次の(ϕ_A-4′)が導かれる.
 (ϕ_A-4′) f が実数値関数ならば, $\phi_A(f)$ は自己共役.
 (ϕ_A-5) $f(x) \geqq 0$ ならば, $\phi_A(f) \geqq 0$.

§3.1 自己共役作用素の関数 — 53

(ϕ_A-5)の証明は，$g(x)=\sqrt{f(x)}$ と定義して，(ϕ_A-4)，(ϕ_A-3)より
$$\phi_A(f) = \phi_A(g)^*\phi_A(g) \geqq 0$$
であることに注意すればよい．

以上をまとめて，次の定理が得られる．

定理 3.5 A が X 上の自己共役作用素のとき，有界作用素 $\phi_A\colon C(\sigma(A)) \to B(X)$ であって，(ϕ_A-1)–(ϕ_A-5)，$\|\phi_A\|=1$ を満たすものが，唯ひとつ存在する．

[証明] ϕ_A の存在については上に見てきたので，一意性を示そう．ϕ_A の線形性と(ϕ_A-1)–(ϕ_A-3)によって，任意の多項式 $p(x)=\sum a_n x^n$ に対して
$$\phi_A(p) = \sum a_n \phi_A(x^n) = \sum a_n \phi_A(x)^n = \sum a_n A^n = p(A)$$
となり，上で構成したものと一致する．さらに，ϕ_A の有界性を用いると，定理 1.13 より一意性が成立する． ■

上の証明中では，(ϕ_A-1)–(ϕ_A-3)と有界性しか用いていないことに注意してほしい．つまり，(ϕ_A-1)–(ϕ_A-3)と有界性から ϕ_A は一意的に定まる．実はさらに，有界性は(ϕ_A-1)–(ϕ_A-5)より従う．なぜなら，f が実数値非負連続関数ならば
$$0 \leqq f(x) \leqq \sup|f| \implies 0 = \phi_A(0) \leqq \phi_A(f) \leqq \phi_A(\sup|f|) = \sup|f|$$
だから，
$$\|\phi_A(f)\| \leqq \sup|f| = \|f\|_{C(\sigma(A))}$$
が得られる．一般の $f \in C(\sigma(A))$ に対しては，$|f(x)|^2 \geqq 0$ だから，
$$\|\phi_A(f)\|^2 = \|\phi_A(f)^*\phi_A(f)\| = \|\phi_A(|f|^2)\|$$
$$\leqq \|\,|f|^2\,\|_{C(\sigma(A))} = \|f\|^2_{C(\sigma(A))}.$$
ゆえに，有界性が導かれた．

このように，定理 3.5 は，まったく代数的な議論から導かれる定理であって，Hilbert 空間の性質はスペクトル写像定理や，非負作用素の性質しか用いていない．このことは，この形の定理はもっと一般に成立することを暗示している．実際，この形でのスペクトル定理は，C^*-代数とよばれる代数的な構造を持つ Banach 空間の枠組みの中でも成立することが知られている（Pedersen [63], Sakai [64]を見よ）．

定義 3.6 $f \in C(\sigma(A))$ に対して，
$$f(A) = \phi_A(f)$$
によって，A の関数 $f(A)$ は定義される． □

§3.2 直交射影

この節では，次節のスペクトル分解定理の準備として，（それ自身重要な）Hilbert 空間の中の「直交射影」について準備する．

定義 3.7（直交射影） Hilbert 空間 X 上の有界作用素 $P \in B(X)$ が，射影（projection）であるとは，
$$P^2 = P$$
が成立することである．さらに，P が自己共役であるとき，P を **直交射影**（orthogonal projection）と呼ぶ． □

P が直交射影であると，$\|P\| \leqq 1$．なぜなら，
$$\|Pu\|^2 = (Pu, Pu) = (P^2 u, u) = (Pu, u) \leqq \|Pu\| \|u\| \quad (u \in X).$$
さらに，$P \neq 0$ ならば，$Pu \neq 0$ であるような $u \in X$ が存在するから，
$$\|P\| \leqq 1 = \frac{\|P(Pu)\|}{\|Pu\|} \leqq \|P\|$$
となり，$\|P\| = 1$ がわかる．また，同様にして
$$(Pu, u) = \|Pu\|^2 \geqq 0 \quad (u \in X)$$
なので $P \geqq 0$．ゆえに，
$$0 \leqq P \leqq 1$$
が成立する．

また容易にわかるように，
$$u \in \operatorname{Ran} P \implies Pu = u.$$
実際，$u \in \operatorname{Ran} P$ ならば $u = Pv$, $v \in X$ と書けるから，
$$Pu = P(Pv) = P^2 v = Pv = u.$$
一方，P が直交射影であるとき，
$$\widetilde{P} = 1 - P$$

とおくと，$\widetilde{P}$ も直交射影である．実際，自己共役性は明らかで，
$$\widetilde{P}^2 = (1-P)^2 = 1 - 2P + P^2 = 1 - P = \widetilde{P}$$
なので確かに射影になっている．P と $\widetilde{P}$ は，以下見るように，互いに「相補的」な関係になっている．

補題 3.8 P が直交射影，$\widetilde{P} = 1 - P$ とするとき，
$$\operatorname{Ker} P = \operatorname{Ran} \widetilde{P}, \quad \operatorname{Ker} \widetilde{P} = \operatorname{Ran} P.$$

［証明］ $u \in \operatorname{Ran} \widetilde{P}$ ならば，$v \in X$ が存在して $u = \widetilde{P}v = v - Pv$，したがって，
$$Pu = P(v - Pv) = Pv - P^2 v = 0$$
であり，$u \in \operatorname{Ker} P$ が示された．逆に，$u \in \operatorname{Ker} P$ ならば，
$$0 = Pu = (1 - (1-P))u = u - \widetilde{P}u.$$
つまり，
$$u = \widetilde{P}u \in \operatorname{Ran} \widetilde{P}.$$
ゆえに，$\operatorname{Ran} \widetilde{P} = \operatorname{Ker} P$ が示された．もうひとつの式は，$P = 1 - \widetilde{P}$ なので，P と $\widetilde{P}$ を入れ替えて同様に示される． ∎

定義 3.9（直交補空間） Y を Hilbert 空間 X の部分空間とする．このとき，
$$Y^\perp = \{ u \in X \mid (u, v) = 0, \ v \in Y \}$$
を Y の**直交補空間**(orthogonal complement)と呼ぶ． □

容易にわかるように，$Y^\perp$ はつねに閉部分空間であり，
$$(Y^\perp)^\perp = \overline{Y}$$
が成立する（演習問題 3.1）．ここで，式の右辺は，Y の閉包，つまり Y を含む最小の閉部分空間である．Y が X の閉部分空間ならば，射影定理（命題 2.28）により，任意の $u \in X$ は
$$u = v + w \quad (v \in Y, \ w \in Y^\perp)$$
と分解される．これを，X の Y と $Y^\perp$ による**直交分解**(orthogonal decomposition)と呼び，
$$X = Y \oplus Y^\perp$$
と書く．

命題 3.10 P を直交射影とすると，$\operatorname{Ran} P$ は閉部分空間で，$\operatorname{Ran} P = (\operatorname{Ker} P)^\perp$. つまり，$X$ は

(3.1) $$X = \operatorname{Ran} P \oplus \operatorname{Ker} P$$

と直交分解される．さらに，$u \in X$ の直交分解の成分は，Pu および $\widetilde{P}u = (1-P)u$ で与えられる．すなわち，

(3.2) $$u = Pu + \widetilde{P}u, \quad Pu \in \operatorname{Ran} P, \quad \widetilde{P}u \in \operatorname{Ker} P.$$

[証明] 補題 3.8 より $\operatorname{Ran} P = \operatorname{Ker} \widetilde{P}$ で，有界線形写像の核は一般に閉部分空間なので(演習問題 3.2) $\operatorname{Ran} P$ は閉である．$\operatorname{Ran} P$ と $\operatorname{Ker} P$ が互いに直交することを確かめよう．まず，$u \in \operatorname{Ran} P$ なら $Pu = u$ に注意する．さて，$u \in \operatorname{Ran} P, v \in \operatorname{Ker} P$ とすると，
$$(u, v) = (Pu, v) = (u, Pv) = 0.$$
逆に，$v \in (\operatorname{Ran} P)^\perp$ とすると，上と同様の式の変形から，
$$0 = (Pu, v) = (u, Pv) \quad (u \in X)$$
が得られる．特に $u = Pv$ とおけば $Pv = 0$．すなわち $v \in \operatorname{Ker} P$ がわかった．これで，(3.1)は示された．また，補題 3.8 より $\operatorname{Ker} P = \operatorname{Ran} \widetilde{P}$ だったから，(3.2)が成立することも簡単にわかる． ∎

命題 3.11 P が直交射影ならば，$\sigma(P) \subset \{0, 1\}$．さらに，$P \neq 0, 1$ ならば，$\sigma(P) = \{0, 1\}$．

[証明] $z \notin \{0, 1\}$ に対して
$$R(z) = (1-z)^{-1}P - z^{-1}(1-P)$$
とおこう．すると，簡単な計算で
$$(P-z)R(z) = \frac{1}{1-z}P - \frac{1}{z}P(1-P) - \frac{z}{1-z}P + \frac{z}{z}(1-P) = 1$$
が得られる．同様に，$R(z)(P-z) = 1$ もわかる．ゆえに，$z \in \rho(P)$ が示された．一方，$0 \in \rho(P)$ ならば $\operatorname{Ker} P = \{0\}$，ゆえに $\operatorname{Ran}(1-P) = \{0\}$ で $P = 1$ が従う．同様にして，$1 \in \rho(P)$ ならば $\operatorname{Ker}(1-P) = \{0\} = \operatorname{Ran} P$ なので $P = 0$ が従う． ∎

命題 3.12 P, Q が直交射影のとき，$P \geq Q$ の必要十分条件は，$\operatorname{Ran} P \supset \operatorname{Ran} Q$．さらに，これらの条件が成り立つとき，$PQ = QP = Q$．

[証明] $P \geqq Q$ を仮定すると,
$$(PQu, Qu) \geqq (QQu, Qu) = (Qu, u) \quad (u \in X)$$
が成立する．したがって特に $u \in \operatorname{Ran} Q$ ならば $(Pu, u) = (u, u)$. これより,
$$0 = ((1-P)u, u) = ((1-P)u, (1-P)u) = \|(1-P)u\|^2.$$
つまり，$u \in \operatorname{Ker}(1-P) = \operatorname{Ran} P$ で $\operatorname{Ran} Q \subset \operatorname{Ran} P$ が示された．

逆に，$\operatorname{Ran} Q \subset \operatorname{Ran} P$ を仮定する．$X = \operatorname{Ran} Q \oplus \operatorname{Ker} Q$ だから，任意の $u \in X$ は $u = v + w$, $v \in \operatorname{Ran} Q \subset \operatorname{Ran} P$, $w \in \operatorname{Ker} Q$ と分解できる．すると，
$$\begin{aligned}((P-Q)u, u) &= (P(v+w), (v+w)) - (Q(v+w), (v+w)) \\ &= ((v,v) + (v,w) + (w,v) + (Pw,w)) - (v,v) \\ &= (Pw, w) \geqq 0.\end{aligned}$$
ゆえに，$P - Q \geqq 0$ が導かれた．また，これらの条件が満たされるとき，PQ も QP も，$\operatorname{Ran} Q$ への直交射影なので $PQ = QP = Q$. ∎

§3.3　スペクトル射影

この節では，ここまでの2節の結果を組み合わせて表題のスペクトル射影について論じよう．最初に，ここでは区間 $(-\infty, \lambda]$ $(\lambda \in \mathbb{R})$ の定義関数を
$$\chi_\lambda(x) = \begin{cases} 1, & x \leqq \lambda \text{ のとき} \\ 0, & x > \lambda \text{ のとき} \end{cases}$$
と書くことにする．もしも，§3.1の結果が χ_λ のような不連続な関数に対しても成立すると仮定すれば，A を自己共役作用素とするとき
$$\chi_\lambda(A)^* = \overline{\chi_\lambda}(A) = \chi_\lambda(A), \quad \chi_\lambda(A)^2 = (\chi_\lambda)^2(A) = \chi_\lambda(A)$$
が成立するから，$\chi_\lambda(A)$ は直交射影となる．これは，以下示すように実際きちんと定義できて**スペクトル射影(作用素)**と呼ばれる．

不連続な関数に対する作用素の関数を定義するために，次の **Riesz-Markov の定理**を準備しておこう．これは，関数空間 $C(K)$ の性質に関する定理だが，証明は本質的に測度論なのでここでは述べない．例えば，伊藤

[35] を参照してほしい．

命題 3.13 (Riesz–Markov の定理)　K を $\mathbb{R}$ のコンパクト部分集合，Φ を $C(K)$ から $\mathbb{C}$ への有界線形写像 (線形汎関数) であって，次の意味で非負なものとする．
$$f \in C(K),\ f(x) \geqq 0\ (x \in K) \implies \Phi(f) \geqq 0.$$
このとき，K 上の有限 Borel 測度 μ が存在して
$$\Phi(f) = \int_K f(x)\,d\mu(x) \quad (f \in C(K)).$$
特に $\Phi(1) = \mu(K)$ が成立する．　□

さて，自己共役作用素 A と $u \in X$ を固定し，Riesz–Markov の定理の線形汎関数 Φ として，
$$f \in C(\sigma(A)) \longmapsto (f(A)u, u) \in \mathbb{C}$$
を考えよう．すると，これは定理 3.5 より有界であり，また $(\phi_A\text{-}5)$ より非負である．したがって，Riesz–Markov の定理より有限 Borel 測度 μ_u が存在して
$$(f(A)u, u) = \int_{\sigma(A)} f(x)\,d\mu_u(x) \quad (f \in C(\sigma(A)))$$
が成立する．μ_u を，$u \in X$ に対応する**スペクトル測度** (spectral measure) と呼ぶ．内積に対する分極公式 (命題 2.7) とまったく同様にして，これより $(f(A)u, v)$ が再構成できる．

補題 3.14 (分極公式)　A を自己共役作用素，$f \in C(\sigma(A))$ とすると，$u, v \in X$ に対して

(3.3)
$$(f(A)u, v) = \frac{1}{4}\Big((f(A)(u+v), (u+v)) - (f(A)(u-v), (u-v))\Big)$$
$$+ \frac{i}{4}\Big((f(A)(u+iv), (u+iv)) - (f(A)(u-iv), (u-iv))\Big)$$
$$= \frac{1}{4}\left(\int f\,d\mu_{(u+v)} - \int f\,d\mu_{(u-v)}\right) + \frac{i}{4}\left(\int f\,d\mu_{(u+iv)} - \int f\,d\mu_{(u-iv)}\right).$$

ただし，μ_u は $u \in X$ に対応するスペクトル測度とする．　□

補題 3.14 の下段の式は，一般に有界 Borel 可測な f に対して定義可能である．そこで，これを用いて $f(A)$ を定義することにしよう．この議論のために，次の用語を導入する．

定義 3.15 X をノルム空間とする．このとき，$F: X \times X \mapsto \mathbb{C}$ が，**双線形形式**(quadratic form)であるとは，任意の $u, v, w \in X$, $\alpha, \beta \in \mathbb{C}$ に対して，

$$F(\alpha u + \beta v, w) = \alpha F(u, w) + \beta F(v, w),$$
$$F(u, \alpha v + \beta w) = \overline{\alpha} F(u, v) + \overline{\beta} F(u, w)$$

が成立することである．さらに，$C > 0$ が存在して
$$|F(u, v)| \leq C \|u\| \|v\| \quad (u, v \in X)$$
が成立するとき，F は**有界双線形形式**(bounded quadratic form)であるという． □

Hilbert 空間上では，有界作用素と有界双線形形式は 1 対 1 に対応することが Riesz の表現定理から導かれる．次の定理の証明は，本質的に共役作用素の存在証明(命題 2.33)と同じである．

定理 3.16 A が Hilbert 空間 X 上の有界作用素ならば，
$$(3.4) \qquad F(u, v) = (Au, v) \quad (u, v \in X)$$
は有界双線形形式である．逆に F が X 上の有界双線形形式ならば，有界作用素 A が唯ひとつ存在して(3.4)が成立する．

[証明] 前半の主張は明らかだろう．F が有界双線形形式とする．$u \in X$ を固定して，写像:
$$v \in X \longmapsto \overline{F(u, v)} \in \mathbb{C}$$
を考える．仮定より，これは有界線形汎関数である．ゆえに Riesz の表現定理から $w \in X$ が(唯ひとつ)存在して
$$\overline{F(u, v)} = (v, w) \quad (v \in X)$$
が成立することがわかる．つまり，
$$F(u, v) = (w, v) \quad (v \in X).$$
そこで，$w = Au$ とおくことによって A が定義できる．A が有界線形なことは有界双線形形式の定義からわかる．この条件を満たす A がひとつしかない

ことは明らかだろう．実際，A と A' がともに条件を満たすとすると，
$$((A-A')u,v) = 0 \quad (u,v \in X)$$
が成立する．したがって $(A-A')u=0$, つまり $A=A'$ が従う． ∎

これらを組み合わせることによって，スペクトル射影の存在を示すことができる．

定理 3.17 A を Hilbert 空間 X 上の自己共役作用素，$\lambda \in \mathbb{R}$ とする．このとき，次の条件を満たす有界作用素 $E_A(\lambda)$ がひとつだけ存在する．
$$(E_A(\lambda)u, u) = \int_{(-\infty,\lambda]} d\mu_u \quad (u \in X).$$

ここで，$d\mu_u$ は u に対応するスペクトル測度である．さらに，$E_A(\lambda)$ は次の性質を満たす．

(ⅰ) $\lambda \in \mathbb{R}$ に対して $E_A(\lambda)$ は直交射影．

(ⅱ) $\{E_A(\lambda) \mid \lambda \in \mathbb{R}\}$ は λ に関して単調増大．つまり，
$$\lambda < \lambda' \implies E_A(\lambda) \leqq E_A(\lambda').$$
したがって特に，$\lambda < \lambda'$ ならば，$E_A(\lambda)E_A(\lambda') = E_A(\lambda)$.

(ⅲ) 次の意味で，$\{E_A(\lambda) \mid \lambda \in \mathbb{R}\}$ は λ に関して右連続．任意の $u \in X$ に対して
$$\lambda \downarrow \kappa \implies E_A(\lambda)u \to E_A(\kappa)u.$$

(ⅳ) $\lambda \geqq \sup \sigma(A)$ ならば $E_A(\lambda) = 1$, $\lambda < \inf \sigma(A)$ ならば $E_A(\lambda) = 0$. ∎

この定理の $E_A(\lambda)$, $\lambda \in \mathbb{R}$ を**スペクトル射影**(spectral projection)と呼ぶ．

定理 3.17 の証明を，いくつかの補題を用いて示そう．まず，$\lambda \in \mathbb{R}$, $u, v \in X$ に対して，

(3.5) $$F_\lambda(u,v) = \frac{1}{4}\left(\int_{(-\infty,\lambda]} d\mu_{(u+v)} - \int_{(-\infty,\lambda]} d\mu_{(u-v)}\right)$$
$$-\frac{i}{4}\left(\int_{(-\infty,\lambda]} d\mu_{(u+iv)} - \int_{(-\infty,\lambda]} d\mu_{(u-iv)}\right)$$

とおく．

補題 3.18 (3.5)で定義される $F_\lambda(\cdot, \cdot)$ は有界双線形式である．したがって，有界線形作用素 $E_A(\lambda)$ が存在して

§3.3 スペクトル射影 —— 61

$$(E_A(\lambda)u, v) = F_\lambda(u,v) \quad (u,v \in X).$$

[証明] $f_n(x)$ $(n=1,2,\cdots)$ を $\mathbb{R}$ 上の連続関数の列であって,

(3.6)
$$|f_n(x)| \leqq C \quad (n=1,2,\cdots,\ x \in \mathbb{R})$$
$$\lim_{n \to \infty} f_n(x) = \chi_\lambda(x) \quad (x \in \mathbb{R})$$

を満たすものとする.例えば,

$$f_n(x) = \begin{cases} 1, & x \leqq \lambda \text{ のとき} \\ 1-n(x-\lambda), & \lambda < x \leqq \lambda+1/n \text{ のとき} \\ 0, & x > \lambda+1/n \text{ のとき} \end{cases}$$

はこれを満たす.すると Lebesgue の収束定理から,$u,v \in X$ に対して,例えば

$$\int f_n \, d\mu_{(u \pm v)} \to \int_{(-\infty,\lambda]} d\mu_{(u \pm v)} \quad (n \to \infty)$$

が成立する.これらを F_λ の定義に代入すると,簡単な計算で

$$F_\lambda(u,v) = \lim_{n \to \infty} (f_n(A)u, v) \quad (u,v \in X)$$

が導かれる.右辺は有界双線形形式で,f_n の仮定より一様有界なので,左辺も有界双線形形式であることがわかる.後半の主張は,前半よりただちに従う. ■

これで,$E_A(\lambda) \in B(X)$ が構成できた.条件を満たすような $E_A(\lambda)$ がひとつしかないことは,分極公式(補題 3.14 を参照)を満たさなければならないことから明らかだろう.

上の証明より,$\{f_n\}$ が(3.6)を満たす連続関数列ならば,

(3.7) $$\lim_{n \to \infty}(f_n(A)u, v) = (E_A(\lambda)u, v) \quad (u,v \in X)$$

が成立することがわかる.これは,ある意味で $f_n(A)$ が $E_A(\lambda)$ に収束していることを示している.実は,もう少し強い結果が成立する.

補題 3.19 $\{f_n\}$ を(3.6)を満たす連続関数列とするとき,
$$\lim_{n \to \infty} f_n(A)u = E_A(\lambda)u \quad (u \in X).$$

[証明] まず,$\{f_n(A)u\}$ が Cauchy 列であることを示そう.

$$\|f_n(A)u - f_m(A)u\|^2 = ((f_n(A) - f_m(A))^*(f_n(A) - f_m(A))u, u)$$
$$= (|f_n - f_m|^2(A)u, u)$$
$$= \int |f_n(x) - f_m(x)|^2 d\mu_u(x).$$

ここで，最後の式の被積分項は一様有界，かつ $n, m \to \infty$ のとき 0 に各点収束するので，Lebesgue の収束定理により積分は 0 に収束する．したがって，極限 $\lim_{n \to \infty} f_n(A)u$ が存在する．一方，(3.7)によって，この極限は $E_A(\lambda)u$ でなければならない．つまり，$\lim_{n \to \infty} f_n(A)u = E_A(\lambda)u$ である．

補題 3.20 $E_A(\lambda)$ は直交射影．

[証明] $\{f_n\}$ を，(3.6)を満たす連続関数列であるとすると，容易にわかるように，$\{f_n^2\}$ も同じ条件を満たす関数列である．したがって，補題 3.19 を用いれば，

$$E_A(\lambda)^2 u = \lim_{n \to \infty} f_n(A) \Big(\lim_{m \to \infty} f_m(A)u \Big) = \lim_{n \to \infty} f_n(A)^2 u$$
$$= \lim_{n \to \infty} (f_n^2)(A)u = E_A(\lambda)u$$

が成立する．つまり，$E_A(\lambda)^2 = E_A(\lambda)$ であり，E_A が射影であることがわかった．また一方，任意の $u \in X$ に対して

$$(E_A(\lambda)u, u) = \int_{(-\infty, \lambda]} d\mu_u \in \mathbb{R}$$

なので，$E_A(\lambda)$ は自己共役である(演習問題 2.7 を参照)．

これで，定理 3.17 の(i)が示された．$\lambda < \lambda'$ のとき，

$$(E_A(\lambda)u, u) = \int_{(-\infty, \lambda]} d\mu_u \leqq \int_{(-\infty, \lambda']} d\mu_u = (E_A(\lambda')u, u)$$

なので，(ii)は簡単にわかる．ここで，測度 μ_u が非負であることを用いた．

[(iii)の証明] 基本的なアイデアは，補題 3.19 の証明と同じである．$\lambda > \kappa, u \in X$ とする．すると

$$\|E_A(\lambda)u - E_A(\kappa)u\|^2 = ((E_A(\lambda) - E_A(\kappa))^*(E_A(\lambda) - E_A(\kappa))u, u)$$
$$= ((E_A(\lambda) - E_A(\kappa))u, u)$$
$$= \mu_u((-\infty, \lambda]) - \mu_u((-\infty, \kappa]) = \mu_u((\kappa, \lambda]).$$

右辺は，$\lambda \downarrow \kappa$ のとき 0 に収束するから，$E_A(\lambda)u \to E_A(\kappa)u$ が従う． ∎

[(iv)の証明] Riesz–Markov の定理によれば，スペクトル測度 $d\mu_u$ は $\sigma(A)$ 上の測度である．したがって，$\sigma(A)$ 上で $f(x) = g(x)$ ならば $\int f\, d\mu_u = \int g\, d\mu_u$ となる．$\lambda < \inf \sigma(A)$ ならば $\sigma(A)$ 上で $\chi_\lambda(x) = 0$，ゆえに
$$(E_A(\lambda)u, u) = \int \chi_\lambda(x)\, d\mu_u(x) = \int 0\, d\mu_u = 0.$$
これは，任意の $u \in X$ に対して成立するから $E_A(\lambda) = 0$．同様にして，$\lambda \geqq \sup \sigma(A)$ ならば $\sigma(A)$ 上で $\chi_\lambda(x) = 1$ だから
$$(E_A(\lambda)u, u) = \int \chi_\lambda(x)\, d\mu_u(x) = \int 1\, d\mu_u = (u, u)$$
となり，$E_A(\lambda) = 1$ が従う． ∎

§3.4 スペクトル分解

この節では，前節のスペクトル射影と自己共役作用素の関係について，もう少し詳しく調べることにしよう．主な目標は，自己共役作用素をスペクトル射影を用いて表現する「スペクトル分解定理」と，§3.1 の作用素の関数を任意の有界(Borel 可測)関数に拡張することである．

A を自己共役作用素，$E_A(\lambda)$ を対応するスペクトル射影とする．また，$u \in X$ に対して μ_u を A と u から決まるスペクトル測度としよう．前節で見たように，これらの間には，
$$(E_A(\lambda)u, u) = \mu_u((-\infty, \lambda])$$
という関係がある．ゆえに $F(\lambda) = (E_A(\lambda)u, u)$ から決まる Stieltjes 測度と μ_u は一致する．

ここで，Lebesgue–Stieltjes 積分について復習をしておこう．詳細については，例えば伊藤[35]を見てほしい．$F(x)$ が $\mathbb{R}$ 上の有界な右連続単調非減少関数のとき，
$$\mu((a, b]) = F(b) - F(a) \quad (a < b)$$

を満たす(有限) Borel 測度が唯ひとつ存在する．これを，F から導かれる **Stieltjes 測度**と呼び，$\mu = dF$ と書く．特に，dF に関する Borel 可測関数 f の積分は

$$\int f\,d\mu = \int f(x)\,dF(x)$$

で表される．さらに一般に，$G(x)$ が右連続な有界変動関数とするとき，
$$\nu((a,b]) = G(b) - G(a) \quad (a < b)$$
で与えられる加法的集合関数(符号付き有限測度) ν が唯ひとつ存在する．これに関する積分も同様の記号で表す．

上の記号を用いれば，$d\mu_u(\lambda) = d(E_A(\lambda)u, u)$ と書ける．そこで，$f(x) = x$ とおいて，スペクトル測度の定義を思い出せば，次の**スペクトル分解定理** (spectral decomposition theorem)が得られる．

定理 3.21(スペクトル分解定理)　A を Hilbert 空間 X 上の自己共役作用素とする．このとき，任意の $u \in X$ に対して，

(3.8) $$\qquad (Au, u) = \int \lambda\, d(E_A(\lambda)u, u).$$

また一般に，$u, v \in X$ ならば，

(3.9) $$\qquad (Au, v) = \int \lambda\, d(E_A(\lambda)u, v). \qquad \square$$

スペクトル分解定理の主張，(3.8), (3.9)を，形式的に

$$A = \int \lambda\, dE_A(\lambda)$$

と書くことがある．これは，「弱位相での積分(weak integral)」を用いて正当化できるが，ここでは述べない．

［定理 3.21 の証明］　(3.8)は，上の議論からただちに従う．また，定理 3.17(iii) より，$(E_A(\lambda)u, v)$ は $\mathbb{R}$ 上の右連続な関数であり，しかも有界変動である．したがって，(3.9)の右辺の積分は Stieltjes 積分として定義されていることがわかる．さらに，$d(E_A(\lambda)u, v)$ について分極公式が成立することが，差分についての議論からわかる．そこで両辺に分極公式を適用すれば，

(3.8) より (3.9) が導かれる (詳細については, 演習問題 3.3).　∎

さて, f を $\mathbb{R}$ 上の (または $\sigma(A)$ 上の) 有界 Borel 可測関数とするとき, $f(A)$ を定義しよう. $u, v \in X$ に対して $d(E_A(\lambda)u, v)$ は (複素数値) 有限 Borel 測度だから,

$$(u, v) \in X \times X \longmapsto \int_{\sigma(A)} f(\lambda)\, d(E_A(\lambda)u, v) \in \mathbb{C}$$

は, 上と同じ議論により, やはり有界双線形形式であることがわかる. ゆえに Riesz の表現定理を用いて, $f(A) \in B(X)$ で

$$(f(A)u, v) = \int_{\sigma(A)} f(\lambda)\, d(E_A(\lambda)u, v)$$

を満たすものが唯ひとつ存在する. これは, f が連続なときは §3.1 で定義した $f(A)$ と一致する. この事実は, 次の定理からも導かれる. $\mathcal{F}_B(\sigma(A))$ を, $\sigma(A)$ 上の有界 Borel 可測関数全体の集合とする.

定理 3.22 A を Hilbert 空間 X 上の自己共役作用素とするとき, 次が成立する.

(i) $f(x) \equiv 1$ ならば, $f(A) = 1$.

(ii) $f(x) = x$ ならば, $f(A) = A$.

(iii) $f, g \in \mathcal{F}_B(\sigma(A))$ ならば, $f(A)g(A) = (fg)(A)$.

(iv) $f \in \mathcal{F}_B(\sigma(A))$ ならば, $f(A)^* = \overline{f}(A)$. ただし, $\overline{f}(x) = \overline{f(x)}$.

さらに, 次の意味で, $f \mapsto f(A)$ は連続: $f_1, f_2, \cdots \in \mathcal{F}_B(\sigma(A))$, $f \in \mathcal{F}_B(\sigma(A))$, 任意の n, $x \in \sigma(A)$ に対して $|f_n(x)| \leq C$, しかも各 $x \in \sigma(A)$ に対して $f_n(x) \to f(x)$ $(n \to \infty)$ ならば,

$$\lim_{n \to \infty} f_n(A)u = f(A)u \quad (u \in X).$$

[証明] (i), (ii) は明らかだろう (iii) を示そう. $u, v \in X$ とするとき, 定義より

$$(f(A)g(A)u, v) = \int f(\lambda)\, d(E_A(\lambda)g(A)u, v)$$

$$= \int f(\lambda)\, d\left[\int g(\mu)\, d(E_A(\mu)E_A(\lambda)u, v)\right]$$

と書ける．$E_A(\mu)E_A(\lambda) = E_A(\min(\mu,\lambda))$ に注意すると，
$$\left[\cdots\cdots\right] = \int_{-\infty}^{\lambda} g(\mu)\,d(E_A(\mu)u,v)$$
となる．右辺を $h(\lambda)$ と書くことにして，$h(\lambda)$ によって決まる Stieltjes 測度（加法的集合関数）を考えると
$$dh(\lambda) = g(\lambda)\,d(E_A(\lambda)u,v)$$
となるから，結局
$$(f(A)g(A)u,v) = \int f(\lambda)g(\lambda)\,d(E_A(\lambda)u,v) = ((fg)(A)u,v)$$
を得る．(iv) は次の計算から従う：
$$(f(A)^*u,v) = \overline{(f(A)v,u)} = \overline{\int f(\lambda)\,d(E_A(\lambda)v,u)}$$
$$= \int \overline{f(\lambda)}\,d(E_A(\lambda)u,v) = (\bar{f}(A)u,v).$$

最後の主張は，Lebesgue の収束定理より従う．詳細は読者の演習としよう（補題 3.19 の証明とほぼ同様）． ∎

§3.5 スペクトルの分類

スペクトルには，いくつかの「種類」がある．まず，固有値に対応する「点スペクトル」，それ以外の「連続スペクトル」に分けられ，さらに連続スペクトルは「絶対連続スペクトル」と「特異連続スペクトル」に分解することができる．この分類の仕方は，測度論における Radon–Nikodým 分解に対応している．もうひとつの分類の仕方は，「離散スペクトル」と「本質的スペクトル」への分解で，これは（おおまかにいって）固有空間が有限次元か無限次元か，ということを見て分ける方法である．後で見るように，このふたつは密接に関係している．

前節において，A が X 上の自己共役作用素で $u \in X$ であるとき，
$$d\mu_u(\lambda) = d(E_A(\lambda)u,u)$$

が $\mathbb{R}$(あるいは $\sigma(A)$)上の有限 Borel 測度であることを見た. そこで, この測度の Radon–Nikodým 分解を考える. 最初に, 測度論の用語の復習をしよう. 詳細については, 小谷眞一著『測度と確率』, あるいは伊藤[35]等を見てほしい.

$\mathbb{R}$ 上の Lebesgue 測度を $|\cdot|$ で表すことにする. $\mathbb{R}$ 上の測度 μ が(Lebesgue 測度に関して)**絶対連続**(absolutely continuous), **特異**(singular)であるとは, それぞれ

μ が絶対連続 $\iff$ $|\Lambda|=0$, $\Lambda\subset\mathbb{R}$ ならば $\mu(\Lambda)=0$

μ が特異 $\iff$ $|\Lambda|=0$ をみたす $\Lambda\subset\mathbb{R}$ が存在して, $\mu(\mathbb{R}\setminus\Lambda)=0$

で定義される. 絶対連続な測度は, $\mathbb{R}$ 上の(Borel)可積分関数 $F(x)$ を用いて, $d\mu=F(x)dx$ と書けることが知られている. 一方, 特異な測度とは, Lebesgue 測度 0 の集合の上に台を持つような測度である. 特異な測度 μ に関しては, さらに次のように, **離散的**(discrete), **特異連続**(singular continuous)と呼ばれる性質がある. (可算といえば有限である場合を含むものと約束する)

μ が離散的 $\iff$ 可算集合 $L\subset\mathbb{R}$ が存在して, $\mu(\mathbb{R}\setminus L)=0$

μ が特異連続 $\iff$ μ は特異で, すべての $x\in\mathbb{R}$ に対して, $\mu(\{x\})=0$

定義と測度の基本的な性質から容易にわかるように,

μ が絶対連続かつ特異 $\implies$ $\mu=0$

μ が離散的かつ特異連続 $\implies$ $\mu=0$

μ が離散的 $\implies$ μ は特異

が成立する. ある意味で, 絶対連続, 離散的, 特異連続な測度は, 互いに「直交」している, と考えてもよい.

Radon–Nikodým の定理によれば, 任意の $\mathbb{R}$ 上の有限 Borel 測度 μ は,

$$\mu=\mu_{\mathrm{ac}}+\mu_{\mathrm{d}}+\mu_{\mathrm{sc}}$$

と一意的に分解される(**Radon–Nikodým 分解**). ここで, μ_{ac}, μ_{d}, μ_{sc} は, それぞれ絶対連続, 離散的, 特異連続な測度である. つまり, 任意の有限 Borel 測度は, 上にあげた 3 種類の測度の和に一意的に書ける. 絶対連続な部分と特異連続な部分を合わせて,「連続な部分」と呼ぶ. 一般に, 測度 μ が**連続**(continuous)であるとは,

$$\mu \text{ が連続} \iff \text{任意の } x \in \mathbb{R} \text{ に対して,} \ \mu(\{x\}) = 0$$

で定義される.

以上の概念を,スペクトル測度 $d\mu_u$ に適用して,次の定義をする.

定義 3.23 X を Hilbert 空間,A を X 上の自己共役作用素とする.このとき,A に関する**絶対連続部分空間**(absolutely continuous subspace)X_{ac},**特異連続部分空間**(singular continuous subspace)X_{sc},**点スペクトル部分空間**(pure point subspace)X_{pp} は,それぞれ

$$u \in X_{\mathrm{ac}} \iff d\mu_u = d(E_A(\lambda)u, u) \text{ が絶対連続}$$
$$u \in X_{\mathrm{sc}} \iff d\mu_u \text{ が特異連続}$$
$$u \in X_{\mathrm{pp}} \iff d\mu_u \text{ が離散的}$$

のように定義される. □

上の定義は,次のように書き換えることができる.

$$u \in X_{\mathrm{ac}} \iff \varLambda \subset \mathbb{R}, \ |\varLambda| = 0 \text{ ならば,} \ \chi_\varLambda(A)u = 0$$
$$u \in X_{\mathrm{sc}} \iff \varLambda \subset \mathbb{R}, \ |\varLambda| = 0 \text{ が存在して,} \ \chi_{\varLambda^c}(A)u = 0,$$
$$\text{しかも,任意の } x \in \mathbb{R} \text{ に対し,} \ \chi_{\{x\}}(A)u = 0$$
$$u \in X_{\mathrm{pp}} \iff \text{可算な } L \subset \mathbb{R} \text{ が存在し,} \ \chi_{L^c}(A)u = 0 \text{ を満たす.}$$

証明は読者の演習としよう.

命題 3.24 X は $X = X_{\mathrm{ac}} \oplus X_{\mathrm{sc}} \oplus X_{\mathrm{pp}}$ と直交分解される.つまり,X_{ac},X_{sc},X_{pp} は互いに直交する閉部分空間であり,任意の $u \in X$ は

$$u = u_{\mathrm{ac}} + u_{\mathrm{sc}} + u_{\mathrm{pp}} \quad (u_{\mathrm{ac}} \in X_{\mathrm{ac}}, \ u_{\mathrm{sc}} \in X_{\mathrm{sc}}, \ u_{\mathrm{pp}} \in X_{\mathrm{pp}})$$

と一意的に分解される.さらに,A は X_{ac},X_{sc},X_{pp} をそれぞれの中に写す.

[証明] $u \in X_{\mathrm{ac}}$,$v \in X_{\mathrm{sc}} \oplus X_{\mathrm{pp}}$ として,u と v が直交することを示そう.このとき,μ_v は特異な測度だから,$\varLambda \subset \mathbb{R}$ で Lebesgue 測度 0 すなわち $|\varLambda| = 0$,しかも

$$\mu_v(\mathbb{R} \setminus \varLambda) = 0$$

を満たすものが存在する.一方,μ_u は絶対連続だから $\mu_u(\varLambda) = 0$. したがって

$$(u, v) = (\chi_\varLambda(A)u, v) + (\chi_{\varLambda^c}(A)u, v)$$

$$\leq \|\chi_\Lambda(A)u\|\,\|v\| + \|u\|\,\|\chi_{\Lambda^c}(A)v\|$$
$$= \left(\int_\Lambda d\mu_u\right)^{1/2}\|v\| + \|u\|\left(\int_{\Lambda^c} d\mu_v\right)^{1/2} = 0$$

となり，u と v は直交する．X_{sc} と X_{pp} が直交することも同様に示される．
(この場合は，Λ として可算集合をとってくる.)

u が主張のように分解できることは，Radon–Nikodým の定理から従う．
例えば，μ_u の Radon–Nikodým 分解の離散部分を μ_{pp} として，可算集合 L で $\mu_{\mathrm{pp}}(\mathbb{R}\setminus L) = 0$ なるものをとってきて，
$$u_{\mathrm{pp}} = \chi_L(A)u$$
とおけば，$u_{\mathrm{pp}} \in X_{\mathrm{pp}}$ であることは容易にわかる．他の部分も同様にして定義する．一意性は，上に示した直交性から導かれる．

また，
$$\mu_{Au}(\Lambda) = \int_\Lambda d(E_A(\lambda)Au, Au)$$
$$= \int_\Lambda \lambda^2 d(E_A(\lambda)u, u)$$

なので，例えば $u \in X_{\mathrm{ac}}$，$|\Lambda| = 0$ ならば，$\mu_{Au}(\Lambda) = 0$ が従う．すなわち，$Au \in X_{\mathrm{ac}}$ である．他の場合も同様に，上の表現を用いて，$u \in X_{\mathrm{sc}} \Longrightarrow Au \in X_{\mathrm{sc}}$，$u \in X_{\mathrm{pp}} \Longrightarrow Au \in X_{\mathrm{pp}}$ が示される． ∎

さて，点スペクトル部分空間 X_{pp} は固有ベクトルの空間と考えてよいことを示そう．$u \in X$ が A の固有ベクトル，つまり $Au = au$，$a \in \mathbb{R}$ とすると，
$$(f(A)u, u) = (f(a)u, u) = f(a)\|u\|^2$$
となる．これは，f が多項式の場合は明らかで，一般の場合は極限をとって証明できる．ゆえに $d\mu_u(\lambda) = \|u\|^2 \delta(\lambda - a)$ であり，$u \in X_{\mathrm{pp}}$ がわかる．(ここで $\delta(\tau)$ は Dirac のデルタ関数，あるいは点測度．つまり δ は 0 で高さ 1 の不連続性を持つ階段関数から決まる Stieltjes 測度である.) したがってまた，固有ベクトルの線形和も点スペクトル空間に入ることが従う．しかし，一般には固有ベクトルの線形和の集合は，閉部分空間になるとは限らない．そのかわり，次の命題が成立する．

命題 3.25 点スペクトル部分空間 X_{pp} は，A の固有ベクトルの張る閉部

分空間(固有ベクトル全体を含む最小の閉部分空間)である.

[証明] まず,固有ベクトルが X_{pp} に含まれることは上で見た.逆に,$u \in X_{\mathrm{pp}}$ と仮定したとき,u が固有ベクトルの線形和の極限になっていることを見よう.仮定より,$d\mu_u$ は離散的な測度だから,可算集合 $\{a_1, a_2, \cdots\} \subset \mathbb{R}$ が存在して,
$$\mu_u(\mathbb{R} \setminus \{a_1, a_2, \cdots\}) = 0$$
を満たす.そこで $b_j = \mu_u(\{a_j\}) > 0$ とおけば,
$$\mu_u(\Lambda) = \mu_u(\Lambda \cap \{a_1, a_2, \cdots\}) = \sum_{a_j \in \Lambda} b_j \quad (\Lambda \subset \mathbb{R})$$
となる.つまり,
$$d\mu_u(\lambda) = \sum_{j=1}^{\infty} b_j \delta(\lambda - a_j), \quad \mu_u(\mathbb{R}) = \sum_{j=1}^{\infty} b_j < \infty$$
であることがわかった.
$$u_j = \chi_{\{a_j\}}(A) u \quad (j = 1, 2, \cdots)$$
とおけば,容易にわかるように
$$\|u_j\|^2 = b_j > 0, \quad A u_j = a_j u_j \quad (j = 1, 2, \cdots)$$
を満たす.つまり,u_j は A の固有ベクトルである.さらに,
$$\left\| u - \sum_{j=1}^{N} u_j \right\|^2 = \int \left\{ 1 - \sum_{j=1}^{N} \chi_{\{a_j\}}(\lambda) \right\} d(E_A(\lambda) u, u)$$
$$= \sum_{j=N+1}^{\infty} b_j \to 0 \quad (N \to \infty)$$
なので,$u = \lim \sum_{j=1}^{N} u_j$ となり,主張が示された. ∎

命題 3.24 によって,A は X の部分空間 $X_{\mathrm{ac}}, X_{\mathrm{sc}}, X_{\mathrm{pp}}$ それぞれの上の作用素とみなすことができる.そこで,
$$\sigma_{\mathrm{ac}}(A) = \sigma(A \lceil X_{\mathrm{ac}}), \quad \sigma_{\mathrm{sc}}(A) = \sigma(A \lceil X_{\mathrm{sc}}),$$
$$\sigma_{\mathrm{pp}}(A) = \bigcup \{\lambda \mid \lambda \text{ は } A \text{ の固有値}\}$$

とおき,それぞれ**絶対連続スペクトル**(absolutely continuous spectrum),**特異連続スペクトル**(singular continuous spectrum),**点スペクトル**(pure point

spectrum)と呼ぶ.ただし,$A\lceil Y$ は A の,部分空間 Y への制限を表すものとする.ここで,点スペクトルの定義だけ異なることに注意してほしい.点スペクトルだけは(歴史的理由によって)固有値全部の集合として定義され,閉集合とは限らない.実際,
$$\sigma(A\lceil X_{\mathrm{pp}}) = \overline{\sigma_{\mathrm{pp}}(A)}$$
が成立する(演習問題3.4).また,容易にわかるように,
$$\sigma(A) = \sigma_{\mathrm{ac}}(A) \cup \sigma_{\mathrm{sc}}(A) \cup \overline{\sigma_{\mathrm{pp}}(A)}$$
となっている.一般には,これらのスペクトルは互いに交わりを持たないとは限らない.

絶対連続部分と特異連続部分を合わせて,
$$\sigma_{\mathrm{c}}(A) = \sigma_{\mathrm{ac}}(A) \cup \sigma_{\mathrm{sc}}(A), \quad X_{\mathrm{c}} = X_{\mathrm{ac}} \cup X_{\mathrm{sc}}$$
を,それぞれ**連続スペクトル**(continuous spectrum),**連続スペクトル部分空間**(continuous spectral subspace)と呼ぶ.

本質的スペクトル(essential spectrum)$\sigma_{\mathrm{ess}}(A)$,**離散スペクトル**(discrete spectrum)$\sigma_{\mathrm{d}}(A)$ は次で定義される.
$$\sigma_{\mathrm{ess}}(A) = \{\lambda \in \sigma(A) \mid 任意の \varepsilon > 0 に対し \dim \mathrm{Ran}\, \chi_{(\lambda-\varepsilon, \lambda+\varepsilon)}(A) = \infty\}$$
$$\sigma_{\mathrm{d}}(A) = \{\lambda \in \sigma(A) \mid \varepsilon > 0 が存在して,\dim \mathrm{Ran}\, \chi_{(\lambda-\varepsilon, \lambda+\varepsilon)}(A) < \infty\}$$
ここで,
$$\sigma(A) = \{\lambda \in \mathbb{R} \mid 任意の \varepsilon > 0 に対し \dim \mathrm{Ran}\, \chi_{(\lambda-\varepsilon, \lambda+\varepsilon)}(A) > 0\}$$
に注意しよう.これらについては,以下のような性質がある.

命題 3.26 $\sigma_{\mathrm{ess}}(A)$ は閉集合であり,$\lambda \in \sigma_{\mathrm{ess}}(A)$ であるための必要十分条件は,以下のどれかが成立することである.

(i) $\lambda \in \sigma_{\mathrm{c}}(A)$.

(ii) λ は $\sigma_{\mathrm{pp}}(A)$ の極限点.

(iii) $\lambda \in \sigma_{\mathrm{pp}}(A)$ であり,固有空間の次元は無限大. □

命題 3.27 $\lambda \in \sigma_{\mathrm{d}}(A)$ であるための必要十分条件は,λ が $\sigma(A)$ の孤立点であり(したがって $\sigma_{\mathrm{pp}}(A)$ に含まれ),その固有空間の次元が有限であることである. □

証明は演習問題にまわそう(演習問題3.5).

§3.6 いくつかの実例

この節では，スペクトル分解が自己共役作用素の例に，どのように応用されるかを見てみよう．最初に，スペクトル理論の理解を助けるために，スペクトル分解が具体的に構成できる，簡単な実例をいくつか見てみる．そのあと，応用上も重要で，しかもきわめて興味深いスペクトルを持つ有界な自己共役作用素の実例として，離散的 Schrödinger 作用素について(証明抜きで)紹介する．

例 3.28($\mathbb{C}^N$ の Hermite 行列) $\mathbb{C}^N$ 上の線形作用素，すなわち $N \times N$-行列の場合について考えてみよう．$N \times N$-行列 $A = (a_{ij})_{i,j=1}^N$ が Hermite であるとは，

$$A^* = {}^t\overline{A} = \begin{pmatrix} \overline{a_{11}} & \cdots & \overline{a_{N1}} \\ \vdots & \ddots & \vdots \\ \overline{a_{1N}} & \cdots & \overline{a_{NN}} \end{pmatrix} = A$$

であることだった．言い換えると，$a_{ji} = \overline{a_{ij}}$ $(i,j=1,\cdots,N)$．このとき，A は自己共役だからスペクトル分解ができる．以下，この行列のスペクトル分解が，Hermite 行列の対角化と同等なことを確かめてみよう．

まず，$\mathbb{C}^N$ の直交射影の像は有限次元(たかだか N 次元)であり，$\dim E_A(\lambda)$ は λ に関して単調増大，しかも

$$\lim_{\lambda \to -\infty} \dim E_A(\lambda) = 0, \quad \lim_{\lambda \to \infty} \dim E_A(\lambda) = N$$

であることに注意すると，有限個の不連続点 $\lambda_1 < \lambda_2 < \cdots < \lambda_M$ $(0 < M \leq N)$ と，整数の列 $d_0 = 0 < d_1 < d_2 < \cdots < d_M = N$ が存在して，$\lambda_m \leq \lambda < \lambda_{m+1}$ ならば，

$$\dim E_A(\lambda) = d_m \quad (m = 0, 1, \cdots, M)$$

が成立する．ただし，$\lambda_0 = -\infty$, $\lambda_{M+1} = \infty$ とした．また，$\dim E_A(\lambda)$ が右連続なことも用いた．そこで，$\varepsilon > 0$ を十分小さくとって，

$$E_j = E_A(\lambda_j + \varepsilon) - E_A(\lambda_j - \varepsilon) = E_A(\lambda_j) - E_A(\lambda_{j-1}) \quad (j = 1, 2, \cdots, M)$$

とおく．すると容易にわかるように，スペクトル測度は E_j を用いて

$$E_A(\lambda) = \sum_{\lambda_j \leq \lambda} E_j \quad (\lambda \in \mathbb{R})$$

と書ける．したがって，$u \in \mathbb{C}^N$ に対して，

$$d(E_A(\lambda)u, u) = \sum_{j=1}^{M} (E_j u, u)\delta(\lambda - \lambda_j)$$

が得られる．E_j は，固有値 λ_j に対応する固有ベクトルの空間への直交射影であり，

$$(Au, v) = \int \lambda\, d(E_A(\lambda)u, v) = \sum_{j=1}^{M} \lambda_j (E_j u, v) \quad (u, v \in \mathbb{C}^N)$$

は Hermite 行列の対角化の，座標によらない表現になっている． □

例 3.29 (ℓ^2 の上の無限対角行列) $\mathbb{C}^N$ の(Hilbert 空間としての)自然な無限次元への拡張は ℓ^2 であった．その上の有界作用素は，おおまかにいって，無限次元行列と考えてよい．前の例の拡張として，無限次元 Hermite 行列を考えることはできるが，どのような場合に有界かなどの困難があり，また，スペクトル分解を一般に書き下すことも難しい．そこで，簡単な場合として，対角行列を考えよう．

$A \in B(\ell^2)$ が，

$$(Au)_n = a_n u_n \quad (u = (u_n)_{n=1}^{\infty} \in \ell^2)$$

で与えられ，

$$a_n \in \mathbb{R}, \quad |a_n| \leq C \quad (n = 1, 2, \cdots)$$

を満たすとしよう．これは，無限次元の対角行列であり，容易にわかるように自己共役である(確かめよ)．最初に作用素の関数を考えると，具体的に書いてみれば明らかなように，関数 $f(x)$ に対して，

$$(f(A)u)_n = f(a_n)u_n \quad (u \in \ell^2)$$

となる．したがって，スペクトル射影は

$$(E_A(\lambda)u)_n = \begin{cases} u_n, & a_n \leq \lambda \text{ のとき} \\ 0, & a_n > \lambda \text{ のとき} \end{cases}$$

で与えられる．これより，前例と同様に，

$$d(E_A(\lambda)u, u) = \sum_n |u_n|^2 \delta(\lambda - a_n) \quad (u \in \ell^2)$$

が導かれる．すべての $u \in \ell^2$ についてこの測度は離散的だから，点スペクトル部分空間は全空間に一致する，つまり，スペクトルは点スペクトル（の閉包）のみであることがわかる．さらに，

$$\sigma_{\mathrm{pp}}(A) = \{a_n \mid n = 1, 2, \cdots\}.$$

この集合は，可算な集合だが，閉とは限らないことに注意しよう．（例えば，区間 $[0,1]$ の中の有理点全体は可算だから，これを並べて $\{a_n\}$ としてみよ．）したがって，スペクトルは離散的とは限らない．このように，無限行列の場合は，きわめて簡単に見えるものでも奇妙なスペクトルを持ち得ることに注意してほしい．スペクトルは，$\sigma_{\mathrm{pp}}(A)$ の閉包で与えられる．スペクトル分解は次のようになる．

$$(Au, u) = \int \lambda \, d(E_A(\lambda)u, u) = \sum_{j=1}^\infty a_n |u_n|^2 \quad (u \in \ell^2).$$

□

例 3.30 ($L^2(\Omega)$ の上のかけ算作用素)　測度空間 $(\Omega, \mathcal{B}, \mu)$ 上の L^2-空間を $L^2(\Omega)$ としよう．例 2.42 で見たように，Ω 上の有界可測関数 $f(x)$ が与えられたとき，かけ算作用素 M_f は

$$(M_f u)(x) = f(x)u(x) \quad (u \in L^2(\Omega),\ x \in \Omega)$$

で定義され有界である．また，$f(x)$ が実数値であるとき M_f は自己共役になる．この場合，M_f の関数は，$g(y)$ を $\mathbb{R}$ 上の有界 Borel 可測関数として，

$$(g(M_f)u)(x) = g(f(x))u(x) \quad (u \in L^2(\Omega),\ x \in \Omega)$$

で与えられることは簡単にわかる．特に，スペクトル射影は

$$E_{M_f}(\lambda)u(x) = \begin{cases} u(x), & f(x) \leq \lambda \text{ のとき} \\ 0, & \text{それ以外} \end{cases}$$

で与えられる．書き換えると，

$$(E_{M_f}(\lambda)u, u) = \int_{\{x \in \Omega \mid f(x) \leq \lambda\}} |u(x)|^2 dx$$

となる．スペクトル測度 dE_{M_f} は，一般には例 3.29 のように簡単には書け

ない.

スペクトル測度についてもう少し詳しく見るために, Ω が有界区間 $[a,b]$ の場合を考えよう. 測度は Lebesgue 測度とする. $f(x)$ が狭義単調増大ならば, 逆関数 f^{-1} が存在してこれも狭義単調増大である. つまり, $c=f(a)$, $d=f(b)$ とおいて,
$$f: [a,b] \longmapsto [c,d] = \sigma(M_f)$$
は全単射である. すると, 上の表現を用いると
$$(g(M_f)u,u) = \int_a^b g(f(x))|u(x)|^2 dx$$
$$= \int_c^d g(\lambda)|u(f^{-1}(\lambda))|^2 df^{-1}(\lambda)$$
がわかる. つまり, (Stieltjes 測度を用いて書くと)
$$d(E_{M_f}(\lambda)u,u) = |u(f^{-1}(\lambda))|^2 df^{-1}(\lambda)$$
が得られる. 特に, f, f^{-1} が微分可能な場合は
$$df^{-1}(\lambda) = \frac{df^{-1}}{d\lambda}d\lambda = \frac{d\lambda}{f'(f^{-1})}$$
であるから,
$$(g(M_f)u,u) = \int g(\lambda)|u(f^{-1}(\lambda))|^2 \frac{d\lambda}{f'(f^{-1})}$$
となる. これより, (形式的には) スペクトル測度は
$$dE_{M_f}(\lambda) = (f'(f^{-1}(\lambda)))^{-1}\delta(x-f^{-1}(\lambda))d\lambda$$
と書くことができる.

M_f のスペクトルは, 一般にはあらゆるものをとりうる. 簡単な場合は, 例えば $\Omega=[0,1]$, $f(x)=x$ とすると, $\sigma(M_f)=[0,1]$, $\sigma_{\mathrm{ac}}(M_f)=[0,1]$, $\sigma_{\mathrm{sc}}(M_f)=\sigma_{\mathrm{pp}}(M_f)=\varnothing$ であることが簡単にわかる (上のスペクトル測度の表現を用いる). 一方, f が Cantor 集合を定義する関数の逆関数とすると, $\sigma(M_f)$ は Cantor 集合となり $\sigma_{\mathrm{sc}}(M_f)=\sigma(M_f)$, $\sigma_{\mathrm{ac}}(M_f)=\sigma_{\mathrm{pp}}(M_f)=\varnothing$ となる. 一般には, 次のような性質が示される:
$$\sigma_{\mathrm{pp}}(M_f) = \varnothing \iff \forall \lambda \in \sigma(M_f), \ \mu(\{x \in \Omega \mid f(x)=\lambda\}) = 0;$$

$$\sigma_{\mathrm{ac}}(M_f) = \varnothing \iff |\{f(x) \mid x \in \Omega\}| = 0;$$
$$\sigma_{\mathrm{sc}}(M_f) = \varnothing \iff E \subset \Omega, \ \mu(E) = 0 \text{ ならば } |f(E)| = 0.$$

ここで，$|\cdot|$ は $\mathbb{R}$ 上の Lebesgue 測度を表す．証明は演習問題としよう（演習問題 3.6）． □

応用上もっとも重要な例としては，微分作用素があげられる．しかし，微分作用素は有界作用素にはならないので，後の章にまわすことにしよう．ここでは，「整数上の微分」というべき，差分作用素について見てみる．

例 3.31（$\ell^2(\mathbb{Z})$ での差分作用素） 第 1 章で見た ℓ^2-空間の一般化として，$\ell^2(\mathbb{Z})$ は

$$\ell^2(\mathbb{Z}) = \left\{ (a_n)_{n=-\infty}^{\infty} \ \middle| \ a_n \in \mathbb{C}, \ \sum_{n \in \mathbb{Z}} |a_n|^2 < \infty \right\},$$

$$\|a\| = \|a\|_{\ell^2(\mathbb{Z})} = \left(\sum_{n \in \mathbb{Z}} |a_n|^2 \right)^{1/2}, \quad a = (a_n) \in \ell^2(\mathbb{Z})$$

で定義される．$\ell^2(\mathbb{Z})$ での平行移動（右シフト）の作用素 T は

$$(Ta)_n = a_{n+1} \quad (n \in \mathbb{Z}, \ a \in \ell^2(\mathbb{Z}))$$

で定義される．これはユニタリー作用素であり，

$$(T^{-1}a)_n = (T^*a)_n = a_{n-1} \quad (n \in \mathbb{Z})$$

で逆作用素は与えられる（確かめてみよ）．作用素 D と L を

$$D = \frac{1}{2}(T - T^*), \quad L = T + T^*$$

と定義する．D は微分のアナロジーであり，$L-2$ はラプラシアンのアナロジーになっている．L は隣接作用素，$L-2$ は差分ラプラシアンと呼ばれる．（微分のアナロジーである差分については，$T-1$，あるいは $1-T^*$ で定義することも多い．）容易にわかるように，$D^* = -D$，$L^* = L$ だから，iD，L はそれぞれ自己共役である．以下，これらのスペクトルを調べてみよう．

最初に Fourier 級数展開の復習をしよう．（詳細については，高橋陽一郎著『実関数と Fourier 解析』，あるいは谷島[80]，吉田-加藤[39]，Katznelson[40]等を見よ．）Fourier 関数系は $L^2([-\pi, \pi])$ の正規直交基底だから，Fourier

§3.6 いくつかの実例 —— 77

級数展開

$$(\mathcal{F}u)_n = \frac{1}{\sqrt{2\pi}} \int_{-\pi}^{\pi} e^{-inx} u(x)\, dx \quad (u \in L^2([-\pi,\pi]))$$

は $L^2([-\pi,\pi])$ から $\ell^2(\mathbb{Z})$ へのユニタリー写像を与えている．その逆写像は，

$$(\mathcal{F}^*a)(x) = \frac{1}{\sqrt{2\pi}} \sum_{n=-\infty}^{\infty} a_n e^{inx} \quad (a \in \ell^2(\mathbb{Z}))$$

で与えられる．この変換を用いて，T を $L^2([-\pi,\pi])$ 上の作用素に引き戻すと，

$$(\mathcal{F}^*T a)(x) = \frac{1}{\sqrt{2\pi}} \sum_n a_{n+1} e^{inx} = \frac{1}{\sqrt{2\pi}} \sum_n a_n e^{i(n-1)x}$$
$$= e^{-ix}(\mathcal{F}^*a)(x)$$

である．つまり，$\mathcal{F}^*T\mathcal{F}$ は e^{-ix} によるかけ算作用素になっている．これより，iD と L について，次の結果が得られる．

$$\mathcal{F}^*(iD)\mathcal{F}u(x) = \frac{i}{2}(e^{-ix} - e^{ix})u(x) = \sin x\, u(x),$$
$$\mathcal{F}^*L\mathcal{F}u(x) = (e^{-ix} + e^{ix})u(x) = 2\cos x\, u(x)$$

つまり，iD, L は，それぞれ $\sin x$, $2\cos x$ による $L^2([-\pi,\pi])$ 上のかけ算作用素に，ユニタリー変換によって変換される．これらのスペクトルについては例3.30 でわかっているから，結局，iD と L のスペクトルは次のようになる．

$$\sigma(iD) = \sigma_{\mathrm{ac}}(iD) = \sigma(M_{\sin x}) = [-1,1], \quad \sigma_{\mathrm{pp}}(iD) = \sigma_{\mathrm{sc}}(iD) = \varnothing;$$
$$\sigma(L) = \sigma_{\mathrm{ac}}(L) = \sigma(M_{(2\cos x)}) = [-2,2], \quad \sigma_{\mathrm{pp}}(L) = \sigma_{\mathrm{sc}}(L) = \varnothing.$$

このように，差分作用素は Fourier 級数展開を用いることによってかけ算作用素に帰着され，かけ算作用素のスペクトル分解は具体的に書き下せる．この意味で，「Fourier 級数展開は差分作用素のスペクトル分解を与える」という言い方もできる．このような性質は，後で見るように Fourier 変換を用いることにより微分作用素についても成り立つ(第7章)． □

例 3.32(離散 Schrödinger 作用素) $V = (V_n)_{n=-\infty}^{\infty}$ を有界な実数列とする．これから決まる $\ell^2(\mathbb{Z})$ 上のかけ算作用素(あるいは無限対角行列)を

$$(Va)_n = V_n a_n \quad (a = (a_n) \in \ell^2(\mathbb{Z}))$$

とする．L を前例の隣接作用素として，
$$H = L + V$$
を(1 次元の)**離散 Schrödinger 作用素**(discrete Schrödinger operator)と呼ぶ．この作用素は，量子力学に現れる Schrödinger 作用素の格子上のアナロジーであり，物性論等で重要な役割を果たす．

L と V のスペクトルは，今まで見てきたように比較的簡単に解析できる．ところが，それらの和である離散 Schrödinger 作用素のスペクトルはきわめて複雑であり，V の選び方によって多彩な挙動を示すことが知られている．例えば，以下のような事実が知られている(Cycon [13], Holden [29])．

(ⅰ) (V_n) が有限個を除いて 0 である場合: このときは，「数学的散乱理論」によって次のことが証明される．
$$\sigma_{\mathrm{ac}}(H) = \sigma_{\mathrm{ess}}(H) = \sigma(L) = [-2, 2], \quad \sigma_{\mathrm{sc}}(H) = \varnothing.$$
したがって，H のスペクトルは，絶対連続な $[-2,2]$ の部分と，離散的な点スペクトル(固有値)からなる．固有値の集積点は，あったとすれば $\{-2, 2\}$ に含まれる．

(ⅱ) (V_n) が周期的な場合: 周期 $M > 0$ が存在して，任意の n に対して $V_{n+M} = V_n$ が成立すると仮定する．このような作用素は，結晶格子の中の電子の挙動を記述する方程式に現れる．このときは，$\sigma(H)$ は有限個の連結成分からなり，スペクトルは絶対連続である:
$$\sigma(H) = \sigma_{\mathrm{ac}}(H) = \sigma_{\mathrm{ess}}(H), \quad \sigma_{\mathrm{pp}}(H) = \sigma_{\mathrm{d}}(H) = \sigma_{\mathrm{sc}}(H) = \varnothing.$$

(ⅲ) $V_n = \mu \cos(\alpha n + \theta)$ の場合: $(\alpha/2\pi)$ が有理数ならば，V は周期的になり，上の場合に含まれる．しかし，$(\alpha/2\pi)$ が有理数でない場合は V_n は概周期数列(almost periodic series)であり，H は概 Mathieu 作用素と呼ばれる．この形の作用素は解析が非常に難しく，多くの事柄が未解決である．知られている結果としては，
$$|\mu| > 2 \implies \text{ほとんどすべての } \theta \text{ に対して } \sigma(H) \text{ は絶対連続}.$$
しかし，すべての θ について，スペクトルが絶対連続かどうかは知られていない．$\mu = 2$ の場合は，数学的にも応用上も特に重要であり，Harper

作用素と呼ばれる．α に関する適当な仮定の下で，Harper 作用素のスペクトルは Cantor 集合（いたるところ粗な閉集合）になることが知られている． □

§3.7 かけ算型のスペクトル定理

この節では，任意の自己共役作用素は，適当なユニタリー変換によって，ある L^2-空間上のかけ算作用素に変換される，という定理について簡単に説明しよう．

定理 3.33 X を可分な Hilbert 空間，A を X 上の自己共役作用素とする．このとき有限測度空間 $(\Omega, \mathcal{B}, \mu)$ とその上の有界実数値関数 $F(\omega)$，そして同型写像 $U: X \to L^2(\Omega, \mu)$ が存在して，
$$(UAu)(\omega) = F(\omega)(Uu)(\omega) \quad (\omega \in \Omega, \ u \in X)$$
が成立する．すなわち，
$$(UAU^{-1})f(\omega) = F(\omega)f(\omega) \quad (\omega \in \Omega, \ f \in L^2(\Omega, \mu))$$
であり，A はユニタリー変換で $L^2(\Omega, \mu)$ 上のかけ算作用素に変換できる． □

この定理はスペクトル分解定理（定理 3.21）を用いて証明される．スペクトル分解が与えられているとき，それから測度空間を実際に構成することができる．証明の詳細はここでは述べない．興味がある人は例えば，Reed–Simon [62] Vol. 1 を見てほしい．定理 3.33 を仮定すれば，ほかのスペクトル定理は簡単に証明できる．例えば，$f \in L^\infty(\sigma(A))$ に対して，
$$f(A) = U^{-1}(f(F(\omega)) \cdot)U$$
とおけば，$f(A) \in B(X)$ であり，定理 3.22 の条件をすべて満たすことは容易に示される．特に，
$$E_A(\lambda) = U^{-1}(\chi_{(-\infty, \lambda]}(F(\omega)) \cdot)U$$
であり，$u \in X$ に対するスペクトル測度は
$$\mu_u((-\infty, \lambda]) = (E_A(\lambda)u, u) = (U^{-1}\chi_{(-\infty, \lambda]}(F(\omega))Uu, u)$$
$$= (\chi_{(-\infty, \lambda]}Uu, Uu) = \int_{\{\omega \,|\, F(\omega) < \lambda\}} |Uu(\omega)|^2 \, d\mu(\omega)$$

で決まる Lebesgue–Stieltjes 測度である．詳細は演習問題としよう（演習問題 3.7）．

──────── 演習問題 ────────

3.1 Y が X の部分空間であるとき，$(Y^\perp)^\perp = \overline{Y}$ を確かめよ．

3.2 A が Banach 空間 X から Y への有界作用素とするとき，$\mathrm{Ker}\,A$ は閉部分空間であることを示せ．一方，一般には $\mathrm{Ran}\,A$ が閉部分空間とは限らないことを，反例を挙げて確かめよ．

3.3 定理 3.21 の証明の細部を埋めて完成させよ．

3.4 $\sigma(A\!\restriction\! X_{\mathrm{pp}}) = \overline{\sigma_{\mathrm{pp}}(A)}$ を確かめよ．（ヒント：命題 3.25 の証明を参考にせよ．）

3.5 命題 3.26，命題 3.27 を証明せよ．

3.6 例 3.30 の M_f のスペクトルに関する性質を確かめよ．

3.7 定理 3.33 から定理 3.21（スペクトル分解定理），定理 3.22（作用素の演算）を導け．

コンパクト作用素

　前章では，応用上重要な自己共役作用素のスペクトル理論について議論した．そこで論じた理論は，対称行列，あるいは Hermite 行列の対角化の拡張と考えてよい．では，もっと一般の行列について成立する Jordan 標準形の拡張は何だろうか？　無限次元の Hilbert 空間や Banach 空間では，Jordan 標準形のような「標準的」な表現を作るのは難しく，スペクトルもさまざまである．

　有限次元ベクトル空間の上の行列によく似た性質を持つ作用素のクラスとしては，「コンパクト作用素」の集合がある．この章では，これについて説明する．§4.1 では，コンパクト作用素の定義と，そのいくつかの言い換えについて論じる．そのために，それ自身重要な「弱収束」の概念についても，ここで説明する．§4.2 では，コンパクト作用素(あるいはコンパクト作用素の集合)の基本的性質と基本的な例について説明する．

　§4.3 においては，コンパクト作用素のスペクトル論について説明する．特に，スペクトルが可算な離散的集合からなることを主張する Riesz–Schauder の定理，また，コンパクトな自己共役作用素に対しては，固有関数からなる正規直交基底が存在することを主張する Hilbert–Schmidt の展開定理を証明する．

§4.1 コンパクト作用素の定義と弱収束

最初にコンパクト作用素の定義を述べよう.

定義 4.1 X, Y を Banach 空間とする. $A \in B(X, Y)$ が**コンパクト**(compact)であるとは, X の任意の有界点列 $\{u_1, u_2, \cdots\}$ に対し, $\{Au_1, Au_2, \cdots\}$ の中に(Y の中で)収束する部分列が存在することである. □

以下, 定義の意味を考えながら, 言い換えをしてみよう. 位相空間論で学んだように, 距離空間 X の部分集合 K がコンパクト(集合)であるとは, 任意の K の無限部分集合が収束する部分列を持つことであり, K が相対コンパクト(precompact)であるとは, K の閉包 $\overline{K}$ がコンパクトなことだった. この言葉を用いると,

$A \in B(X, Y)$ がコンパクト
$\iff \{u_n\}$ が有界列なら $\{Au_n\}$ は相対コンパクト
$\iff \Omega \subset X$ が有界集合なら $A\Omega \subset Y$ は相対コンパクト
$\iff AB_1(0)$ は相対コンパクト

であることが簡単にわかる. ここで $B_1(0) = \{u \in X \mid \|u\| < 1\}$ は X の単位球を表す. 「コンパクト」という言葉は上の性質からきている.

「弱収束」の言葉を用いると, コンパクト性のまた別の, 役に立つ言い換えをすることができる.

定義 4.2 X をノルム空間, X^* をその共役空間とする. X の点列 $\{u_1, u_2, \cdots\}$ が $u \in X$ に**弱収束**(weak convergence)するとは, 任意の $f \in X^*$ について

$$f(u_n) \longmapsto f(u) \quad (n \to \infty)$$

が成立することである. 記号では, w-$\lim u_n = u$, または, $u_n \xrightarrow{w} u$ などと書く. □

弱収束列は必ず有界列になることを, 次の章で証明する. この章では, 弱収束列はつねに有界であると仮定しよう. また, 弱収束に対し, ノルムの意味での収束を**強収束**(strong convergence)と呼ぶこともある.

X が Hilbert 空間の場合は,

§4.1 コンパクト作用素の定義と弱収束――― 83

$$u_n \xrightarrow{w} u \iff 任意の v \in X について (u_n, v) \to (u, v)$$

であることは Riesz の表現定理より明らかだろう．

以下この章では，主に X が可分な Hilbert 空間の場合を考える．多くの命題は，一般の Banach 空間でも成立するし，特に Riesz–Schauder の定理(定理 4.15)はそのままの形で成立する．一般の Banach 空間で考える場合は，共役空間についてのもう少し精密な議論が必要になる．次の章を学んでからこの章に戻ってきて Banach 空間での証明を考えてみるのも面白いだろう．

定理 4.3 X を可分な Hilbert 空間とすると，X の任意の有界集合は弱収束に関して相対コンパクトである．つまり，任意の有界集合は弱収束する部分列を含む． □

この定理は，一般に X が $X^{**} = X$ を満たす Banach 空間の場合に成立する (§5.2 を参照)．

[定理 4.3 の証明] $\{u_1, u_2, \cdots\}$ を X の有界な無限点列とし，$\{u_n\}$ の部分列で弱収束するものを対角線論法を用いて構成しよう．$\{\varphi_1, \varphi_2, \cdots\}$ を X の稠密な可算集合とし，二重数列 $\{v_{n,m} \mid n, m = 1, 2, \cdots\}$ を以下のようにして作る．

まず，$\{(u_n, \varphi_1) \mid n = 1, 2, \cdots\}$ は $\mathbb{C}$ の中の有界点列だから，Bolzano–Weierstrass の定理により，収束する部分列を持つ．そこで $\{u_n\}$ の部分列 $\{v_{n,1}\}$ を，$\{(v_{n,1}, \varphi_1)\}$ が収束するように選ぶ．同様に，$\{(v_{n,1}, \varphi_2)\}$ は $\mathbb{C}$ の中の有界点列だから，収束する部分列を含む．そこで $\{v_{n,1}\}$ の部分列 $\{v_{n,2}\}$ を，$\{(v_{n,2}, \varphi_2)\}$ が収束するように選ぶことができる．以下，同じように，

$$\{v_{n,m+1}\}_{n=1}^\infty は \{v_{n,m}\}_{n=1}^\infty の部分列で，\{(v_{n,m+1}, \varphi_{m+1})\}_{n=1}^\infty は収束する$$

を満たすように $\{v_{n,m}\}_{n,m=1}^\infty$ を構成する．

対角線部分の点列 $w_n = v_{n,n}$ $(n = 1, 2, \cdots)$ をとってくると，任意の m について $\{w_n\}_{n=m}^\infty$ は $\{v_{n,m}\}_{n=1}^\infty$ の部分列だから，$\lim_{n \to \infty}(w_n, \varphi_m)$ は存在する．$\{u_n\}$ の有界性を用いると，任意の $v \in X$ に対して $\lim_{n \to \infty}(w_n, v)$ が存在することがわかる．一方，明らかに

$$v \in X \longmapsto \lim_{n \to \infty}(v, w_n) \in \mathbb{C}$$

は線形かつ有界なので,極限 $\lim_{n\to\infty}(v,w_n)$ は X^* の元となり,Riesz の表現定理より $w \in X$ が存在して
$$\lim_{n\to\infty}(v,w_n) = (v,w) \quad (v \in X)$$
が成立する.つまり $w_n \xrightarrow{w} w$ であり,$\{w_n\}$ は構成から $\{u_n\}$ の部分列なので,主張が示された. ∎

この定理を用いると,次のコンパクト性の必要十分条件が証明できる.

定理 4.4 X, Y を可分な Hilbert 空間,$A \in B(X,Y)$ とするとき,A がコンパクトであるための必要十分条件は,A が X の弱収束列を Y の強収束列に写すことである.つまり,
$$A\text{がコンパクト} \iff u_n \xrightarrow{w} u \text{ ならば } Au_n \to Au.$$

[証明] 最初に A がコンパクトとして,右辺の主張を示そう.u_n の代わりに $u_n - u$ を考えることにすれば,$u = 0$ とおいても一般性を失わない.$\{u_n\}$ は有界列なので,コンパクト性より $\{u_n\}$ の部分列 $\{u_{n(k)}\}$ が存在して $\{Au_{n(k)}\}$ が収束する.すると,$u_n \xrightarrow{w} 0$ を用いると,任意の $v \in Y$ に対して
$$(\lim Au_{n(k)}, v) = \lim(Au_{n(k)}, v) = \lim(u_{n(k)}, A^*v) = 0$$
が成立することがわかる.ゆえに $\lim Au_{n(k)} = 0$ である.これは任意の部分列についても成立するので,$\lim Au_n = 0$ が従う(演習問題 4.1 を参照).

逆に,右辺の主張が成立しているとしよう.定理 4.3 より,X の任意の有界部分集合 Ω は弱収束する部分列 $\{u_n\} \subset \Omega$ を含む.すると仮定より $\{Au_n\}$ は収束する.したがって A はコンパクトである. ∎

§4.2 コンパクト作用素の基本的性質といくつかの例

この節の前半ではコンパクト作用素の基本的な性質を説明する.後半では,コンパクト作用素の簡単な例を見てみよう.X から Y へのコンパクトな作用素全体の集合を
$$B_c(X,Y) = \{A \in B(X,Y) \mid A \text{ はコンパクト}\}$$
で表す.また,$X = Y$ の場合は,いつものように $B_c(X,X) = B_c(X)$ と書く.

定理 4.5 $B_c(X,Y)$ は $B(X,Y)$ の閉部分空間である.

§4.2 コンパクト作用素の基本的性質といくつかの例――― 85

[証明] $B_c(X, Y)$ が部分空間であることは容易に示されるので省略する。$A_1, A_2, \cdots \in B_c(X, Y)$, $\|A_n - A\| \to 0$ $(n \to \infty)$ のとき A がコンパクトなことを示せばよい。主張は一般の Banach 空間で成立するが，簡単のため X, Y は可分 Hilbert 空間と仮定しよう。$\{u_n\}$ を(有界な)弱収束列 $u_n \xrightarrow{w} 0$, $\|u_n\| \leq C$ とする。任意の $\varepsilon > 0$ に対し，m を十分大きくとって $\|A_m - A\| < \varepsilon/2C$ となるようにする。A_m はコンパクトだから N を十分大きくとれば，定理 4.4 より $n \geq N$ のとき $\|A_m u_n\| < \varepsilon/2$ となる。すると $n \geq N$ のとき

$$\|Au_n\| \leq \|A - A_m\|\|u_n\| + \|A_m u_n\| < \frac{\varepsilon}{2C} \cdot C + \frac{\varepsilon}{2} = \varepsilon.$$

したがって $\{Au_n\}$ は 0 に収束する。∎

命題 4.6 A がコンパクト作用素，B が有界作用素ならば AB, BA はコンパクトである。

[証明] $\{u_n\}$ が有界列であれば $\{Bu_n\}$ も有界列，したがって $\{ABu_n\} = \{A(Bu_n)\}$ は収束する部分列を含む．ゆえに AB はコンパクト．また同様に，$\{Au_n\}$ は収束する部分列 $\{Au_{n(k)}\}$ を含み，$\{BAu_{n(k)}\}$ も収束する．ゆえに BA もコンパクト．∎

命題 4.7 $A \in B(X, Y)$ がコンパクトであるための必要十分条件は，A^* がコンパクトなことである。

[証明] A がコンパクトと仮定して，A^* がコンパクトであることを示そう．一般に，$u_n \xrightarrow{w} 0$ で B が有界ならば，$Bu_n \xrightarrow{w} 0$ が成立する．実際，任意の $v \in X$ に対して

$$(Bu_n, v) = (u_n, B^* v) \to 0 \quad (n \to \infty).$$

特に，$u_n \xrightarrow{w} 0$ のとき $A^* u_n \xrightarrow{w} 0$. 一方，

$$\|A^* u_n\|^2 = (A^* u_n, A^* u_n) = (u_n, A(A^* u_n))$$

であり，A はコンパクトなので，右辺は 0 に収束する．したがって $A^* u_n$ は 0 に収束し，A^* がコンパクトなことが示された．

A^* がコンパクトと仮定すると，上の結果より $A = (A^*)^*$ もコンパクトなことが従う．∎

さて，コンパクト作用素は有限次元空間上の行列の一般化である，と

述べたが，これを確かめておこう．$A \in B(\mathbb{C}^N, \mathbb{C}^M)$，つまり A は $M \times N$-行列とする．$\mathbb{C}^N$ の有界集合は A で $\mathbb{C}^M$ の有界集合に写されるが，Bolzano–Weierstrass の定理により，$\mathbb{C}^M \cong \mathbb{R}^{2M}$ の任意の有界集合は相対コンパクトである．したがって A はコンパクトであることがわかる．

例4.8（有限階数の作用素）　X, Y を Hilbert 空間とする．$\varphi_1, \cdots, \varphi_N \in X$, $\psi_1, \cdots, \psi_N \in Y$ が存在して

$$Au = \sum_{j=1}^{N}(u, \varphi_j)\psi_j \quad (u \in X)$$

と書ける作用素を**有限階数の作用素**(operator of finite rank)と呼ぶ．有限階数の作用素はコンパクトである．なぜなら，

$$\operatorname{Ran} A = \operatorname{Span}\{\psi_1, \cdots, \psi_N\}$$

であり，X の有界集合は A によって $\operatorname{Span}\{\psi_1, \cdots, \psi_N\}$ の有界集合に写される．$\operatorname{Span}\{\psi_1, \cdots, \psi_N\}$ は有限次元(たかだか N 次元)なので，行列の場合と同じように，Bolzano–Weierstrass の定理により A がコンパクトであることが従う．　□

この例と定理4.5を組み合わせると，次の形の作用素もコンパクトであることがわかる．

例4.9　X, Y を Hilbert 空間，$\{\varphi_j\}_{j=1}^{\infty} \subset X$, $\{\psi_j\}_{j=1}^{\infty} \subset Y$ をそれぞれ正規直交系，$\{\lambda_j\}_{j=1}^{\infty} \subset \mathbb{C}$ で $j \to \infty$ のとき $\lambda_j \to 0$ とすると，

$$Au = \sum_{j=1}^{\infty} \lambda_j(u, \varphi_j)\psi_j \quad (u \in X)$$

で定義される A はコンパクトである．

[証明]　まず A が有界なことを確かめておこう．Bessel の不等式より

$$\|Au\|^2 = \sum_{j=1}^{\infty} |\lambda_j|^2 |(u, \varphi_j)|^2 \leq \sup_{j} |\lambda_j|^2 \|u\|^2.$$

同様にして，任意の $N \geq 0$ に対して

$$\left\| \sum_{j=N}^{\infty} \lambda_j(u, \varphi_j)\psi_j \right\|^2 \leq \left(\sup_{j \geq N} |\lambda_j|^2 \right) \|u\|^2$$

であることがわかる．仮定より $N \to \infty$ のとき $\sup_{j \geq N} |\lambda_j|^2 \to 0$ だから，
$$\left\| A - \sum_{j=1}^{N-1} \lambda_j(\cdot, \varphi_j)\psi_j \right\| \to 0.$$
したがって A は有限階数の作用素の極限であり，定理 4.5 によってコンパクトである． ■

命題 4.10 X, Y を可分 Hilbert 空間とするとき，任意のコンパクト作用素は有限階数の作用素の極限である．つまり，有限階数の作用素の集合は $B_c(X, Y)$ の中で稠密である． □

この命題の証明に必要な，次の補題をまず証明する．

補題 4.11 $A_1, A_2, \cdots \in B(Y)$ が一様有界，すなわち $\|A_n\| \leq C$，しかも各 $u \in X$ に対し $n \to \infty$ のとき $A_n u \to 0$ が成立するとする．このとき，$B \in B_c(X, Y)$ ならば $n \to \infty$ のとき $\|A_n B\| \to 0$．

[証明] 背理法を用いる．$m \to \infty$ のとき ∞ に近づく $n(m)$ が存在して $\|A_{n(m)} B\| \geq \varepsilon > 0$ であると仮定しよう．すると，各 m に対して $u_{n(m)} \in X$ で $\|u_{n(m)}\| = 1$，$\|A_{n(m)} B u_{n(m)}\| \geq \varepsilon/2$ を満たすものが存在する．一方，定理 4.3 より $\{u_{n(m)}\}$ の部分列 $\{u_{n'(k)}\}$ で弱収束するものがある．$u_{n'(k)} \xrightarrow{w} v \in Y$ としよう．すると B は弱収束列を強収束列に写すから，$B u_{n'(k)} \to Bv$ が従う．これと $A_n Bv \to 0$ を組み合わせると，
$$\|A_{n'(k)} B u_{n'(k)}\| = \|A_{n'(k)} Bv + A_{n'(k)}(B u_{n'(k)} - Bv)\|$$
$$\leq \|A_{n'(k)} Bv\| + C\|B u_{n'(k)} - Bv\| \to 0$$
が導かれる．これは仮定に矛盾する． ■

[命題 4.10 の証明] A をコンパクト作用素とする．$\{\varphi_n\}_{n=1}^{\infty}$ を Y の正規直交基底とし，
$$P_n u = \sum_{j=1}^{n} (u, \varphi_j)\varphi_j \quad (u \in Y)$$
とおく．P_n は直交射影なので $\|P_n\| = 1$ であり，任意の $u \in Y$ に対し $n \to \infty$ のとき $P_n u \to u$ が成立する．したがって，$(1 - P_n)u \to 0$ である．補題 4.11 を適用すると，$n \to \infty$ のとき

$$\|A - P_n A\| = \|(1 - P_n)A\| \to 0$$

であることがわかる．$P_n A$ は有限階数であるから主張は示された． ∎

例 4.12（Hilbert–Schmidt 型の積分作用素） $\Omega \subset \mathbb{R}^N$ とし，$L^2(\Omega)$ 上の積分作用素

$$Ku(x) = \int_\Omega k(x,y) u(y)\, dy \quad (u \in L^2(\Omega))$$

を考えよう．積分核 $k(x,y)$ が条件

$$\|K\|_{\mathrm{HS}}^2 \equiv \iint |k(x,y)|^2 dx dy < \infty$$

を満たすとき，K を **Hilbert–Schmidt 型の積分作用素**であるという．$\|K\|_{\mathrm{HS}}$ は K の Hilbert–Schmidt ノルムと呼ばれる．このとき K はコンパクトであることを示そう．やはり最初に，K が有界作用素を定めることを確かめる．Schwarz の不等式により，

$$|Ku(x)| \leq \int |k(x,y)| |u(y)|\, dy \leq \left(\int |k(x,y)|^2 dy\right)^{1/2} \|u\|$$

であるから，

$$\|Ku\|^2 \leq \int \left(\int |k(x,y)|^2 dy\right) \|u\|^2 dx = \|K\|_{\mathrm{HS}}^2 \|u\|^2$$

となり，$\|K\| \leq \|K\|_{\mathrm{HS}}$ であることがわかる．

一方，Hilbert–Schmidt ノルムは，$k(x,y)$ の $L^2(\Omega \times \Omega)$ の元としての L^2-ノルムであることに注意する．つまり，K が Hilbert–Schmidt 型の積分作用素であるとは，積分核が $L^2(\Omega \times \Omega)$ の元である，と言い換えてもよい．$\{\varphi_j(x)\}_{j=1}^\infty$ を $L^2(\Omega)$ の正規直交基底とすると，$\{\varphi_j(x)\varphi_k(y)\}_{j,k=1}^\infty$ は $L^2(\Omega \times \Omega)$ の正規直交基底となっている（演習問題 4.2）．したがって

$$\alpha_{jk} = \iint k(x,y) \overline{\varphi_j(x)\varphi_k(y)}\, dx dy$$

とおけば

$$k(x,y) = \lim_{N \to \infty} \sum_{1 \leq j, k \leq N} \alpha_{jk} \varphi_j(x) \varphi_k(y)$$

が $L^2(\Omega \times \Omega)$ の元として成り立っている. これを書き換えると,
$$F_N u(x) \equiv \sum_{1 \leq j,k \leq N} \alpha_{jk}(u, \varphi_k)\varphi_j(x) \quad (u \in L^2(\Omega))$$
とおいて,
$$\|K - F_N\| \leq \|K - F_N\|_{\text{HS}}$$
$$= \left(\iint \left| k(x,y) - \sum_{1 \leq j,k \leq N} \alpha_{jk}\varphi_j(x)\varphi_k(y) \right|^2 dxdy \right)^{1/2}$$
$$\to 0 \quad (n \to \infty)$$
が導かれる. F_N は有限階数の作用素だから, K は有限階数の作用素の極限となりコンパクトである. □

§4.3 コンパクト作用素のスペクトル論

コンパクト作用素のスペクトルは, 有限次元の行列によく似た性質を持っている. 最初に, 行列のスペクトルについての復習をしよう.

$A \in B(\mathbb{C}^N)$, つまり $A = (a_{ij})_{i,j=1}^N$ は $N \times N$-行列としよう. すると $A - z = (a_{ij} - z\delta_{ij})_{i,j=1}^N$ が可逆であるための必要十分条件は, 行列式が 0 でないことである. つまり,
$$(A - z)^{-1} \text{ が存在する} \iff \det(a_{ij} - z\delta_{ij}) \neq 0$$
であり, このとき $z \in \rho(A)$ となる. ここで, δ_{ij} は Kronecker のデルタ記号:
$$\delta_{ij} = \begin{cases} 1, & i = j \text{ のとき} \\ 0, & i \neq j \text{ のとき} \end{cases}$$
である. また逆に,
$$u \in \mathbb{C}^N \text{ が存在して } (A-z)u = 0 \iff \det(a_{ij} - z\delta_{ij}) = 0$$
であり, このとき $z \in \sigma(A)$ となる. したがって,
$$\sigma(A) = \{z \in \mathbb{C} \mid \det(a_{ij} - z\delta_{ij}) = 0\}.$$
$\det(a_{ij} - z\delta_{ij})$ は z に関する N 次多項式だから, $\sigma(A)$ はたかだか N 個の点からなる. さらに $z \in \sigma(A)$ の場合は, 準同型定理より

$\mathrm{Ran}(A-z) \cong \mathbb{C}^N / \mathrm{Ker}(A-z) \cong \mathbb{C}^M$, $M = N - \dim \mathrm{Ker}(A-z) < N$
となり，$\mathrm{Ran}(A-z) \neq \mathbb{C}^N$．以上を組み合わせて次を得る．

命題 4.13 $A \in B(\mathbb{C}^N)$ とすると $\sigma(A)$ はたかだか N 個の点よりなり，$z \in \sigma(A)$ はすべて固有値である．さらに，$z \in \rho(A)$ の必要十分条件は，任意の $u \in \mathbb{C}^N$ に対して $Av - zv = u$ を満たす $v \in \mathbb{C}^N$ が(唯ひとつ)存在することである． □

上の命題で述べた性質は，$z \neq 0$ ではコンパクト作用素の場合も成立する．それを証明する前に，準備をかねて有限階数の場合を考えてみよう．以下，X は可分で無限次元の Hilbert 空間とする．

命題 4.14 $A \in B(X)$ を有限階数の作用素とする．このとき $\sigma(A)$ は 0 を含む有限個の点からなり，$z \in \sigma(A)$ はすべて固有値である．さらに，0 以外の固有値の固有空間は有限次元，すなわち $\dim \mathrm{Ker}(A-z) < \infty$．また，0 の固有空間は無限次元，すなわち $\dim \mathrm{Ker}\, A = \infty$．

[証明] A を $\varphi_1, \cdots, \varphi_N, \psi_1, \cdots, \psi_N \in X$ を用いて
$$Au = \sum_{j=1}^{N} (u, \varphi_j) \psi_j \quad (u \in X)$$
と書くことにしよう．
$$Y = \mathrm{Span}\{\varphi_1, \cdots, \varphi_N, \psi_1, \cdots, \psi_N\}$$
とおいて $X = Y \oplus Y^\perp$ と分解すると，簡単にわかるように
$$u \in Y \implies Au \in Y$$
$$u \in Y^\perp \implies Au = 0 \in Y^\perp$$
が成立し，A は Y 上の作用素 $A\lceil Y$ と $Y^\perp$ 上の作用素 0 に分解される．Y は有限次元なので，命題 4.14 の結果より有限個の z を除いて $(A\lceil Y - z)^{-1}$ が存在し，存在しないときは z は固有値である．一方，$Y^\perp$ 上では，$z \neq 0$ ならば明らかに可逆，すなわち $(A\lceil Y^\perp - z)^{-1} u = z^{-1} u$．したがって $\sigma(A) \subset \sigma(A\lceil Y) \cup \{0\}$ は有限個の点よりなり，0 以外の固有値の固有空間は Y に含まれるので有限次元である．また，$Y^\perp \subset \mathrm{Ker}\, A$ なので $0 \in \sigma(A)$ で固有空間の次元は無限大となる．以上をまとめて命題の主張が得られる． ■

さて，有限階数の作用素のスペクトルをもう少し詳しく調べてみよう．A

を有限階数の作用素

$$Au = \sum_{j=1}^{N}(u,\varphi_j)\psi_j \quad (u \in X)$$

とするとき，$\{\psi_1,\cdots,\psi_N\}$ は一次独立と仮定してよい(演習問題 4.3)．$z \in \sigma(A)\setminus\{0\}$，$u \in X$ が z の固有空間の元とすると，u は

$$u = z^{-1}\sum_{j=1}^{N}(u,\varphi_j)\psi_j \equiv \sum_{j=1}^{N}\alpha_j\psi_j$$

と書ける．これを固有方程式に代入すると，$\{\alpha_1,\cdots,\alpha_N\}$ は

$$\sum_{j,k=1}^{N}\alpha_j(\psi_j,\varphi_k)\psi_k - z\sum_{j=1}^{N}\alpha_j\psi_j = 0$$

を満たす．$\{\psi_j\}$ の一次独立性に注意すると，これは次の方程式と同値である．

$$\sum_{j=1}^{N}((\psi_j,\varphi_k) - z\delta_{jk})\alpha_j = 0 \quad (k=1,\cdots,N).$$

これが 0 以外の解を持つための必要十分条件は，線形代数でよく知られているように，

$$\det((\psi_j,\varphi_k) - z\delta_{jk}) = 0$$

である．これが $z \in \sigma(A)\setminus\{0\}$ のための z に関する必要十分条件であることがわかった．

次の定理がこの節の主要結果である．

定理 4.15（Riesz–Schauder の定理） $A \in B_c(X)$ とするとき，$\sigma(A)$ はたかだか可算個の点からなる．$\sigma(A)$ の集積点は，もしあるとすれば 0 に限られる．さらに 0 以外のスペクトルは固有値であり，固有空間は有限次元である．

［証明］ $z_0 \neq 0$ とする．z_0 の近傍でスペクトルは有限個の点からなり，固有空間が有限次元であることを示せばよい．命題 4.10 より，有限階数の作用素 $F \in B(X)$ で $\|A-F\| < |z_0|/2$ を満たすものが存在する．F を

$$Fu = \sum_{j=1}^{N}(u,\varphi_j)\psi_j \quad (u \in X)$$

とするとき，$\{\psi_j\}$ は正規直交系と仮定してよい(命題 4.10 の証明，演習問題 4.3 を参照). 一方, $|z|>|z_0|/2$ のとき，Neumann 級数展開より $(1-z^{-1}(A-F))^{-1}$ が存在する. これを用いて，$A-z$ は次のように書くことができる.

$$(4.1) \quad A-z = (A-F-z)+F = -z(1-z^{-1}(A-F))+F$$
$$= (1-z^{-1}(A-F))((1-z^{-1}(A-F))^{-1}F-z).$$

$(1-z^{-1}(A-F))^{-1}F$ は有限階数の作用素であり，

$$\psi_j(z) \equiv (1-z^{-1}(A-F))^{-1}\psi_j \quad (j=1,\cdots,N)$$

と書くことにすれば，

$$(1-z^{-1}(A-F))^{-1}Fu = \sum_{j=1}^{N}(u,\varphi_j)\psi_j(z) \quad (u \in X)$$

となる. 定理の直前に説明した議論により，

$$((1-z^{-1}(A-F))^{-1}F-z)^{-1} \text{ が存在する} \iff D(z) \neq 0$$

がわかる. ただし，

$$D(z) = \det((\psi_j(z),\varphi_k)-z\delta_{jk}) \quad (|z|>|z_0|/2)$$

とおいた. (4.1)より，$D(z) \neq 0$, $|z|>|z_0|/2$ ならば $z \notin \sigma(A)$. 一方，$D(z)$ は z に関して $|z|>|z_0|/2$ で解析的，そして $|z| \to \infty$ のとき $\psi_j(z)-\psi_j = O(z^{-1})$, したがって，$D(z) = (-z)^N(1+O(|z|^{-1}))$ である. ゆえに, $D(z)$ の零点は $|z|>|z_0|/2$ では有限個しか存在しない(正則関数の零点の集合は離散的であることに注意).

$D(z)=0$ の場合は，$u \neq 0$ で

$$(1-z^{-1}(A-F))^{-1}Fu-zu = 0$$

を満たすものが存在し，(4.1)より $u \in \mathrm{Ker}(A-z)$ となる. ゆえに $z \in \sigma(A)$. また，やはり(4.1)より

$$\mathrm{Ker}(A-z) = \mathrm{Ker}((1-z^{-1}(A-F))^{-1}F-z)$$

がわかるので，固有空間の次元は有限である. ∎

Riesz–Schauder の定理によれば，A がコンパクトなとき，u に関する方程式

$$Au-zu = f \quad (f \in X,\ z \neq 0)$$

は，任意の f に対して唯ひとつの解 $u=(A-z)^{-1}f$ を持つか，あるいは z は A の固有値であり $f=0$ に対し $u\neq 0$ である解を持つか，どちらか一方だけが成立する．この方程式が解を持つ条件については，もう少し精密な結果を得ることができる．

定理 4.16（Fredholm の交代定理） $A\in B_c(X)$, $z\neq 0$ のとき，方程式
$$Au-zu=f \quad (u\in X)$$
に関し，次のどちらかが成立する．
 （ⅰ） 任意の $f\in X$ に対して，解 $u\in X$ が唯ひとつ存在する．
 （ⅱ） z は A の固有値であり，方程式が解を持つための必要十分条件は
$$f\in [\mathrm{Ker}(A^*-\bar{z})]^\perp$$
である． □

定理の(ⅰ)は $z\in\rho(A)$ の場合，(ⅱ)は $z\in\sigma(A)$ の場合に対応している．定理の証明には，$z\in\sigma(A)$ の場合の解を持つための条件だけを示せばよい．それには，
$$[\mathrm{Ker}(A^*-\bar{z})]^\perp = \mathrm{Ran}(A-z)$$
をいえば十分．これは，次のふたつの補題から導かれる．

補題 4.17 $A\in B(X)$ のとき，
$$\mathrm{Ker}\,A^* = (\mathrm{Ran}\,A)^\perp, \quad (\mathrm{Ker}\,A^*)^\perp = \overline{\mathrm{Ran}\,A}$$
が成立する． □

補題 4.18 $A\in B_c(X)$, $z\neq 0$ ならば，$\mathrm{Ran}(A-z)$ は閉部分空間． □

証明は演習問題にまわそう（演習問題 4.4, 4.5．ヒントも参照せよ）．これらより，定理 4.16 はただちに従う．

次に，$A\in B(X)$ がコンパクト，かつ自己共役の場合を考えよう．このときは，$\sigma(A)\subset \mathbb{R}$ であり，Riesz–Schauder の定理より $\sigma(A)=\sigma_{\mathrm{pp}}(A)$，しかも $\sigma_{\mathrm{ess}}(A)=\{0\}$ であることがわかる．言い換えると，$\sigma(A)$ は 0 を含む有限個の点であるか，あるいは
$$\sigma(A)=\{\lambda_n \mid n=1,2,\cdots\}\cup\{0\}, \quad \lambda_n\in\mathbb{R}, \quad \lim_{n\to\infty}\lambda_n=0$$
となっている．各 λ_n は固有値であり，固有空間の次元は有限となる．さらに次の定理が成立する．

定理 4.19（Hilbert–Schmidt の展開定理） A を可分な Hilbert 空間 X 上のコンパクトな自己共役作用素とする．このとき A の固有ベクトルからなる X の正規直交基底 $\{\psi_n\}_{n=1}^{\infty}$ が存在し，
$$A\psi_n = \lambda_n \psi_n, \quad \lim_{n\to\infty}\lambda_n = 0$$
を満たす．さらに
$$Au = \sum_{n=1}^{\infty}\lambda_n(u,\psi_n)\psi_n \quad (u \in X)$$
が成立する． □

定理の中の $\{\lambda_n\}$ は固有値を並べたものだが，固有空間の次元だけ同じものが繰り返される．また，無限個の 0 を含む可能性もある（例えば，有限階数の場合）．

［定理 4.19 の証明］ 各 $\mu \in \sigma(A)$ に対して μ の固有空間 $\mathrm{Ker}(A-\mu)$ の正規直交基底を選び，それらを並べて $\{\psi_n\}_{n=1}^{\infty}$ としよう．$A\psi_n = \lambda_n \psi_n$ とすれば，任意の $\varepsilon > 0$ に対して $|\lambda_n| \geqq \varepsilon$ であるような n は有限個しかなく，$n \to \infty$ のとき $\lambda_n \to 0$ でなければならない．異なる固有値の固有ベクトルは互いに直交するから $\{\psi_n\}$ は正規直交系である（演習問題 2.6 を参照）．

$\{\psi_n\}$ が X の基底であることを示そう．$\mathrm{Span}\{\psi_n \mid n=1,2,\cdots\} = Y$ は固有ベクトル全体の張る空間だから $AY \subset Y$ である．したがって，$AY^{\perp} \subset Y^{\perp}$ も成立する．もしも $Y^{\perp} \neq \{0\}$ ならば，A の $Y^{\perp}$ への制限 $A\!\!\restriction\!\! Y^{\perp}$ もコンパクトだから 0 でない固有ベクトルが存在する．これは A の固有ベクトルでもあり，$Y^{\perp}$ の定義に矛盾する．ゆえに $Y = X$ である．最後の公式は，$\{\psi_n\}$ が正規直交基底であることと，各 ψ_n が固有ベクトルであることからただちに従う． ∎

―――――― 演習問題 ――――――

4.1 X を距離空間，$\{u_n\}$ を X の点列とする．$\{u_n\}$ の任意の部分列が，$u \in X$ に収束する部分列を含むならば，$\{u_n\}$ は u に収束することを示せ．

4.2 $\Omega \subset \mathbb{R}^N$ とする．$\{\varphi_j(x)\}_{j=1}^{\infty}$ を $L^2(\Omega)$ の正規直交基底であるとするとき，

$\{\varphi_j(x)\varphi_k(y)\}_{j,k=1}^{\infty}$ が $L^2(\Omega \times \Omega)$ の正規直交基底となっていることを示せ.

4.3 A を有限階数の作用素とするとき,(有限個の)正規直交系 $\{\psi_1, \cdots, \psi_N\}$ が存在して A は

$$Au = \sum_{j=1}^{N}(u, \varphi_j)\psi_j \quad (u \in X)$$

と表現できることを示せ.

4.4 補題 4.17 を証明せよ.(ヒント: $\operatorname{Ker} A^*$ は閉部分空間なので,$\operatorname{Ker} A^*$ と $\overline{\operatorname{Ran} A}$ が互いに他の直交補空間であることを示せばよい.)

4.5 補題 4.18 を証明せよ.(ヒント: $z=1$ の場合を考えれば十分.背理法を用いる.$u_n \in \operatorname{Ran}(A-1)$, $u_n \to u \in X$, $u_n = (A-1)v_n$, $v_n \in [\operatorname{Ker}(A-1)]^\perp$ として,最初に $\|v_n\|$ が有界なことを示す.)

5

線形作用素

　前の章までは，主に Hilbert 空間上の有界な作用素だけを取り扱ってきた．Hilbert 空間上の有界作用素は，だいたい有限次元 Euclid 空間上の行列の自然な一般化として考えることができた．しかし，もう少し一般的に Banach 空間の上の，有界とは限らない作用素を考えると，議論はやや技術的になってくる．この章では，そのような，線形作用素の一般論について述べる．この章以降では，証明はしばしば省略される．以前に述べた定理と同様のアイデアで証明できる場合もあるし，もっと複雑な議論が必要な場合もある．興味のある人は参考文献に当たってほしい．

　§5.1 では，線形作用素についての基本的な定義を述べる．§5.2 においては，Banach 空間の共役空間について考える．第 2 章で見たように，Hilbert 空間の共役空間は Riesz の表現定理によってもとの Hilbert 空間と自然に同型になり，共役空間の構造はよくわかっている．しかし，一般の Banach 空間においては，共役空間が 0 以外の点を含むかどうかも決して自明な事柄ではない．ここでは，共役空間が十分大きな空間であることを保証する Hahn–Banach の拡張定理と，その直接の帰結について述べる．§5.3 では，Banach 空間の完備性から導かれる，「一様有界性の原理」をはじめとする，いくつかのやや抽象的な定理について説明する．抽象的な結果であるだけに，直接具体的な応用で役立つことは少ないが，一般論のなかで使える場合は威力を発揮する．これらの定理は「Banach–Steinhaus の定理」とも呼ばれる．

考えている空間が Hilbert 空間の場合は，一般の線形作用素に対しても，有界作用素の場合と同様に，共役作用素や，自己共役作用素を定義することができる．§5.4 では，これらについて説明する．特に，作用素が自己共役であるための基本的な判定条件について論じる．§5.5 では，スペクトル定理の有界でない場合への拡張を論じ，Stone の定理についても説明する．Stone の定理は量子力学の基礎付けや，Lie 群の表現論において重要な役割を果たす定理である．微分作用素等の，重要な実例，応用については第 7 章以降で扱う．

§5.1 作用素の定義域，閉作用素

 一般に A が線形空間 X から Y への**線形作用素**(linear operator)であるとは，X の部分空間 $D(A)$ から Y への線形写像であることをいう．$D(A)$ を A の**定義域**(definition domain，または単に domain)と呼ぶ．応用上，多くの場合 $D(A)$ は X の稠密な部分空間になる．以下この章では，特に断らない限り「作用素」といえば線形作用素を指すこととし，X, Y は Banach 空間であるとしよう．前と同様に，A の像を $\operatorname{Ran} A = \{Au \mid u \in D(A)\}$ で表す．A が X から Y への作用素のとき，
$$\Gamma(A) = \{[u, Au] \in X \times Y \mid u \in D(A)\}$$
を A の**グラフ**(graph)と呼ぶ．容易にわかるように，$\Gamma(A)$ は $X \times Y$ の部分空間である．$X \times Y$ は，ノルム：
$$\|[u, v]\|_{X \times Y} = \|u\|_X + \|v\|_Y \quad ([u, v] \in X \times Y)$$
によって Banach 空間になっていることに注意しよう(演習問題 5.1)．$\Gamma(A)$ が $X \times Y$ の閉部分空間であるとき，A は**閉作用素**(closed operator)であるという．

 A のグラフ $\Gamma(A)$ は，対応：
$$u \in D(A) \longmapsto [u, Au] \in \Gamma(A)$$
によって $D(A)$ と 1 対 1 に対応している．u に対応するグラフの点のノルムは

$$\| [u, Au] \|_{X \times Y} = \|u\|_X + \|Au\|_Y$$
となる．これによって定まる $D(A)$ 上のノルム：
$$\|u\|_{\Gamma(A)} \equiv \|u\|_X + \|Au\|_Y \quad (u \in D(A))$$
を ($D(A)$ の) **グラフ・ノルム** (graph norm) と呼ぶ．$\Gamma(A)$ が $X \times Y$ の閉部分空間であることは $X \times Y$ が完備なので $\Gamma(A)$ が完備なことと同値であり，閉作用素の定義は次のように言い換えられる：

A が閉作用素 $\iff$ $D(A)$ がグラフ・ノルムに関して完備．

A が閉作用素でないとき，$\Gamma(A)$ の閉包 $\overline{\Gamma(A)}$ はもちろん $X \times Y$ の閉部分空間であるが，これがある作用素のグラフになっているかどうかは一般にはわからない．$\overline{\Gamma(A)}$ をグラフとする作用素が存在するとき，それを A の **閉包** (closure) と呼び，$\overline{A}$ と書くことにする．またこのとき，A は **前閉** (closable) である，という．$\overline{A}$ は，閉作用素であるような A の拡張の中で，定義域が最も小さいものになっている (演習問題 5.2)．ちなみに，一般に作用素 A が作用素 B の拡張であるとは，$D(A) \supset D(B)$ であり，$u \in D(B)$ ならば $Au = Bu$ が成立するときをいう．このとき，$A \supset B$ と書く．

A と B が X から Y への作用素であるとき，作用素の和 $A+B$ は次のように定義される．$D(A+B) = D(A) \cap D(B)$ として
$$(A+B)u = Au + Bu \quad (u \in D(A+B)).$$
一般には，$D(A)$ と $D(B)$ が稠密でも $D(A) \cap D(B) = \{0\}$ かもしれないことを注意しよう．A が Y から Z，B が X から Y への作用素であるとき，作用素の積 (合成) $AB: X \to Z$ は，$D(AB) = \{u \in D(B) \,|\, Bu \in D(A)\}$ として
$$(AB)u = A(Bu) \quad (u \in D(AB))$$
で定義される．積に関しても，$D(A), D(B)$ が稠密でも $D(AB) = \{0\}$ となる場合がある．

A が X 上の作用素 (X から X への作用素) のとき，レゾルベント，スペクトルは，有界作用素の場合と同じように定義される．つまり，
$$z \in \rho(A) \iff \begin{cases} (A-z) \text{ は } D(A) \text{ から } X \text{ への全単射であり，} \\ (A-z)^{-1} \text{ は } X \text{ 上の有界作用素} \end{cases}$$
で A のレゾルベント集合は定義され，$\sigma(A) = \mathbb{C} \setminus \rho(A)$ が A のスペクトル集

合である．したがって，
$$z \in \sigma(A) \iff \begin{cases} (A-z) \text{ は } D(A) \text{ から } X \text{ への全単射ではない,} \\ \text{または } (A-z)^{-1} \text{ は有界でない} \end{cases}$$
が成立する．有界の場合と違って，$\rho(A)$ が空集合，つまり $\sigma(A)=\mathbb{C}$ ということもあり得る．(このような例を構成せよ.) しかし，レゾルベント方程式は成立する．これを証明しておこう．

命題 5.1 $z, w \in \rho(A)$ のとき，
$$(A-z)^{-1} - (A-w)^{-1} = (z-w)(A-z)^{-1}(A-w)^{-1}$$
$$= (z-w)(A-w)^{-1}(A-z)^{-1}.$$

[証明] $D(A)$ から X への写像として，
$$(A-w) - (A-z) = (z-w)$$
が成立することに注意する．一方，$(A-w)^{-1}$ は X から $D(A)$ への写像だから，
$$(A-z)^{-1}\{(A-w)-(A-z)\}(A-w)^{-1} = (z-w)(A-z)^{-1}(A-w)^{-1}.$$
容易にわかるように，左辺は $(A-z)^{-1} - (A-w)^{-1}$ に等しいので，第1の等式が従う．第2の等式も同様にして証明される． ■

この節のまとめとして，簡単な例について調べてみよう．

例 5.2 測度空間 $(\Omega, \mathcal{B}, \mu)$ 上の L^p-空間を $L^p(\Omega, \mu)$ とする．Ω 上の(有界とは限らない)可測関数 $f(x)$ が与えられたとき，かけ算作用素 M_f は次のように定義される．
$$D(M_f) = \{u \in L^p(\Omega, \mu) \mid f(x)u(x) \in L^p(\Omega, \mu)\},$$
$$(M_f u)(x) = f(x)u(x) \quad (u \in D(M_f)).$$
普通は，f がほとんどいたるところ有限の値を持つ関数の場合を考える．そうでない場合は，定義域が稠密とは限らない．以下，$1 \leq p < \infty$ の場合のみ考えよう．

命題 5.3 f がほとんどいたるところ有限ならば，$D(M_f)$ は $L^p(\Omega, \mu)$ で稠密である．

[証明] $u \in L^p(\Omega, \mu)$, $0 < N < \infty$ に対して，

$$u_N(x) = \begin{cases} u(x), & |f(x)| \leq N \text{ のとき} \\ 0, & |f(x)| > N \text{ のとき} \end{cases}$$

とおけば，明らかに $u_N \in D(M_f)$ である．一方，Lebesgue の収束定理より $N \to \infty$ のとき $L^p(\Omega, \mu)$ の中で $u_N \to u$ が成立し，命題の主張が従う． ■

命題 5.4 M_f は閉作用素である．

[証明] $D(M_f)$ のグラフ・ノルムは
$$\|u\|_{\Gamma(M_f)} = \|u\|_{L^p} + \|fu\|_{L^p} \quad (u \in D(M_f))$$
で与えられるが，λ^p が $\lambda > 0$ に関して下に凸であることからわかるように，$C > 0$ が存在して
$$\left(\|u\|_{L^p}^p + \|fu\|_{L^p}^p\right)^{1/p} \leq \|u\|_{L^p} + \|fu\|_{L^p} \leq C\left(\|u\|_{L^p}^p + \|fu\|_{L^p}^p\right)^{1/p}$$
が成立する．つまり，$\|u\|_{\Gamma(M_f)}$ と $(\|u\|_{L^p}^p + \|fu\|_{L^p}^p)^{1/p}$ は同値なノルムを定める．一方，
$$\left(\|u\|_{L^p}^p + \|fu\|_{L^p}^p\right)^{1/p} = \left(\int_\Omega (1 + |f(x)|^p)|u(x)|^p d\mu(x)\right)^{1/p}$$
である．この右辺は $L^p(\Omega, (1+|f|^p)d\mu)$ のノルムであり，明らかに
$$u \in D(M_f) \iff u \in L^p(\Omega, (1+|f|^p)d\mu).$$
L^p-空間は完備なので，$D(M_f)$ はグラフ・ノルムに関して完備であることがわかり，命題の主張が示された． ■

命題 5.5 M_f のスペクトルは，
$$\sigma(M_f) = \{z \in \mathbb{C} \mid \text{任意の}\,\varepsilon > 0 \text{ に対し},\ \mu(\{x \mid |f(x) - z| < \varepsilon\}) > 0\}$$
で与えられる．レゾルベントは，$z \notin \sigma(M_f)$ のとき，
$$(M_f - z)^{-1} u(x) = (f(x) - z)^{-1} u(x) \quad (u \in L^p(\Omega, d\mu))$$
で与えられる． □

この命題の証明は，有界関数によるかけ算作用素の場合とほとんど同じなので，読者の演習としよう． □

例 5.6 上の例で，特に Ω が $\mathbb{R}^n$ の開集合，μ が Lebesgue 測度の場合を考えよう．$f \in L^p(\Omega)$ ならば，

$$D(M_f) \supset C_0^\infty(\Omega) = \{u \in C^\infty(\Omega) \mid \operatorname{supp} u はコンパクト\}$$

となる.

$$M_f^{\min} u(x) = f(x)u(x), \quad D(M_f^{\min}) = C_0^\infty(\Omega)$$

と定義すると，$M_f^{\min}$ は閉作用素ではなく，$M_f = \overline{M_f^{\min}}$ となっている (演習問題 5.4). □

例 5.7 $I=(a,b)$ を開区間とし，$L^p(I)$ 上の微分作用素を

$$A_1 u(x) = u'(x), \quad u \in D(A_1) = C_0^\infty(I)$$

とすると，A_1 は (非有界な) 作用素になる．これは閉作用素ではない．一方，

$$A_2 u(x) = u'(x), \quad u \in D(A_2) \equiv \{u は絶対連続で u' \in L^p(I)\}$$

と定めると，A_2 は A_1 の拡張で，閉作用素であることが示される．しかし，実は $A_2 = \overline{A_1}$ ではない． □

§5.2 共役空間と Hahn–Banach の拡張定理

第 2 章で見たように，一般にノルム空間 X の共役空間 X^* は

$$X^* = B(X, \mathbb{C}), \quad \|f\|_{X^*} = \sup_{u \in X, u \neq 0} \frac{|f(u)|}{\|u\|} \quad (f \in X^*)$$

によって定義される Banach 空間である．X が Hilbert 空間の場合には，Riesz の表現定理により $X^* \cong X$ と見なせることをすでに見た．では，一般に Banach 空間ではどうなっているか，というと，状況はもっと複雑である．この節では，共役空間に関連するいくつかの基本的結果，特に Hahn–Banach の拡張定理について説明する．

最初に，ノルムの一般化であるセミノルムを定義しよう.

定義 5.8 X を線形空間とするとき，X から $\mathbb{R}_+ = [0, \infty)$ への写像 $p(\cdot)$ がセミノルム (seminorm) であるとは，次のふたつの条件を満たすことである:

 (i) $u \in X$, $\alpha \in \mathbb{C}$ に対し，$p(\alpha u) = |\alpha| p(u)$.
 (ii) $u, v \in X$ に対し，$p(u+v) \leq p(u) + p(v)$. □

セミノルムの定義は，ノルムの定義のなかの「$\|u\|=0 \iff u=0$」を除いたものである (定義 1.1 を参照)．したがって，もちろんノルムはセミノルム

の定義を満たしている.

定理 5.9 (Hahn–Banach の拡張定理) X を線形空間, Y を X の部分空間とする. f_0 は Y から $\mathbb{C}$ への線形写像, p は X 上のセミノルムで,
$$|f_0(u)| \leqq p(u) \quad (u \in Y)$$
を満たすと仮定する. すると, X から $\mathbb{C}$ への線形写像 f で, f_0 の拡張が存在する. つまり $u \in Y$ のとき $f(u) = f_0(u)$ であり, しかも
$$|f(u)| \leqq p(u) \quad (u \in X)$$
を満たすものがある. □

Hahn–Banach の拡張定理は, まったく一般の($\mathbb{C}$ 上の)線形空間で成立する命題であることに注意してほしい. この定理は, もっと一般的には $\mathbb{R}$ 上の線形空間での命題として定式化されるが, ここでは省略する. 証明はスケッチにとどめる. 詳細については, 藤田-黒田-伊藤[21]を参照せよ.

［証明のアイデア］ 選択公理のひとつの表現である Zorn の補題を用いる. f_0 の Y を含む部分空間への拡張で, 定理の条件を満たすもの全体の集合を Σ としよう. つまり,
$$\Sigma = \{g: Z \to \mathbb{C} \mid Y \subset Z \subset X, \ g\lceil Y = f_0, \ |g(u)| \leqq p(u) \ (u \in Z)\}.$$
前節で説明した, 定義域を考えた作用素の記号では, $g \in \Sigma$ のとき $f_0 \subset g$ となる. Σ には, 拡張の包含関係「$\subset$」によって順序構造が自然に定義できる. Zorn の補題によって, この順序に関して極大元が存在することが示される. すると背理法を用いて極大元の定義域は X 全体であり, この元は求める f の条件を満たしていることがわかる. ■

特に, セミノルムとしてノルム空間のノルムをとることにより, 次の系が導かれる.

系 5.10 X をノルム空間, Y を X の部分空間とする. $f_0 \in Y^*$ のとき, f_0 は X^* の元 f で $\|f\|_{X^*} = \|f_0\|_{Y^*}$ を満たすものに拡張できる. □

さて, この章の冒頭で述べた,「Banach 空間の共役空間は十分大きい」ということに関する説明に入ろう.

命題 5.11 X をノルム空間, $u \in X$ で $u \neq 0$ とするとき, $f \in X^*$ で $\|f\| = 1$, しかも $f(u) = \|u\|$ を満たすものが存在する.

[証明] u の張る 1 次元部分空間を $Y = \{\alpha u \mid \alpha \in \mathbb{C}\}$ とおく．Y から $\mathbb{C}$ への線形写像 f_0 を $f_0(\alpha u) = \alpha \|u\|$ と定義すると，
$$|f_0(\alpha u)| = |\alpha| \|u\| = \|\alpha u\|$$
なので $\|f_0\|_{Y^*} = 1$ である．したがって系 5.10 により X^* の元 f で $\|f\| = 1$, しかも f_0 の拡張であるものが存在する．特に，$f(u) = f_0(u) = \|u\|$ である．■

命題 5.12 $u \in X$ のとき,
$$\|u\| = \sup\{|f(u)|/\|f\| \mid f \in X^*, f \neq 0\} = \sup_{\|f\|=1} |f(u)|.$$

[証明] 第2の等式は明らかだから，最初の項と最後の項が等しいことをいえばよい．まず，$\|f\|_{X^*} = 1$ だから，
$$|f(u)| \leq \|f\| \cdot \|u\| = \|u\|$$
であり，
$$\|u\| \geq \sup_{\|f\|=1} |f(u)|.$$

一方，命題 5.11 の f を g と書けば，$\|g\| = 1$ で $g(u) = \|u\|$ だから，
$$\|u\| = g(u) \leq \sup_{\|f\|=1} |f(u)|.$$

ふたつの不等式を合わせて，主張の等式が得られた．■

上の命題より，任意の $f \in X^*$ に対して $f(u) = 0$ ならば $u = 0$ であることがわかる．したがって

任意の $f \in X^*$ に対して $f(u) = f(v) \implies u = v$

となる．つまり，X^* の元を作用させることによって X の元は特徴付けられる．この意味で，X^* は「十分大きい」のである．

もうひとつ命題 5.12 の応用として，$X^{**} = (X^*)^*$ と X の関係について調べよう．任意の $u \in X$ に対し,
$$\varphi_u : f \in X^* \longmapsto f(u) \in \mathbb{C}$$
は X^{**} の元 φ_u を定める．実際，$|\varphi_u(f)| = |f(u)| \leq \|f\| \|u\|$ だから $\varphi_u \in X^{**} = B(X^*, \mathbb{C})$．さらに命題 5.12 の公式を用いれば，

$$\|\varphi_u\|_{X^{**}} \equiv \sup_{f\neq 0}\frac{|f(u)|}{\|f\|} = \|u\|$$

がわかる．以上より，次の命題が証明された．

命題 5.13 X から X^{**} への写像 $u\in X \mapsto \varphi_u \in X^{**}$ は 1 対 1，かつ等長な写像である． □

1 対 1 であることは，等長性からただちに従う．この命題から，X は X^{**} に「埋め込まれている」と考えてよい．この意味で，しばしば $X\subset X^{**}$ と書く．一般には $X=X^{**}$ とは限らない．$X=X^{**}$ であるとき，X は**反射的**(reflexive)である，という．特に，Hilbert 空間は Riesz の表現定理により反射的である．ちなみに，X^{**} は Banach 空間だから，反射的なノルム空間は必ず Banach 空間である．第 7 章で見るように，L^p-空間は $1<p<\infty$ の場合には反射的な空間であり，$p=1,\infty$ の場合は反射的でない．第 11 章で見るように，反射的でない空間は有限次元空間からの類推が効かないことが多く，注意が必要になる．

§5.3 一様有界性の原理

この節では，Banach 空間の完備性から導かれる，いくつかの深い結果について述べる．これらの定理は一般論において重要な役割を果たすが，応用上直接用いられることはあまり多くない．この本の主旨と少しずれる所もあるので，証明についてはあまり詳しく述べない．ここでのひとつの目標は，定義域が全空間であるような閉作用素は実は有界である，という閉グラフ定理である．

定義 5.14 X を距離空間とするとき，$E\subset X$ が**粗**(nowhere dense)であるとは，E の閉包 $\overline{E}$ が内点を持たない，つまり空でない開集合を含まないときをいう． □

この節で説明するいくつかの定理は，次の位相空間の定理から導かれる．この定理の証明は特に難しくはないが，位相空間の教科書か他の関数解析の教科書にゆずり，ここでは省略しよう．

定理 5.15（Baire のカテゴリー定理） X が完備な距離空間ならば，X は粗な集合の可算和ではない．つまり，$X = \bigcup_{n=1}^{\infty} E_n$ とすると，ある n について $\overline{E_n}$ は空でない開集合を含む． □

Baire のカテゴリー定理の最初の応用として，次の定理を証明する．

定理 5.16（一様有界性の原理） X, Y を Banach 空間，$\Lambda \subset B(X, Y)$ を作用素の集合とする．各 $u \in X$ に対して

$$\sup_{A \in \Lambda} \|Au\|_Y < \infty$$

であるならば，

$$\sup_{A \in \Lambda} \|A\|_{B(X,Y)} < \infty.$$

［証明］ E_n を

$$E_N = \{u \in X \mid 任意の A \in \Lambda に対して \|Au\| \leqq N\}$$
$$= \bigcap_{A \in \Lambda} \{u \mid \|Au\| \leqq N\}$$

とすると，E_N は閉集合であり，仮定より $X = \bigcup_{N=1}^{\infty} E_N$ である．したがって Baire のカテゴリー定理より，ある N について $\overline{E_N}$ は空でない開集合を含む．そこで

$$E_N \supset B_\varepsilon(u_0) \equiv \{u \in X \mid \|u - u_0\| < \varepsilon\}$$

とおく．一方，E_N は原点に関して対称な凸集合である．つまり，

$$u \in E_N \iff -u \in E_N$$
$$u, v \in E_N \implies \frac{1}{2}(u+v) \in E_N$$

が成立していることが定義から容易に確かめられる．このことから，まず $E_N \supset B_\varepsilon(-u_0)$ がわかる．さらに，$\|v\| < \varepsilon$ ならば $\pm u_0 + v \in B_\varepsilon(\pm u_0)$ だから

$$v = \frac{1}{2}[(u_0 + v) + (-u_0 + v)] \in E_N$$

である．つまり，$E_N \supset B_\varepsilon(0)$ が示された．したがって，作用素ノルムの定義に戻って考えれば，任意の $A \in \Lambda$ について $\|A\| \leqq N/\varepsilon$ が成立する． ∎

一様有界性の原理の簡単な応用をひとつ述べよう．

例 5.17 第 4 章では，弱収束列はつねに有界であると仮定したが，実は有界性は弱収束の定義から従う．$\{u_n\}$ を弱収束列とする．すると，任意の $f \in X^*$ について $\{f(u_n)\}$ は収束列だから有界である．言い換えると，各 $f \in X^*$ に対して $\{u_n\}$ は X^{**} の元として有界．したがって，一様有界性の原理と前節の命題 5.13 より，
$$\sup_n \|u_n\| = \sup_n \|u_n\|_{X^{**}} < \infty$$
であることがわかる． □

定理 5.18（開写像定理） X, Y が Banach 空間，$A \in B(X, Y)$ とする．A が 1 対 1 の全射ならば，A は開写像である．つまり，A は X の開集合を Y の開集合に写す．特に，A^{-1} は有界である． □

この定理は，定理 5.16 と同様に Baire のカテゴリー定理を用いて証明されるが，少し長くなるのでここでは省略する．これについても，証明は藤田–黒田–伊藤[21]等を参照してほしい．開写像定理より，次の閉グラフ定理が導かれる．

定理 5.19（閉グラフ定理） X, Y を Banach 空間，A を X から Y への閉作用素とする．このとき，$D(A) = X$ ならば A は有界である．

[証明] A を，$D(A) = X$ から A のグラフ $\Gamma(A)$ への写像：
$$A_1 : u \in X \longmapsto A_1 u \equiv [u, Au] \in \Gamma(A)$$
と，$X \times Y$ から Y への射影：
$$P : [u, v] \in X \times Y \longmapsto v \in Y$$
の合成と考えよう．つまり，$A = PA_1$．P は有界だから，A_1 が有界なことを示せばよい．$\Gamma(A)$ は仮定より $X \times Y$ の閉部分空間だから Banach 空間と考えてよい．A_1 は明らかに X から $\Gamma(A)$ への 1 対 1 の全射であり，A^{-1} は有界である．そこで A_1^{-1} に開写像定理を適用すると，A_1^{-1} は開写像．つまり，$A_1 = (A_1^{-1})^{-1}$ は有界である． ■

§5.4 共役作用素

この節と次の節では X は Hilbert 空間であると仮定する．$A \in B(X)$ のとき，A の共役作用素 A^* は任意の $u, v \in X$ について

(5.1) $\qquad\qquad\qquad (Au, v) = (u, A^*v)$

が成立する作用素として定義された．A が有界でない場合は，任意の $u \in D(A)$ に対して(5.1)が成立するような，「最も大きな」作用素として A^* は定義される．正確には次のように定式化される．

定義 5.20 A を X 上の作用素で $D(A)$ が稠密であるとする．$v \in D(A^*)$ であるとは，$w \in X$ が存在して

$$(Au, v) = (u, w) \quad (\forall u \in D(A))$$

が成立することである．このとき，$w = A^*v$ と定義する． □

$D(A)$ は稠密と仮定したから，A^*v は一意的に定まる．$D(A^*)$ が X の線形部分空間であり，A^* が線形作用素であることも容易に示される．以下，共役作用素に関する基本的な性質を見ていこう．

命題 5.21 A^* は閉作用素である．

［証明］ $\{v_n\} \subset D(A^*)$ がグラフ・ノルムについて Cauchy 列，つまり，$n, m \to \infty$ のとき

$$\|v_n - v_m\|_{\Gamma(A)} \equiv \|v_n - v_m\| + \|A^*v_n - A^*v_m\| \to 0$$

であるとする．すると，X の完備性により $v_n \to v$，$A^*v_n \to w$ であるような $v, w \in X$ が存在する．A^* の定義より，任意の $u \in D(A)$ に対し

$$(u, A^*v_n) = (Au, v_n) \to (Au, v) \quad (n \to \infty).$$

一方，仮定により $n \to \infty$ のとき $(u, A^*v_n) \to (u, w)$ であるから，任意の $u \in D(A)$ に対し $(Au, v) = (u, w)$ が成立している．つまり，$v \in D(A^*)$ であり，A^* が閉であることが示された． ■

命題 5.22 $A \supset B$ ならば，$B^* \supset A^*$．

［証明］ 定義より，$v \in D(A^*)$ のとき，

$$(Bu, v) = (Au, v) = (u, A^*v) \quad (u \in D(B) \subset D(A)).$$

したがって $v \in D(B^*)$ であり，$B^*v = A^*v$ がわかる． ■

一般に，$D(A)$ が稠密であっても，$D(A^*)$ が稠密であるかどうかはわからない．しかし，A が閉拡張を持つ場合は次のようなことが証明できる．特に，$D(A^*)$ は稠密である．

定理 5.23 A が前閉ならば，次が成立する．
(i)　$(\overline{A})^* = A^*$.
(ii)　$D(A^*)$ は稠密．したがって特に $A^{**} = (A^*)^*$ が定義できる．
(iii)　$\overline{A} = A^{**}$.　　□

定理の証明のために，いくつか補題を用意しておこう．

補題 5.24 X, Y が Hilbert 空間のとき，$X \times Y$ は内積:
$$([u_1, u_2], [v_1, v_2]) = (u_1, v_1)_X + (u_2, v_2)_Y \quad ([u_1, u_2], [v_1, v_2] \in X \times Y)$$
によって Hilbert 空間となる．　　□

この証明は，単に定義をチェックするだけなので演習問題とする（演習問題 5.1）．

補題 5.25 $X \times X$ 上の作用素 V を
$$V[u, v] = [-v, u]$$
で定義する．A, A^* のグラフを，それぞれ $\Gamma(A), \Gamma(A^*)$ とすると，
$$\Gamma(A^*) = [V\Gamma(A)]^\perp, \quad \overline{\Gamma(A)} = [V\Gamma(A^*)]^\perp$$
が成立する．ただし，$[\cdots]^\perp$ は $[\cdots]$ の直交補空間を表す．

[証明]　A^* の定義より，
$$[v, w] \in \Gamma(A^*) \iff (Au, v) = (u, w) \quad (\forall u \in D(A))$$
$$\iff ([Au, -u], [v, w]) = 0 \quad (\forall u \in D(A))$$
$$\iff (V[u, Au], [v, w]) = 0 \quad (\forall u \in D(A))$$
$$\iff [v, w] \in [V\Gamma(A)]^\perp.$$
これで最初の等式は示された．後の等式は，前の等式と V が $(X \times X$ で) ユニタリーであることから従う．　　■

この補題より，ただちに次が従う．

補題 5.26 A, B を閉作用素とするとき，$A^* = B^*$ であるための必要十分条件は $A = B$ である．　　□

[定理 5.23 の証明]　(i) は定義より簡単にわかる．(ii) を示す．$w \in [D(A^*)]^\perp$

としよう．すると，$[w,0] \in \Gamma(A^*)^\perp$，したがって $[0,w] \in [V\Gamma(A^*)]^\perp = \Gamma(\overline{A})$ が成立する．これは $\overline{A}0 = w$ を意味するから，$w = 0$ である．つまり，$D(A^*)$ の直交補空間は $\{0\}$ であり，$D(A^*)$ は稠密であることがわかった．

(iii) の証明：(i), (ii) より，A は閉作用素と仮定して $A^{**} = A$ を示せばよい．A^* の定義により，任意の $u \in D(A)$ に対し，
$$(A^*v, u) = (v, Au) \quad (v \in D(A^*))$$
が成立する．これは，A^{**} の定義を思い出せば，$A^{**} \supset A$ を意味している．まったく同様にして，$A^{***} \supset A^*$ が示される．一方，命題 5.22 と $A^{**} \supset A$ から $A^{***} \subset A^*$ が従う．ゆえに $A^{***} = A^*$ である．これと補題 5.26 より $A^{**} = A$ が従う．∎

命題 5.27 A を閉作用素とするとき，
$$\operatorname{Ker} A^* = [\operatorname{Ran} A]^\perp, \quad \operatorname{Ker} A = [\operatorname{Ran} A^*]^\perp.$$

[証明] $v \in [\operatorname{Ran} A]^\perp$ とすると，
$$(Au, v) = 0 \quad (\forall u \in D(A)).$$
ゆえに $v \in D(A^*)$ であり $A^*v = 0$，つまり $v \in \operatorname{Ker} A^*$ となる．逆に $v \in \operatorname{Ker} A^*$ ならば，
$$(Au, v) = (u, A^*v) = 0 \quad (\forall u \in D(A))$$
であるから，$v \in [\operatorname{Ran} A]^\perp$ である．これで最初の等式が示された．

$u \in \operatorname{Ker} A$ とすると，
$$0 = (Au, v) = (u, A^*v) \quad (\forall v \in D(A^*))$$
であるから，$u \in [\operatorname{Ran} A^*]^\perp$．一方，$u \in [\operatorname{Ran} A^*]^\perp$ とすると
$$(A^*v, u) = 0 \quad (\forall v \in D(A^*)).$$
ゆえに $u \in D(A^{**}) = D(A)$，しかも $Au = 0$，つまり $u \in \operatorname{Ker} A$ となる．∎

一般に A を線形作用素とするとき $[\operatorname{Ran} A]^\perp$ を A の**余核**(cokernel) と呼び，
$$\operatorname{Coker} A = [\operatorname{Ran} A]^\perp$$
という記号を用いる．この記号を使えば，上の命題は
$$\operatorname{Ker} A^* = \operatorname{Coker} A, \quad \operatorname{Ker} A = \operatorname{Coker} A^*$$
と書くことができる．

この節の後半では，有界でない場合の自己共役作用素の定義と，その基本

的な性質を説明する．有界な場合と違って，「自己共役」と「対称」は異なる意味を持つことに注意しよう．

定義 5.28 A を稠密な定義域を持つ作用素とする．A が**対称**(symmetric)であるとは，
$$(Au, v) = (u, Av) \quad (\forall u, v \in D(A))$$
が成立することである．言い換えると，$A^* \supset A$ のとき A は対称であるという．さらに強く，$A^* = A$ のとき A は**自己共役**(self-adjoint)であるという．X が複素 Hilbert 空間の場合は，対称作用素のことを **Hermite 作用素**ともいう． □

A が対称であれば，A は閉拡張 A^* を持つから前閉である．一方，A が自己共役ならば，もちろん A は閉作用素である．そこで特に，A が対称で $\overline{A}$ が自己共役なときに，A は**本質的自己共役**(essentially self-adjoint)であるという．

応用上多くの場合，与えられた作用素(特に微分作用素)が対称であるかどうかを判定するのは難しくない．しかし，「自己共役であるかどうか？」あるいは，「自己共役な拡張がどのくらいあるか？」という問はしばしば困難であり，それだけで大きな理論が構築されている．詳しく知りたい人は，例えば，Reed-Simon [62] Chapter 10 を見てほしい．本質的自己共役性は，唯ひとつの自己共役拡張を持つための必要十分条件であることが知られている．ここでは，自己共役性のための基本的な判定条件を証明しておこう．

定理 5.29 A を X 上の閉対称作用素とする．このとき，A が自己共役であるための必要十分条件は，次のいずれか(したがって全部)が成立することである．

(i) $z_1, z_2 \in \mathbb{C}$, $\operatorname{Im} z_1 > 0$, $\operatorname{Im} z_2 < 0$ が存在して，
$$\operatorname{Ran}(A - z_j) = X \quad (j = 1, 2)$$
が成立する．

(ii) $z_1, z_2 \in \mathbb{C}$, $\operatorname{Im} z_1 > 0$, $\operatorname{Im} z_2 < 0$ が存在して，
$$\operatorname{Ker}(A^* - z_j) = \{0\} \quad (j = 1, 2)$$
が成立する．

(iii) 任意の $z\in\mathbb{C}$, $\mathrm{Im}\,z\neq 0$ について $\mathrm{Ran}(A-z)=X$ が成立する．

(iv) 任意の $z\in\mathbb{C}$, $\mathrm{Im}\,z\neq 0$ について $\mathrm{Ker}(A^*-z)=\{0\}$ が成立する． □

定理の証明のために，いくつか補題を用意する．

補題 5.30 A を閉対称作用素，$z\in\mathbb{C}$ とするとき，

(5.2) $\qquad\qquad \|(A-z)u\| \geq |\mathrm{Im}\,z|\,\|u\| \quad (u\in D(A)).$

特に $\mathrm{Im}\,z\neq 0$ ならば，$(A-z)$ は $D(A)$ から X への1対1の写像であり，$\mathrm{Ran}(A-z)$ は X の閉部分空間である．

[証明] $u\in D(A)$ のとき，
$$(Au,u) = (u,Au) = \overline{(Au,u)}$$
なので $(Au,u)\in\mathbb{R}$．したがって
$$|\mathrm{Im}\,z|\,\|u\|^2 = |\mathrm{Im}((A-z)u,u)| \leq \|(A-z)u\|\,\|u\|.$$
これより(5.2)はただちに従う．後半の主張は(5.2)から導かれる．詳細は演習としよう(演習問題5.6). ■

補題 5.31 A を閉対称作用素，$z\in\mathbb{C}$, $\mathrm{Im}\,z\neq 0$ とする．$\mathrm{Ran}(A-z)=X$ が成立すれば，$z\in\rho(A)$ であり，
$$\|(A-z)^{-1}\| \leq \frac{1}{|\mathrm{Im}\,z|}.$$

[証明] 前補題と仮定により $(A-z)^{-1}$ が存在し，定義域は X 全体だから閉グラフ定理によって $(A-z)^{-1}$ は有界．ゆえに $z\in\rho(A)$ である．不等式は，(5.2)から従う． ■

補題 5.32 定理5.29の条件(i)と(iii)は同値である．特にこれらが成立しているとき，$\sigma(A)\subset\mathbb{R}$.

[証明] (i)が成立していると仮定し，$z_1 = x+iy$, $y>0$ と書くことにしよう．中心 w, 半径 $r>0$ の円盤(の内部)を $B_r(w)=\{z\in\mathbb{C}\,|\,|z-w|<r\}$ で表す．すると，補題5.31とNeumann級数展開(命題1.17)より，
$$\rho(A) \supset B_y(z_1)$$
であることがわかる．特に，$x+i(3/2)y\in\rho(A)$．すると，まったく同じ議論により，
$$\rho(A) \supset B_{(3/2)y}(x+i(3/2)y)$$

が導かれる．この手順を繰り返すと，
$$w_n = x + i(3/2)^n y, \quad r_n = (3/2)^n y \quad (n = 0, 1, 2, \cdots)$$
とおいて，
$$\rho(A) \supset \bigcup_{n=0}^{\infty} B_{r_n}(w_n) = \mathbb{C}_+$$
が導かれる．ここで，$\mathbb{C}_{\pm} = \{z \in \mathbb{C} \mid \pm \operatorname{Im} z > 0\}$ は上(下)半平面を表す．同様にして，$\rho(A) \supset \mathbb{C}_-$ も証明される．したがって $z \notin \mathbb{R}$ ならば $z \in \rho(A)$，特に，$\operatorname{Ran}(A-z) = X$ が成立する． ∎

[定理 5.29 の証明] (i) と (ii), (iii) と (iv) がそれぞれ同値なことは，命題 5.27 より簡単にわかる．まず，自己共役なら (i) が成立することを示そう．$\operatorname{Ran}(A-i) \neq X$ として矛盾を導く．まず，補題 5.30 から $\operatorname{Ran}(A-i)$ は閉部分空間だから，仮定より $[\operatorname{Ran}(A-i)]^{\perp} \ni w \neq 0$ が存在する．すると
$$((A-i)u, w) = (Au, w) - (u, (-i)w) = 0 \quad (\forall u \in D(A))$$
だから，$w \in D(A^*) = D(A)$ であり，$(A^* + i)w = 0$．これは補題 5.30 に矛盾する．

次に，(i) から A の自己共役性が従うことを見よう．補題 5.32 より $\pm i \in \rho(A)$．$v \in D(A^*)$ とすると，$\operatorname{Ran}(A-i) = X$ だから
$$(A^* - i)v = (A-i)u$$
を満たす $u \in D(A)$ が存在する．すると ($A^* \supset A$ だから)
$$(A^* - i)(u - v) = 0.$$
一方，$\operatorname{Ker}(A^* - i) = [\operatorname{Ran}(A+i)]^{\perp} = \{0\}$ だから $u = v$．ゆえに，$v \in D(A)$ であり，$D(A^*) = D(A)$ が示された．

以上をまとめると，「自己共役性」$\Longrightarrow$ (i) $\Longleftrightarrow$ (ii) $\Longleftrightarrow$ (iii) $\Longleftrightarrow$ (iv) $\Longrightarrow$ 「自己共役性」が証明された． ∎

定理の証明の自己共役性の証明では，$\operatorname{Ran}(A+i) = X$ と $\operatorname{Ran}(A-i) = X$ の両方を用いていることに注意してほしい．上半平面と下半平面，両方の点で $\operatorname{Ran}(A-z) = X$ であることが必要である．

系 5.33 A を X 上の対称作用素とする．このとき，A が本質的自己共役であるための必要十分条件は，次のいずれか(したがって全部)が成立するこ

とである.

(i) $z_1, z_2 \in \mathbb{C}$, $\mathrm{Im}\, z_1 > 0$, $\mathrm{Im}\, z_2 < 0$ が存在して,
$$\overline{\mathrm{Ran}(A-z_j)} = X \quad (j=1,2)$$
が成立する.

(ii) $z_1, z_2 \in \mathbb{C}$, $\mathrm{Im}\, z_1 > 0$, $\mathrm{Im}\, z_2 < 0$ が存在して,
$$\mathrm{Ker}(A^* - z_j) = \{0\} \quad (j=1,2)$$
が成立する.

(iii) 任意の $z \in \mathbb{C}$, $\mathrm{Im}\, z \neq 0$ について $\overline{\mathrm{Ran}(A-z)} = X$ が成立する.

(iv) 任意の $z \in \mathbb{C}$, $\mathrm{Im}\, z \neq 0$ について $\mathrm{Ker}(A^* - z) = \{0\}$ が成立する. □

系の証明は演習問題とする(演習問題5.7).

§5.5 スペクトル分解

この節では,第3章で述べたスペクトル定理が非有界な自己共役作用素に対しても成立することを説明する.スペクトル定理は,非有界な場合もほとんど同じ形で成立するが,細かい点で違いがある.ここでは,特にスペクトル分解定理について正確に定式化し,証明の概略を述べる.この節の最後に,強連続な1径数ユニタリー群と自己共役作用素が1対1に対応する,というStoneの定理について(証明抜きで)説明する.この定理は,非有界自己共役作用素のスペクトル分解の重要な応用であるとともに,量子力学等の応用においては方程式の解の存在を導く基本的な定理でもある.

定理3.17において,スペクトル射影の性質を述べたが,一般にこのような性質を持つ直交射影の族 $\{E(\lambda) \mid \lambda \in \mathbb{R}\}$ を単位の分解という.

定義5.34 $\{E(\lambda)\}$ が単位の分解(partition of unity)であるとは,次の性質(i)–(iv)を満たすことである:

(i) $\lambda \in \mathbb{R}$ に対して $E(\lambda)$ は直交射影.

(ii) $\{E(\lambda) \mid \lambda \in \mathbb{R}\}$ は λ に関して単調増大.つまり,
$$\lambda < \lambda' \implies E(\lambda) \leqq E(\lambda').$$
したがって特に,$\lambda < \lambda'$ ならば,$E(\lambda)E(\lambda') = E(\lambda)$.

（iii） 次の意味で，$\{E(\lambda)\,|\,\lambda\in\mathbb{R}\}$ は λ に関して右連続: 任意の $u\in X$ に対して
$$\lambda\downarrow\kappa \implies E(\lambda)u \to E(\kappa)u.$$

（iv） 任意の $u\in X$ に対して，
$$\lim_{\lambda\to-\infty} E(\lambda)u = 0, \quad \lim_{\lambda\to\infty} E(\lambda)u = u. \qquad \square$$

定理 5.35 A を Hilbert 空間 X 上の自己共役作用素とする．このとき，単位の分解 $E_A(\lambda)$ で次を満たすものが唯ひとつ存在する．

（i） A の定義域は次で与えられる:
$$D(A) = \left\{u\in X \;\bigg|\; \int\lambda^2\,d(E_A(\lambda)u,u) < \infty\right\}$$

（ii） $u\in D(A)$, $v\in X$ のとき，
$$(Au,v) = \int \lambda\,d(E_A(\lambda)u,v)$$

が成立する．逆に，任意の単位の分解 $E_A(\lambda)$ に対して，上で与えられる A は自己共役作用素を与える．

［証明のスケッチ］ Cayley 変換を用いて，ユニタリー作用素のスペクトル分解定理から導く方法もあるが(藤田–黒田–伊藤[21])，ここでは有界作用素の場合と並行して証明する方法についてスケッチする．無限遠方で 0 に収束する連続関数全体の集合を $C_\infty(\mathbb{R})$ と書こう．つまり，
$$C_\infty(\mathbb{R}) = \left\{u\in C(\mathbb{R}) \;\bigg|\; \lim_{|\lambda|\to\infty} u(\lambda) = 0\right\}$$

とおく．すると，定理 3.5 に対応する次の性質が証明される．

補題 5.36 A を X 上の自己共役作用素とすると，次の(i)–(iii)を満たす $\phi: C_\infty(\mathbb{R}) \to B(X)$ が唯ひとつ存在する．

（i） ϕ は線形写像であり，しかも $f,g\in C_\infty(\mathbb{R})$ のとき，
$$\phi(fg) = \phi(f)\phi(g), \quad \phi(f)^* = \phi(\overline{f}).$$

（ii） ϕ は有界であり，次を満たす:
$$\|\phi(f)\|_{B(X)} \leqq \|f\|_{C_\infty(\mathbb{R})} = \sup|f(\lambda)|.$$

（iii） $z\in\mathbb{C}\setminus\mathbb{R}$ のとき $f_z(\lambda) = (\lambda-z)^{-1}$ とおけば，$\phi(f_z) = (A-z)^{-1}$．

さらに，このとき次が成立する：
(iv) $\|\phi(f)\|_{B(X)} = \sup_{\lambda \in \sigma(A)} |f(\lambda)|$.
(v) $f \geqq 0$ ならば，$\phi(f) \geqq 0$. □

この補題の証明には，Weierstrass の多項式近似定理の代わりに Stone–Weierstrass の定理(定理 11.17)を用いる．すると，$f_z(\lambda) = (\lambda - z)^{-1}$, $z \in \mathbb{C} \setminus \mathbb{R}$ の生成する代数：
$$\mathcal{P} \equiv \{P(f_{z_1}, \cdots, f_{z_m}) \mid P \text{ は多項式}, z_1, \cdots, z_m \in \mathbb{C} \setminus \mathbb{R}\} \subset C_\infty(\mathbb{R})$$
は $C_\infty(\mathbb{R})$ の中で稠密であることがわかる．すると，補題の性質(i)と(iii)より，
$$\phi(P(f_{z_1}, \cdots, f_{z_m})) = P((A - z_1)^{-1}, \cdots, (A - z_m)^{-1})$$
となり，性質(ii)の連続性と合わせて，ϕ は一意的に構成される．性質(iv)と(v)は，有界な場合と同様にして示される．

以上の性質より，有界な場合と同様に，
$$f(A) = \phi(f) \quad (f \in C_\infty(\mathbb{R}))$$
と書くことができる．

さて，補題が示されると，ϕ は $\mathbb{R}$ の一点コンパクト化：$\dot{\mathbb{R}} \equiv \mathbb{R} \cup \{\infty\} \cong S^1$ 上の連続関数の空間から $B(X)$ への写像に自然に拡張される．($\phi(1) = 1$ と定義してやれば一意的に定まる．) つまり，$f(A)$ は任意の $f \in C(\dot{\mathbb{R}})$ に対して定義される．すると，この補題と Riesz–Markov の定理により，任意の $u \in X$ に対して $\dot{\mathbb{R}}$ 上のスペクトル測度 μ_u が構成される．つまり，μ_u は次を満たす．
$$(f(A)u, u) = \int_{\mathbb{R}} f(\lambda) \, d\mu_u(\lambda) \quad (f \in C_\infty(\dot{\mathbb{R}}))$$
右辺の積分は $\dot{\mathbb{R}}$ 上の積分だが，簡単に示されるように $\mu_u(\{\infty\}) = 0$ なので，実は $\mathbb{R}$ 上の積分としてもかまわない．つまり，μ_u は $\mathbb{R}$ 上の有限(Borel)測度であると考えてよい．これより，スペクトル射影 $E_A(\lambda)$ は，
$$(E_A(\lambda)u, u) = \mu_u((-\infty, \lambda]) \quad (u \in X, \lambda \in \mathbb{R})$$
で決まる直交射影の族として定義される．これが単位の分解となることは有

界な場合と同様に証明される．特に，

$$(f(A)u, u) = \int f(\lambda) \, d(E_A(\lambda)u, u) \quad (u \in X, \ f \in C_\infty(\mathbb{R}))$$

が成立する．ここで，形式的に $f(\lambda) = \lambda$ とおけば定理 5.35 の (ii) が導かれる．厳密には，まず

$$D(A) = \mathrm{Ran}[(A-z)^{-1}]$$

であることを用いて (i) を証明する．そして

$$((A-z)^{-1}u, v) = \int (\lambda - z)^{-1} d(E_A(\lambda)u, v) \quad (u, v \in X)$$

と組み合わせて (i) が証明される．詳細は省略する．熱意のある読者は各自試みられたい． ∎

もっと一般に，$f(A)$ は次のように定義される．f が Borel 可測関数のとき，

$$D(f(A)) = \left\{ u \in X \ \Big| \ \int |f(\lambda)|^2 \, d(E_A(\lambda)u, u) < \infty \right\}.$$

$f(A)$ は，$u \in D(f(A))$, $v \in X$ のとき，

$$(f(A)u, v) = \int f(\lambda) \, d(E_A u, v)$$

で決まる作用素である．特に，f が実数値関数ならば $f(A)$ は自己共役作用素，f が有界ならば $f(A)$ は有界作用素になる．

さて，$g_t(\lambda) = \exp(-it\lambda)$, $t \in \mathbb{R}$ の場合を考えてみよう．$\exp(-it\lambda)$ は有界だから，$g_t(A) = \exp(-itA)$ は有界作用素である．さらに，$\{\exp(-itA), t \in \mathbb{R}\}$ は，次のような性質を持つ．

定義 5.37 X 上の有界作用素の集合 $\{U(t), t \in \mathbb{R}\}$ が**強連続 1 径数ユニタリー群**(strongly-continuous one-parameter unitary group)であるとは，次の条件を満たすことである：

 (ⅰ) 各 $t \in \mathbb{R}$ に対して，$U(t)$ はユニタリー作用素．
 (ⅱ) $t, s \in \mathbb{R}$ のとき，$U(t+s) = U(t)U(s) = U(s)U(t)$.
 (ⅲ) $u \in X$ に対して，$t \to 0$ のとき，$U(t)u \to u$. □

(ii) と (iii) より，$u \in X$, $t \to t_0$ のとき，
$$U(t)u = U(t_0)U(t-t_0)u \to U(t_0)u$$
であることがわかる (この性質を強連続性という)．また (ii) より，
$$U(t)^{-1} = U(-t), \quad U(0) = 1$$
が簡単にわかる．

補題 5.38 A が自己共役作用素のとき，$\{\exp(-itA), t \in \mathbb{R}\}$ は強連続 1 径数ユニタリー群である．

[証明] 上と同じように，$g_t(\lambda) = \exp(-it\lambda)$ と書こう．まず，性質 (ii) は $g_t(\lambda)g_s(\lambda) = g_{t+s}(\lambda)$ と作用素の関数の性質よりただちに従う．さらに，
$$\exp(-itA)^* = g_t(A)^* = \overline{g_t}(A) = \exp(itA) = \exp(-itA)^{-1}$$
が成立することから (i) も従う．$u \in X$ のとき，
$$\begin{aligned}\|\exp(-itA)u - u\|^2 &= ((\exp(-itA)-1)u, (\exp(-itA)-1)u) \\ &= ((\exp(-itA)-1)^*(\exp(-itA)-1)u, u) \\ &= \int |e^{-it\lambda} - 1|^2 \, d(E_A(\lambda)u, u).\end{aligned}$$
Lebesgue の収束定理から，最後の積分は $t \to 0$ のとき 0 に収束する． ∎

興味深いことに，この補題の逆も成立する．これが Stone の定理である．

定理 5.39 (Stone の定理) $\{U(t), t \in \mathbb{R}\}$ が強連続 1 径数ユニタリー群ならば，$U(t) = \exp(-itA)$ を満たす自己共役作用素 A が (唯ひとつ) 存在する． □

証明はここでは省略する．例えば，藤田-黒田-伊藤 [21], Reed-Simon [62] Vol. 1, Yosida [82] 等を参照してほしい．

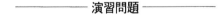
演習問題

5.1

(1) X, Y を Banach 空間とするとき，$X \times Y$ は，ノルム
$$\|[u,v]\|_{X \times Y} = \|u\|_X + \|v\|_Y \quad ([u,v] \in X \times Y)$$
によって Banach 空間となることを確かめよ．

(2) X, Y が Hilbert 空間の場合は，$X \times Y$ は，内積
$$([u_1, v_1], [u_2, v_2]) = (u_1, u_2) + (v_1, v_2) \quad ([u_1, v_1], [u_2, v_2] \in X \times Y)$$
によって Hilbert 空間になることを示せ．(注意: この内積から導かれるノルムは，(1)のノルムと同値だが，まったく同じではない．)

5.2 A が前閉であるとき，$\overline{A}$ は A の最も小さな閉拡張であることを確かめよ．(ヒント: 定義に戻って考える．)

5.3 $D(A), D(B)$ が稠密で，$D(A+B) = \{0\}$ であるような作用素 A, B の例を挙げよ．同様に，$D(AB) = \{0\}$ であるような例も挙げよ．

5.4 例 5.6 のかけ算作用素 $M_f^{\min}$ は閉でないこと，また $M_f = \overline{M_f^{\min}}$ であることを確かめよ．

5.5 閉グラフ定理(定理 5.19)から開写像定理(定理 5.18)を導け．

5.6 補題 5.30 の証明を完成させよ．

5.7 系 5.33 の証明を与えよ．(ヒント: 定理 5.29 の証明をなぞってみよ．)

6 注意と補足

§6.1　無限次元と有限次元の違いについて

　関数解析で扱う Banach 空間は無限次元であることがほとんどである．有限次元から無限次元を類推することは重要であるが，その本質的な違いを認識することも重要である．（一部復習になるが）ここではそのようないくつかの例をあげる．

　位相空間が局所コンパクトであるとは，相対コンパクトな開集合だけからなる基本近傍系が存在することである．ノルム空間は線形空間であるから，あるノルム空間が局所コンパクトであることと，$\{x;\|x\|<1\}$ が相対コンパクトであることは同値である．これに関し次の定理が成り立つ．

定理 6.1　ノルム空間が局所コンパクトであることと，そのノルム空間が有限次元であることは同値である．　　　　　　　　　　　　　　　　　　□

　証明は藤田–黒田–伊藤[21]を見よ．この定理によって，無限次元空間では有界閉集合 $\{x;\|x\|\leqq 1\}$ はコンパクトでなく，有界だが収束しない点列が存在する．例えば，ℓ^2 における正規直交列 $\{e_n\}_{n=1}^{\infty}$ は互いの距離が $\sqrt{2}$ であるからどのような部分列も強収束しない．

　微積分学で学んだように，Bolzano–Weierstrass の定理は大変重要な役割を果たすが，これはそのままでは無限次元空間で使えないことになる．無限

次元空間で重要になるのは，むしろ弱位相である．

定理 6.2 Banach 空間が反射的ならば，任意の有界列から弱収束する部分列がとれる． □

この定理が Bolzano–Weierstrass の定理の代わりをつとめることが多い．証明は藤田–黒田–伊藤[21] §8.4 にあるのでそこを参照されたい．この定理の特別な場合として，Hilbert 空間の閉球が弱コンパクトであることがわかる．この事実から大変重要な解析学の定理がいくつも導かれる．Dirichlet の原理の証明はそれらのうち最も基本的なもののひとつであるので，第 7 章の終わりに説明を行う．Dirichlet の原理自体は閉球の弱コンパクト性を使わなくても証明は可能であるが，弱コンパクト性を使うことによってより明快な証明を与えることができるのである．

ここでは，弱収束に関する次の性質を示すにとどめる．

定理 6.3 Banach 空間における弱収束列は有界である．また，$u_n \xrightarrow{w} v$ ならば

(6.1) $$\|v\| \leqq \liminf_{n\to\infty} \|u_n\|.$$

[証明] 前半は例 5.17 で証明済みである．後半を示すには命題 5.12 を用いる．$\|f\| = 1$ である任意の $f \in X^*$ に対して

$$|f(v)| \leqq \lim_{n\to\infty} |f(u_n)| \leqq \liminf_{n\to\infty} \|u_n\|.$$

命題 5.12 によって，

$$\|v\| = \sup_{\|f\|=1} |f(v)| \leqq \liminf_{n\to\infty} \|u_n\|. \quad ■$$

(6.1) はノルムの弱位相に関する下半連続性と呼ばれる．

有限次元空間では常微分方程式の解の存在について Peano の定理が成り立つ．これは次のように述べることができる．

定理 6.4 f は $(t_0, x_0) \in \mathbb{R} \times \mathbb{R}^N$ の近傍で定義された連続関数であるとする．このとき，常微分方程式 $\dot{x} = f(t, x)$ の，$x(t_0) = x_0$ を満たす解が，t_0 の近傍で少なくともひとつ存在する． □

この定理は $\mathbb{R}^N$ を無限次元にするともはや成り立たない．次の反例はブルバキ『数学原論 実一変数関数 第 2 巻』(東京図書, 1969, フランス語からの

§6.1 無限次元と有限次元の違いについて ―― 123

翻訳)第 4 章 §1 の問題 17 による:

$$X = \left\{ x = (x_1, x_2, \cdots) \in \ell^\infty ;\ \lim_{n \to \infty} x_n = 0 \right\}$$

とし,

$$F(x) = y, \quad y_n = \sqrt{|x_n|} + n^{-1} \quad (n = 1, 2, \cdots)$$

と定義する. F は X で連続であるが,

$$\dot{x} = F(x), \quad x = 0$$

は解を持たない. 実際, この微分方程式は各成分ごとにわかれて,

$$\dot{x}_n = \sqrt{|x_n|} + n^{-1}, \quad x_n(0) = 0$$

と書くことができる. $\dot{x}_n \geq 1/n$ であるから $x_n(t) \geq t/n$, 特に, $x_n(t) \geq 0$ である. したがって, $\dot{x}_n(t) \geq \sqrt{x_n}$ となり, これより, $x_n(t) \geq t^2/4$ を得る. すなわち, $t > 0$ ならば $(x_n(t))$ は ℓ^∞ には属するが, X には属さない.

A. N. Godunov, *Moskow Univ. Math. Bull.* **27**(5)(1972), 24–26 に Hilbert 空間ですら Peano の定理が成り立たない例がある.

Peano の定理は無限次元で成り立たないが, 関数 f が x について Lipschitz 連続ならば解の存在と一意性が成り立つ. 証明は有限次元の場合とまったく同じである.

X が有限次元ならばその共役空間 X^* も同じ次元を持つ. X が無限次元ならば X^* は X よりも "大きく" なり得る. これは X が可分であっても X^* が可分でなくなることがある(L^1 の共役空間が L^∞)からである. しかし, 次が成り立つ(藤田–黒田–伊藤[21]).

定理 6.5 X^* が可分ならば X も可分である. □

定義 6.6 X を Banach 空間とし, Y を線形閉部分空間とする. 有界線形写像 $P: X \to Y$ が $P^2 = P$, $PX = Y$ を満たすとき, P を射影作用素と呼ぶ.
□

有限次元空間あるいは Hilbert 空間では任意の線形閉部分空間に対して射影作用素が存在する(第 3 章, 藤田–黒田–伊藤[21], 藤田[23]). また, X が Banach 空間でも Y が有限次元空間ならば射影作用素は存在する(伊藤–小松 [36] 第 3 章 §8). しかし, 一般の Banach 空間ではいかなる射影作用素をも

持たない線形閉部分空間が存在し得る．このような部分空間は $p \neq 2$ のとき，$L^p(\Omega)$ や ℓ^p のような比較的取り扱いやすい空間でも存在する(F. J. Murray, Trans. Amer. Math. Soc. **41**(1937), 138–152)．これに関しては，次の結果が重要である．

定理 6.7 ある Banach 空間のすべての閉部分空間が射影作用素を持つことと，その Banach 空間が Hilbert 空間と同型であることは同値である (Banach [4]参照)． □

§6.2 汎弱収束

定義 6.8 X を Banach 空間とし，X^* をその共役空間とする．このとき $f_n \in X^*$ $(n=1,2,\cdots)$ が $f_0 \in X^*$ に**汎弱収束**(weak* convergence)するとは，すべての $x \in X$ について
$$\lim_{n \to \infty} f_n(x) = f_0(x)$$
が成立することをいう．汎弱収束を * 弱収束，あるいは w* 収束と呼んだりすることも多い． □

定理 6.9 $f_n \in X^*$ とし，すべての $x \in X$ で $\lim_{n \to \infty} f_n(x)$ が存在するものと仮定する．この極限を $f_0(x)$ と書くと，$f_0 \in X^*$ である．

［証明］ f_0 が線形であるのは明らかだから，有界であることさえ証明すればよい．任意の x に対して $\{f_n(x)\}_n$ は有界数列だから，一様有界性の原理によって $\{\|f_n\|\}_n$ が有界になる．ゆえに，$|f_0(x)| = \left|\lim_n f_n(x)\right| \leq \sup_n \|f_n\| \|x\|$ を得る．これより f_0 が有界であることがわかる． ∎

系 6.10 汎弱収束列のノルムは有界である． □

定理 6.11 $f_n \in X^*$ が $f_0 \in X^*$ に汎弱収束するための必要十分条件は次の 2 条件が成立することである．

（ⅰ） $\|f_n\|$ が有界；

（ⅱ） X の稠密な線形部分空間 Y が存在して，すべての $y \in Y$ に対して
$$\lim_{n \to \infty} f_n(y) = f_0(y).$$
 □

証明はやさしいので各自試みよ．

定理 6.12 X を可分な Banach 空間, X^* をその共役空間とする. $\{f_n\} \subset X^*$ で, $\|f_n\|$ は有界であるとする. このとき, f_n の部分列で, 汎弱収束するものが存在する(Banach [3]参照). □

これも証明はやさしい.

§6.3 基　底

定義 6.13 X を Banach 空間とする. X の点列 $\{x_n\}$ が基底(basis)であるとは, すべての $x \in X$ に対して $x = \sum_{n=1}^{\infty} c_n x_n$ なる係数 $\{c_n\}$ が一意に存在することをいう. この意味の基底を **Schauder 基底**と呼ぶこともある. □

可算 Hilbert 空間では, 正規直交基底が存在する. これは Schauder 基底になっている. Banach 空間では事情は異なる. Schauder 基底が存在すればその Banach 空間は可算である. しかし, 可算な Banach 空間で Schauder 基底を持たないものが存在することが知られている(Lindenstrauss–Tzafriri [50]).

定理 6.14 Schauder 基底が存在するとき, 係数を対応させる写像 $x \mapsto c_n$ は有界線形写像である.

[証明] 新しいノルムを

$$\|x\|_s = \sup_{1 \leq N < \infty} \left\| \sum_{n=1}^{N} c_n x_n \right\|$$

で定める. これがノルムになることを検証するのはやさしい. また, $\|x\| \leq \|x\|_s$ が成り立つ. 容易に証明できるように, ノルム空間 $(X, \|\ \|_s)$ は Banach 空間である. 恒等写像 $I: (X, \|\ \|_s) \to (X, \|\ \|)$ は連続線形写像であり, もちろん, 1 対 1, 上への写像である. したがって, 開写像定理によってそれは同型写像になる. ゆえに, ある定数 M が存在して, すべての N について

$$\left\| \sum_{n=1}^{N} c_n x_n \right\| \leq M \|x\|$$

となることが従う. ■

Haar の関数列は $L^2(0,1)$ の直交基底であることを見た(例 2.24)が, この

関数列は $L^p(0,1)$ $(1 \leq p < \infty)$ の Schauder 基底であることが知られている (Lindenstrauss–Tzafriri [50]).

定義 6.15　X を Hilbert 空間とする．X の点列 $\{x_n\}$ が**フレーム**(frame) であるとは，ある定数 $0 < A \leq B < \infty$ が存在して，すべての $x \in X$ に対して

$$(6.2) \qquad A\|x\|^2 \leq \sum_n |(x, x_n)|^2 \leq B\|x\|^2$$

が成立することである．A, B をそれぞれ，フレームの下界，上界と呼ぶ．□

定義 6.16　フレームが**タイト**(tight)であるとは，$A = B$ として(6.2)が成立することをいう．フレームが**完全**(exact)であるとは，$\{x_n\}$ のいかなる真部分集合もフレームになり得ないことをいう．□

フレームの定義は $\{x_n\}$ の線形独立性を要求していないことに注意しよう．$\{x_n\}$ が正規直交基底ならば $A = B = 1$ としてフレームになる (Parseval の等式)．しかし，$A = B = 1$ を満たすフレームは必ずしも正規直交基底ではない．たとえば，$e_1, e_2, e_3, \cdots$ が正規直交基底のとき，$e_1, e_2/\sqrt{2}, e_2/\sqrt{2}, e_3/\sqrt{3}, e_3/\sqrt{3}, e_3/\sqrt{3}, \cdots$ がその例になる．

定理 6.17　次の 2 条件は同値である．
 (i)　点列 $\{x_n\}$ は $0 < A \leq B < \infty$ を下界，上界とするフレームである．
 (ii)　すべての $x \in X$ に対して $\sum_n (x, x_n)\|x_n\|$ が収束する．しかも，$S: x \mapsto \sum_n (x, x_n)x_n$ は X 上の自己共役有界線形作用素で，$A \leq S \leq B$ を満たす．□

証明は初等的であるから各自試みよ．

定義 6.18　上の定理に現れる作用素 S を**フレーム作用素**(frame operator) と呼ぶ．□

フレーム作用素は 1 対 1 で，かつ上への写像であることに注意せよ．また，任意の $x \in X$ は $x = \sum (x, S^{-1}x_n)x_n = \sum (x, x_n)S^{-1}x_n$ を満たすことにも注意せよ．

より詳しい理論については，C. E. Heil and D. Walnut, Continuous and discrete wavelet transforms, *SIAM Review* **31**(1989), 628–666, あるいはベネデット[5]を見よ．

§6.4 同　　型

定義 6.19 ふたつの Banach 空間 X と Y が同型(同値ということもある)であるとは，X 全体で定義された，Y の上への有界線形写像で，その逆も有界であるようなものが存在することである． □

同型であるためには，X から Y の上への 1 対 1 有界線形写像が存在すれば十分である(閉グラフ定理を使う)．

定義 6.20 ふたつの Banach 空間 X と Y が等長的であるとは，X 全体で定義された，Y の上への有界線形写像 T で，$\|Tx\|_Y = \|x\|_X$ がすべての $x \in X$ について成り立つことである． □

定義から容易にわかるように，等長的ならば同型である．$L^2(0,1)$ と ℓ^2 は等長的である．これを示すには Fourier 級数に関する Parseval の等式を使えばよい．収束数列 $\{x_n\}_{n=1}^\infty$ のなす Banach 空間 c_1 と，0 に収束する数列 $\{x_n\}_{n=1}^\infty$ のなす空間 c_0 を考えよう．ノルム $\|\{x_n\}\| = \sup_{1 \leq n} |x_n|$ で c_1 は Banach 空間となり，c_0 はその真部分空間である．しかし，両者は同型である．実際，$x \in c_1$ に対し $\xi_0 = \lim_{n \to \infty} x_n$ とおき，

$$Tx = (\xi_0, x_1 - \xi_0, x_2 - \xi_0, \cdots)$$

と定義すると T は $\|T\| = 2$ となり，有界線形写像である．また，T が 1 対 1 で上への写像であることも容易に示される．ゆえに c_1 と c_0 は同型である．

Banach [4]には最近の結果が要領よくまとめられており，一読されることをお勧めする．

---- 演習問題 ----

6.1 Banach 空間 X の上の有界線形作用素 T が，$\|I+T\| \leq 1$ と $\|I-T\| \leq 1$ を満たすならば，$T = 0$ であることを証明せよ．(加藤敏夫，『数学』**12**(1960–61)，234–235 参照．)

6.2 数列 $x = (x_1, x_2, \cdots)$ のなす Banach 空間 ℓ^p において作用素 $Tx = (x_2, x_3, \cdots)$ のスペクトルを決定せよ．また，作用素 $Sx = (0, x_1, x_2, \cdots)$ のスペクトルを決

定せよ．

6.3 $f \in L^p(0, 2\pi)$ の Fourier 級数
$$f(x) \sim \sum_{n=-\infty}^{\infty} c_n e^{inx}, \quad c_n = \frac{1}{2\pi} \int_0^{2\pi} f(x) e^{-inx} dx$$
を考える．部分和
$$s_n = \sum_{k=-n}^{n} c_k e^{inx}$$
に対して
$$\sigma_n = \frac{1}{n}(s_0 + s_1 + \cdots + s_{n-1})$$
とおき，これを Cesàro 和と呼ぶ．$1 \leq p < \infty$ ならば σ_n は f に $L^p(0, 2\pi)$ で強収束することを示せ．$f \in L^\infty(0, 2\pi)$ ならば σ_n は L^∞ で f に汎弱収束することを示せ．(Hoffman [28]参照.)

6.4 $L^1(0, 2\pi) \ni f$ に Fourier 級数 $\{c_n\}_{n=-\infty}^{\infty}$ を対応させる写像は $L^1(0, 2\pi)$ から
$$\ell_0^\infty = \left\{ c = (\cdots, c_{-1}, c_0, c_1, c_2, \cdots);\ \lim_{n \to \pm\infty} c_n = 0 \right\}$$
への有界作用素であることを示せ．

6.5 前問の作用素は上への写像でないことを証明せよ．

6.6 Weierstrass の定理 11.15 を用いて $C([0,1])$ が可分であることを示せ．

6.7 $0 < \alpha < 1$ とする．区間 $[0,1]$ 上の α 次 Hölder 連続な関数全体に
$$\|f\| = \sup_x |f(x)| + \sup_{x \neq y} \frac{|f(x) - f(y)|}{|x - y|^\alpha}$$
なるノルムを入れる．これは可分でない Banach 空間であることを証明せよ．

6.8 $C([0,1])$ における関数列を次のように定義する．まず，区間 $[0,1]$ を2等分する．そして，$\phi(0) = \phi(1) = 0$, $\phi(1/2) = 1$ かつ $[0, 1/2]$ と $[1/2, 1]$ で1次関数となるものを ϕ_1 とする．次に区間 $[0, 1/2]$ と $[1/2, 1]$ をそれぞれ2等分する．そして各小区間で同様の方法で関数を定義する．すなわち，$\phi(0) = \phi(1/2) = 0$, $\phi(1/4) = 1$ なる区分的1次関数を ϕ_2 とし，同様に ϕ_3 を定義する．以下，同様に関数列 $\{\phi_n\}_{n=1}^{\infty}$ を定義する．この関数列は Schauder 基底であることを証明せよ．

6.9 $\{x_n\}$ をフレームとし，$x \in X$, $a_n = (x, S^{-1}x_n)$ とおく．もし $x = \sum c_n x_n$ な

る係数 c_n が存在すれば $\sum |c_n|^2 = \sum |a_n|^2 + \sum |a_n - c_n|^2$ が成立することを示せ.

6.10 前問を利用して次のことを証明せよ.

ある m について, $(x_m, S^{-1}x_m) \neq 1$ が成り立つならば $\{x_n\}_{n \neq m}$ はフレームである. $(x_m, S^{-1}x_m) = 1$ が成り立つならば $\{x_n\}_{n \neq m}$ は完全でない.

7

Lebesgue 空間と Sobolev 空間

この章の目的は L^p 空間と Sobolev 空間の紹介である．この章では Ω はつねに Euclid 空間の有界開集合であり，必要に応じて境界 $\partial\Omega$ の滑らかさを仮定するものとする．Ω の次元は N で表す．

§7.1 Lebesgue 空間

Lebesgue 空間 $L^p(\Omega)$ ($1 \leqq p \leqq \infty$) はすでに第 1 章で定義している．そこでは $L^p(\Omega)$ がノルム空間であることを Minkowski の不等式を使って証明した．重要なのは次の定理である

定理 7.1 $(L^p(\Omega), \|\ \|_p)$ は Banach 空間である．

[証明] 完備であることの証明は藤田–黒田–伊藤[21]に詳しく載っているので，それを参照していただきたい． ∎

混乱の恐れがないときには，$L^p(\Omega)$ を単に L^p と書いたり，$L^\infty(\Omega)$ を L^∞ と書いたりする．L^p は，後で導入する Sobolev 空間とともに，偏微分方程式への応用になくてはならない大切な空間であるので，その性質のいくつかを以下で説明する．

$1 \leqq p < q < \infty$ としよう．Ω の測度が有限のとき，Hölder の不等式を使えば

$$\int_\Omega |f(x)|^p dx \leqq (|\Omega|)^{(q-p)/q} \left(\int_\Omega |f(x)|^q dx \right)^{p/q}$$

がわかる．したがって，$p<q$ ならば $L^q(\Omega) \subset L^p(\Omega)$ を得る．Ω の測度が無限大のときには $L^q \subset L^p$ も $L^p \subset L^q$ も成り立たない．

次の補題は後で使われる．

補題 7.2 Ω の Lebesgue 測度 $|\Omega|$ が有限ならば
$$\lim_{p\to\infty} \|f\|_p = \|f\|_\infty.$$

[証明] $p<\infty$ のとき，$\|f\|_p \leqq |\Omega|^{1/p} \|f\|_\infty$ によって
$$\limsup_{p\to\infty} \|f\|_p \leqq \|f\|_\infty$$
を得る．一方，$\|f\|_\infty$ の定義によって，任意の $0<\varepsilon<\|f\|_\infty$ に対して
$$\Omega_\varepsilon = \{x \in \Omega;\ |f(x)| \geqq \|f\| - \varepsilon\}$$
の測度は正である．したがって，
$$\|f\|_p \geqq |\Omega_\varepsilon|^{1/p} (\|f\|_\infty - \varepsilon)$$
を使えば
$$\liminf_{p\to\infty} \|f\|_p \geqq \|f\|_\infty - \varepsilon$$
が従う．ε は任意であったからこれで証明が終わる． ∎

問 1 Ω の測度が有限であることと，ある $1 \leqq p < q \leqq \infty$ に対して $L^q \subset L^p$ となることは同値である．これを証明せよ．(吉川敦,『数学』**23**(1971), 298–300 参照.)

定義 7.3 $1<p<\infty$ に対して
$$1 = \frac{1}{p} + \frac{1}{q}$$
で決まる q を p の**共役指数**(conjugate exponent)と呼ぶ．$p=1$ については $q=\infty$ を共役指数と定義し，$p=\infty$ については $q=1$ を共役指数と定義する． □

定理 7.4 (Clarkson の不等式) $1<p<\infty$ とし，その共役指数を q とする．$1<p\leqq 2$ ならば，すべての $f, g \in L^p(\Omega)$ に対して

(7.1) $\quad 2^{1-p}(\|f\|_p^p+\|g\|_p^p) \geqq \left\|\dfrac{f-g}{2}\right\|_p^p + \left\|\dfrac{f+g}{2}\right\|_p^p \geqq \dfrac{1}{2}(\|f\|_p^p+\|g\|_p^p)$

および

(7.2) $\quad \left\|\dfrac{f-g}{2}\right\|_p^q + \left\|\dfrac{f+g}{2}\right\|_p^q \leqq \left(\dfrac{1}{2}(\|f\|_p^p+\|g\|_p^p)\right)^{q-1}$

が成立する. $2\leqq p<\infty$ ならば

(7.3) $\quad 2^{1-p}(\|f\|_p^p+\|g\|_p^p) \leqq \left\|\dfrac{f-g}{2}\right\|_p^p + \left\|\dfrac{f+g}{2}\right\|_p^p \leqq \dfrac{1}{2}(\|f\|_p^p+\|g\|_p^p)$

および

(7.4) $\quad \left\|\dfrac{f-g}{2}\right\|_p^q + \left\|\dfrac{f+g}{2}\right\|_p^q \geqq \left(\dfrac{1}{2}(\|f\|_p^p+\|g\|_p^p)\right)^{q-1}$

が成立する.

[証明の概略] (7.3)を証明する. $2\leqq p<\infty$ とし, まず,

$$2^{1-p}(1+x^p) \leqq \left(\dfrac{1+x}{2}\right)^p + \left(\dfrac{1-x}{2}\right)^p \leqq \dfrac{1}{2}(1+x^p)$$

がすべての $x\in[0,1]$ について成り立つことを示す. これは単なる微分法の演習問題であるから証明は省略する. 次に,

$$g(\theta) = \left|\dfrac{1+xe^{i\theta}}{2}\right|^p + \left|\dfrac{1-xe^{i\theta}}{2}\right|^p$$

とおいたとき, $0\leqq\theta\leqq 2\pi$ における $g(\theta)$ の最大値が $\theta=0,\pi,2\pi$ で達成され, $\theta=\pi/2, 3\pi/2$ で最小値が達成されることを示す. これも単なる微分法の問題である. 以上を合わせると, $2\leqq p<\infty$ と $|z|\leqq 1$ なる任意の複素数 z について

$$2^{1-p}(1+|z|^p) \leqq \left|\dfrac{1+z}{2}\right|^p + \left|\dfrac{1-z}{2}\right|^p \leqq \dfrac{1}{2}(1+|z|^p)$$

が成立することがわかった. $|f(x)|\geqq|g(x)|$ のときには $z=g(x)/f(x)$, $|f(x)|\leqq|g(x)|$ のときには $z=f(x)/g(x)$ とおくと,

$$2^{1-p}(|f(x)|^p+|g(x)|^p) \leqq \left|\dfrac{f(x)+g(x)}{2}\right|^p + \left|\dfrac{f(x)-g(x)}{2}\right|^p$$

$$\leq \frac{1}{2}(|f(x)|^p + |g(x)|^p)$$

を得るから，積分すれば(7.3)が出る．(7.1)の証明も同様である．細かいところは演習問題とする．

$1 < p \leq 2$ のときに(7.2)を証明するには，まず

(7.5) $\quad |z+w|^q + |z-w|^q \leq 2(|z|^p + |w|^p)^{1/(p-1)}$

がすべての複素数について成立することを示す．また，

$$\|\phi\|_{p-1} + \|\psi\|_{p-1} \leq \|\phi + \psi\|_{p-1}$$

にも注意する(指数が1以下の場合のMinkowskiの不等式, Hewitt–Stromberg [25])．ここで，

$$\phi = \left|\frac{f+g}{2}\right|^q, \quad \psi = \left|\frac{f-g}{2}\right|^q$$

とおくと，

$$\left\|\frac{f+g}{2}\right\|_p^q + \left\|\frac{f-g}{2}\right\|_p^q \leq \left[\int \left(\left|\frac{f+g}{2}\right|^q + \left|\frac{f-g}{2}\right|^q\right)^{p-1} dx\right]^{1/(p-1)}$$

を得る．(7.5)によって右辺は(7.2)の右辺で上から抑えられる．

(7.4)の証明は演習問題とする． ∎

問2 Clarksonの不等式は最良であることを示せ．すなわち，不等号を等号とする関数が存在することを確かめよ．

問3 次の不等式(C. Morewetz, *Bull. Amer. Math. Soc.* **75**(1969), 1299–1302による)を証明せよ．$1 < p < 2$ とする．このとき任意の $f, g \in L^p(\Omega)$ に対し，

$$a(p)\left\|\frac{f-g}{2}\right\|_p^p + \left\|\frac{f+g}{2}\right\|_p^p \leq \frac{1}{2}(\|f\|_p^p + \|g\|_p^p).$$

ここで，$a(p) > 1$ は p だけに依存する定数である．

定理7.5 $1 \leq p < \infty$ とし，p に対する共役指数を q とする．このとき，$L^p(\Omega)$ の共役空間は $L^q(\Omega)$ と自然に同一視できる．$L^\infty(\Omega)$ の共役空間は $L^1(\Omega)$ を真に含む空間である．

[証明] $f \in L^p$ と $g \in L^q$ に対して，

(7.6) $$\langle f, g \rangle = \int_\Omega f(x) g(x) \, dx$$

とおく．$1 < p < \infty$ ならば Hölder の不等式 $|\langle f, g \rangle| \leq \|f\|_p \|g\|_q$ によって，右辺は有限確定である．この不等式は $(p, q) = (1, \infty)$ あるいは $(p, q) = (\infty, 1)$ でも成立する．Hölder の不等式は，$g \in L^q$ が与えられたら，$f \mapsto \langle f, g \rangle$ は L^p 上の有界線形汎関数となることを示している．この汎関数を Φ_g で表そう．そして，$g \mapsto \Phi_g$ が L^q から $(L^p)^*$ への1対1写像で，かつ $p < \infty$ ならば上への写像でもあることを示せばよい．1対1であることを示すために $g \in L^q$ が

(7.7) $$\int_\Omega f(x) g(x) \, dx = 0 \quad (\forall f \in L^p)$$

を満たすものと仮定しよう．$1 < p \leq \infty$ のとき，

$$f(x) = \begin{cases} 0 & (g(x) = 0) \\ \overline{g(x)} |g(x)|^{q-2} & (g(x) \neq 0) \end{cases}$$

と定義する．$f \in L^p$ である．この f を(7.7)に代入すると，

$$\int_\Omega |g(x)|^q \, dx = 0$$

となり，g はほとんどいたるところ 0 である．これで $1 < p \leq \infty$ のときに1対1であることがわかった．$p = 1$ のときには g は L^∞ に属する．そこで，任意のコンパクト集合 $K \subset \Omega$ に対して，χ_K を K の定義関数として，$f(x) = \chi_K(x) g(x)$ とおくと $f \in L^1(\Omega)$ で，

$$\int_K |g(x)|^2 \, dx = 0.$$

ゆえに，g は K 上ほとんどいたるところ 0 である．K は任意だから g が Ω 上ほとんどいたるところ 0 であることが示された．以上で，すべての $1 \leq p \leq \infty$ に対して，$g \mapsto \Phi_g$ が L^q から $(L^p)^*$ への1対1有界線形写像であることがわかった．

$1 \leq p < \infty$ のときに $g \mapsto \Phi_g$ が上への写像であることをいうには，Radon-Nikodým の定理を用いると便利である．藤田-黒田-伊藤[21], pp. 282-285

に証明が詳しく載っているのでそれを見ていただきたい.

Clarksonの不等式を用いると, $g \mapsto \Phi_g$ が上への写像であることの別証明ができる. このため, $1 < p < \infty$ としよう. L^p 上の任意の連続線形汎関数 L が Φ_g と表されることを示す. まず, $\|L\| = 1$ として一般性を失わないことに注意せよ. $\|L\|$ の定義によって, $\|f_n\|_p = 1$ を満たすある $f_n \in L^p$ で, $\lim_{n\to\infty}\langle L, f_n\rangle = 1$ を満たすものが存在する. 我々は, Clarksonの不等式を用いて $\{f_n\}$ が L^p で強収束することをまず示す. $2 \leq p < \infty$ のときには(7.3)を用いると

$$\left\|\frac{f_n - f_m}{2}\right\|_p^p + \left\|\frac{f_n + f_m}{2}\right\|_p^p \leq 1 \tag{7.8}$$

が成り立つ. $h_{nm} = (f_n + f_m)/\|f_n + f_m\|_p$ とおくと, $\|h_{nm}\|_p = 1$ であるから, $|\langle L, h_{nm}\rangle| \leq 1$ である. すなわち, $|\langle L, f_n\rangle + \langle L, f_m\rangle| \leq \|f_n + f_m\|_p$. これより,

$$2 \leq \liminf_{n,m\to\infty} \|f_n + f_m\|_p$$

が従う. これと(7.8)とから

$$\limsup_{n,m\to\infty}\left\|\frac{f_n - f_m}{2}\right\|_p = 0$$

を得る. すなわち, $\{f_n\}$ はCauchy列であるから L^p で強収束する. $1 < p \leq 2$ のときには(7.2)を使えば, まったく同様にして強収束が証明できる.

$f_0 = \lim f_n$ とおき, $g_0 = |f_0|^{p-2}\overline{f_0}$ とおく. そして $L = \Phi_{g_0}$ を証明する. 十分小さい実数 λ の関数

$$w(\lambda) = \langle L, (f_0 + \lambda u)/\|f_0 + \lambda u\|_p\rangle$$

を考えると, $w(0) = 1$ かつ $|w(\lambda)|^2$ は $\lambda = 0$ で最大値をとる. したがって, $0 = (w'\overline{w} + \overline{w'}w)|_{\lambda=0}$. すなわち, $w'(0)$ の実部は 0 である.

$$w'(0) = \frac{1}{\|f_0\|_p}\langle L, u\rangle - \frac{1}{\|f_0\|_p^2}\langle L, f_0\rangle \frac{1}{p}\|f_0\|_p^{1-p}\int \frac{p}{2}|f_0|^{p-2}(\overline{f_0}u + f_0\overline{u})\,dx$$

$$= \langle L, u\rangle - \frac{1}{2}\int (g_0 u + \overline{g_0 u})\,dx$$

すなわち,

$$\mathrm{Re}[\langle L, u\rangle] = \mathrm{Re}[\Phi_{g_0}(u)].$$

u を iu に代えても同じことが成り立つから,結局
$$\langle L, u \rangle = \Phi_{g_0}(u)$$
が示された. ∎

$g \mapsto \Phi_g$ が L^∞ から $(L^1)^*$ の上への写像であることは次のようにして証明できる.まず,Ω が有界領域である場合を考える.このとき $1 < p$ に対して $L^p \subset L^1$ である.L^1 上の任意の有界線形汎関数 L に対して
$$|\langle L, f \rangle| \leqq \|L\| \|f\|_1 \leqq \|L\| |\Omega|^{1-1/p} \|f\|_p$$
がすべての $f \in L^p$ について成立する.したがって,ある $g \in L^q$ ($1/p + 1/q = 1$) が存在して,
$$\langle L, f \rangle = \int_\Omega f(x) \overline{g(x)} \, dx$$
となる.容易にわかるように g は p によらない.また,
$$\|g\|_q \leqq \|L\| |\Omega|^{1/q}$$
である.$p \to 1$ とすると,補題 7.2 によって
$$\|g\|_\infty \leqq \|L\|$$
を得る.Ω が有界でないときには $\Omega = \bigcup_{n=1}^\infty \Omega_n$ で,各 Ω_n が有界で互いに共通部分を持たないものをとる.任意の $L \in L^1(\Omega)^*$ に対し,$L \in L^1(\Omega_n)^*$ と自然にみなすことができるので,
$$\langle L, f \rangle = \int_{\Omega_n} f(x) g_n(x) \, dx \quad (f \in L^1(\Omega_n))$$
を満たす $g_n \in L^\infty(\Omega_n)$ が存在する.$\|g_n\|_{L^\infty(\Omega_n)} \leqq \|L\|$ であるから $g_n(x)$ は x にも n にもよらない定数で上から抑えられている.任意の $\phi \in L^1(\Omega)$ に対し
$$\phi = \sum_{n=1}^\infty \phi \chi_{\Omega_n}$$
と分解できるが,右辺は L^1 での強収束である.したがって,$x \in \Omega_n$ に対して $g(x) = g_n(x)$ と定義すると,$g \in L^\infty(\Omega)$ であり,$\langle L, \phi \rangle = \Phi_g(\phi)$ を得る.

$g \mapsto \Phi_g$ が L^1 から $(L^\infty)^*$ の上への写像でないことは次のようにしてわかる.$\overline{\Omega}$ で有界かつ連続な関数全体を $B(\overline{\Omega})$ で表そう.$B(\overline{\Omega})$ は $L^\infty(\Omega)$ の閉部分空間である.$x_0 \in \Omega$ を選んで固定し,$G(f) = f(x_0)$ とおくと,G は $B(\overline{\Omega})$ の

上の連続汎関数である．これを Hahn–Banach の定理によって $L^\infty(\Omega)$ 全体で定義された連続汎関数に拡張する．拡張された汎関数も G で表すと，G はいかなる $g \in L^1$ によっても Φ_g の形に表されない．双対空間の他の例については，伊藤–小松[36]を見よ．

系 7.6 $1 < p < \infty$ ならば L^p は反射的で，L^1 あるいは L^∞ は反射的でない． □

問 4 可分な Banach 空間が反射的ならば，定理 6.2 によって単位球は弱コンパクトである．このことを利用して，L^1 が反射的でないことを示せ．

定義 7.7 Banach 空間 $(X, \|\ \|)$ のノルムが**狭義凸**(strictly convex)であるとは，$\|u\| \leq 1, \|v\| \leq 1, u \neq v$ ならば，$\|u+v\| < 2$ が成立することをいう． □

定義からただちにわかるように，L^1 も L^∞ も狭義凸ではない．Clarkson の不等式によって，L^p $(1 < p < \infty)$ は狭義凸である．

定義 7.8 Banach 空間 $(X, \|\ \|)$ のノルムが**一様凸**(uniformly convex)であるとは，任意の $\varepsilon > 0$ に対して，ある $\delta > 0$ が存在し，$\|u\| \leq 1, \|v\| \leq 1, \|u-v\| > \varepsilon$ を満たす任意の u, v に対して，$\|u+v\| \leq 2(1-\delta)$ が成立することをいう． □

ノルムが一様凸ならばそれは狭義凸である．確かめられたい．一様凸な Banach 空間は反射的であることがわかっている．証明は，例えば S. Kakutani, *Proc. Imperial Acad. Japan* **15**(1939), 169–173, 49–59, Yosida [82] p. 127, あるいは Hewitt–Stromberg [25] p. 232 を見よ．反射的な Banach 空間の中には一様凸な Banach 空間と同型でないものが存在する(M. M. Day, *Bull. Amer. Math. Soc.* **47**(1941), 313–317)．

問 5 Clarkson の不等式を用いて，L^p $(1 < p < \infty)$ が一様凸であることを示し，L^p $(1 < p < \infty)$ が反射的であることの別証明を行え．

定義 7.9 $C_0^\infty(\Omega)$ は，Ω で無限回微分可能かつ台が Ω のコンパクト集合

である関数の全体を表す。 □

次の定理は頻繁に用いられる重要な定理である。

定理 7.10 $1 \leq p < \infty$ ならば，$C_0^\infty(\Omega)$ は $L^p(\Omega)$ で稠密である． □

証明は伊藤[35]を見よ．$C_0^\infty(\Omega)$ は $L^\infty(\Omega)$ では稠密ではないことに注意せよ．

問 6 定理 7.10 を用いて次のことを証明せよ．$p < \infty$ と仮定する．$u \in L^p(\mathbb{R}^N)$ に対して

$$\int_{\mathbb{R}^N} |u(x+h)|^p dx$$

は $h \in \mathbb{R}^N$ の連続関数である．

定義 7.11 Ω 上の可測関数 f で，すべての $\phi \in C_0^\infty(\Omega)$ に対して $f\phi \in L^p(\Omega)$ を満たすもの全体を $L_{\mathrm{loc}}^p(\Omega)$ で表す． □

$f \in L_{\mathrm{loc}}^p$ ということと，Ω 内のすべてのコンパクト集合 K について $\int_K |f(x)|^p dx < \infty$, あるいは($p = \infty$ のとき) f が K で本質的に有界ということとは同値であることに注意せよ．

次の定理は**変分法の基本定理**と呼ばれることもあり，重要な定理である．

定理 7.12 $f \in L_{\mathrm{loc}}^1(\Omega)$ がすべての $\phi \in C_0^\infty(\Omega)$ に対して

$$\int_\Omega f(x)\phi(x)\,dx = 0$$

を満たすならば，f はほとんどいたるところ 0 である． □

証明は伊藤[35]を見よ．

§7.2 Fourier 変換とウェーブレット変換

本節ではまずはじめに $L^1(\mathbb{R}^N)$ および $L^2(\mathbb{R}^N)$ での Fourier 変換について復習し，次節で，連続ウェーブレット変換との関連を述べる．

定義 7.13 $L^1 = L^1(\mathbb{R}^N) \ni f$ の **Fourier 変換**(Fourier transform)とは

(7.9) $$\widehat{f}(\xi) = (2\pi)^{-N/2}\int_{-\infty}^{\infty} e^{-ix\xi}f(x)\,dx$$

で定義される関数のことである．$\widehat{f}$ を Ff と書くこともある．Fourier 変換を

$$\widehat{f}(\xi) = \int_{-\infty}^{\infty} e^{-ix\xi}f(x)\,dx$$

あるいは

$$\widehat{f}(\xi) = \int_{-\infty}^{\infty} e^{-2\pi ix\xi}f(x)\,dx$$

と定義することもある．どの定義を採用しても本質的な違いはなく，以下に現れる不等式の定数が変わる程度である．しかし，定義(7.9)を採用すると，Fourier 変換が $L^2(\mathbb{R}^N)$ のユニタリー変換になるという利点がある．この理由により本書では(7.9)を Fourier 変換の定義とする． □

容易にわかるように，$f \in L^1(\mathbb{R}^N)$ ならば $\widehat{f}$ は $\mathbb{R}^N$ 上の有界連続関数で，

$$\sup_{x \in \mathbb{R}^N} |\widehat{f}(x)| \leqq (2\pi)^{-N/2}\|f\|_{L^1}$$

を満たす．次の定理は Riemann–Lebesgue の定理として知られている(証明は伊藤[35])．

定理 7.14 $f \in L^1$ ならば

$$\lim_{|x| \to \infty} |\widehat{f}(x)| = 0\,.$$
□

C_0 を，$\mathbb{R}^N$ 上の有界連続関数 g で $\lim_{x \to \pm\infty} |g(x)| = 0$ を満たすもの全体とし，これに

$$\|g\| = \sup_{x \in \mathbb{R}^N} |g(x)|$$

なるノルムを入れる．このとき，C_0 は Banach 空間になる．定義から次の事実が容易に証明できる．

定理 7.15 Fourier 変換は $L^1(\mathbb{R}^N)$ から C_0 への有界線形作用素である． □

問 7 Fourier 変換は C_0 の上への写像ではないことを証明せよ．

次に $f \in L^2(\mathbb{R}^N)$ について Fourier 変換を定義することを考えよう．上の定義はこのままでは不完全である．というのも，(7.9) の右辺の積分は $f \in L^1$ ならば意味を持つが，一般の $f \in L^2$ については意味を持たないからである．上の定義をはっきりさせるためにはまず，関数族 S を

$$S = \{ f \in C^\infty(\mathbb{R}^N) ;\ \text{すべての自然数}\, m\, \text{に対して}$$
$$\sup_{x \in \mathbb{R}^N,\, |\alpha| \leq m} (1+|x|)^m |D^\alpha f(x)| < \infty \}$$

と定義する．$S \subset L^1 \cap L^2$ であることに注意しよう．そして次の補題を証明する．

補題 7.16 S は $L^2(\mathbb{R}^N)$ で稠密である．すべての $f \in S$ に対して $\widehat{f} \in S$ であり，

$$\|\widehat{f}\|_{L^2} = \|f\|_{L^2}.$$

また，すべての $f, g \in S$ に対して

$$(f, g) = (\widehat{f}, \widehat{g})$$

が成り立つ．ここで，$(\ ,\ )$ は $L^2(\mathbb{R}^N)$ の内積を表す． □

証明は伊藤 [35] にあるのでそれを参照していただきたい．この補題は，Fourier 変換が L^2 の稠密な部分空間 S で定義され，L^2 に値をとる有界線形作用素であることを意味する．したがって，これは L^2 全体で定義された有界線形作用素に一意に拡張できる．これを改めて Fourier 変換と呼び，F と表す．補題から明らかなように，F は L^2 から L^2 への等長変換である．

定義 7.17 $f \in L^2$ に上で定義した F を作用させた関数 Ff を，f の **Fourier 変換**と呼ぶ． □

これで Fourier 変換が定義された．まったく同様の方法で，

$$(7.10) \qquad F^* f(\xi) = (2\pi)^{-N/2} \int_{-\infty}^{\infty} e^{ix\xi} f(x)\, dx$$

を L^2 で定義することができる．これに対し，次の補題が成り立つ．

補題 7.18 すべての $f \in S$ に対して
$$F^* F f(x) = f(x), \quad F F^* f(x) = f(x).$$
□

この証明も伊藤 [35] にあるのでそれを参照していただきたい．この補題の

1番目の等式を次のように書いておこう:

(7.11) $$f(x) = (2\pi)^{-N/2} \int_{-\infty}^{\infty} e^{ix\xi} \widehat{f}(\xi)\, d\xi.$$

補題 7.18 によって，次の定理を得る.

定理 7.19 F も F^* も L^2 から L^2 の上へのユニタリー作用素で，互いに逆写像である．特に，
$$(f, g) = (Ff, Fg) \quad (f, g \in L^2).$$
□

定義 7.20 F^* を **Fourier 逆変換**(inverse Fourier transform)と呼ぶ．□

定義から次の命題も容易に確かめられる．

定理 7.21 $f(x)$ に $f(-x)$ を対応させる写像を J とすれば，$F^2 = J$. 特に，F^4 は恒等写像である． □

問 8 留数定理を用いて，$f(x) = 1/(1+x^2)$ の Fourier 変換を求めよ．

問 9 $N = 1$ とする．Fourier 変換のすべての固有値と固有ベクトルを求めよ．
（ヒント：上記定理より，すべての固有値 λ は $\lambda^4 = 1$ を満たす．$L^2(\mathbb{R})$ において Hermite 関数(第 11 章でも説明する)を考えよ.）

Fourier 変換に関するふたつの公式を紹介しよう．ひとつめの公式は Poisson の和公式として知られている．

定理 7.22 (Poisson の和公式) $f \in L^1(\mathbb{R})$, かつ，$\sum |\widehat{f}(m)| < \infty$ ならば
$$\sum_{n=-\infty}^{\infty} f(2n\pi) = \frac{1}{\sqrt{2\pi}} \sum_{m=-\infty}^{\infty} \widehat{f}(m).$$

[証明] $F(x) = \sum_{n=-\infty}^{\infty} f(x+2n\pi)$ とおくと，
$$\int_0^{2\pi} |F(x)|\, dx \leqq \sum_{n=-\infty}^{\infty} \int_0^{2\pi} |f(x+2n\pi)|\, dx = \sum_{n=-\infty}^{\infty} \int_{2n\pi}^{2(n+1)\pi} |f(x)|\, dx$$
$$= \int_{-\infty}^{\infty} |f(x)|\, dx < \infty.$$

したがって,

§7.2 Fourier 変換とウェーブレット変換 ―― 143

$$F(x) = \sum_{n=-\infty}^{\infty} \alpha_n e^{inx}, \quad \alpha_n = \frac{1}{2\pi} \int_0^{2\pi} F(x) e^{-inx} dx$$

と Fourier 級数展開できる．簡単な計算によって，

$$\alpha_n = \frac{1}{2\pi} \sum_m \int_0^{2\pi} f(x+2m\pi) e^{-in(x+2m\pi)} dx$$

$$= \frac{1}{2\pi} \int_{-\infty}^{\infty} f(y) e^{-iny} dy = \frac{1}{\sqrt{2\pi}} \widehat{f}(n)$$

がわかる．$F(0) = \sum_n \alpha_n$ を書き直せば定理の公式になる． ∎

次の公式は **Shannon の公式**として知られている．

定理 7.23 $f \in L^2(\mathbb{R})$ かつ $\widehat{f}$ の台が $[-L, L]$ に含まれているならば

$$f(x) = \sum_{n=-\infty}^{\infty} f\left(\frac{\pi n}{L}\right) \frac{\sin(Lx - \pi n)}{Lx - \pi n} \quad (x \in \mathbb{R}).$$

[証明]

$$\widehat{f}(\xi) = \sum_n \alpha_n \exp(in\xi\pi/L), \quad \alpha_n = \frac{1}{2L} \int_{-L}^{L} \widehat{f}(\xi) \exp(-in\xi\pi/L)\, d\xi$$

と Fourier 級数展開する．

$$\alpha_n = \frac{1}{2L} \int_{-\infty}^{\infty} \widehat{f}(\xi) \exp(-in\xi\pi/L)\, d\xi = \frac{\sqrt{2\pi}}{2L} f\left(-\frac{\pi n}{L}\right)$$

であるから，

$$f(x) = \frac{1}{\sqrt{2\pi}} \int_{-\infty}^{\infty} e^{ix\xi} \widehat{f}(\xi)\, d\xi$$

$$= \sum_n \frac{1}{2L} f\left(-\frac{\pi n}{L}\right) \int_{-L}^{L} \exp(in\xi\pi/L) e^{ix\xi}\, d\xi$$

$$= \sum_n \frac{1}{2L} f\left(-\frac{\pi n}{L}\right) 2L \frac{\sin(Lx + n\pi)}{Lx + n\pi} = \sum_n f\left(\frac{\pi n}{L}\right) \frac{\sin(Lx - n\pi)}{Lx - n\pi}.$$ ∎

関数 $(\pi x)^{-1} \sin(\pi x)$ は $\mathrm{sinc}\, x$ と書かれることがある．これを用いると，Shannon の公式は

$$f(x) = \sum_{n=-\infty}^{\infty} f\left(\frac{\pi n}{L}\right) \mathrm{sinc}\left(\frac{L}{\pi} x - n\right) \quad (x \in \mathbb{R})$$

と書くことができる．

§7.3 Fourier 変換と合成積

定義 7.24 $\mathbb{R}^N$ 上の関数 f, g が与えられたとき，x の関数

$$\int_{\mathbb{R}^N} f(x-y)g(y)\,dy$$

を f と g の**合成積**(convolution)と呼び，$f*g$ で表す． □

定義から容易にわかるように，$f*g = g*f$ である．

定理 7.25 $f \in L^1$，かつ，ある $1 \leqq p \leqq \infty$ に対して，$g \in L^p$ ならば $f*g \in L^p$ である．

［証明］ p の共役指数を q とし，$h = f*g$ とする．$1 < p < \infty$ ならば

$$|h(x)| \leqq \int |f(x-y)|^{1/q}|f(x-y)|^{1/p}|g(y)|\,dy$$

$$\leqq \left(\int |f(x-y)|\,dy\right)^{1/q}\left(\int |f(x-y)||g(y)|^p dy\right)^{1/p}$$

であるから，

$$\int |h(x)|^p dx \leqq \|f\|_1^{p/q} \iint |f(x-y)||g(y)|^p dxdy \leqq \|f\|_1^p \|g\|_p^p.$$

これで証明が終わる．$p=1$ あるいは $p=\infty$ の場合でも証明は同様である． ∎

次の定理の証明は容易である．

定理 7.26 $f \in L^1$ で $g \in L^2$ ならば

(7.12) $\qquad F(f*g)(\xi) = (2\pi)^{N/2}(Ff)(\xi)(Fg)(\xi)$． □

Fourier 変換は解析学で最も重要な道具のひとつであり，本章で述べたことがらでは不十分である．より詳しい知識は Yosida [82] の第 6 章，あるいは Stein–Weiss [70] などで勉強してほしい．

Fourier 逆変換の定義式(7.11)は，関数 $f(x)$ を三角関数 $\exp(i\xi x)$ の線形結合で表したものと解釈することができる．一般に，取扱いが便利な既知関数の組み合わせで任意の関数を表すことは応用上大変重要である．Fourier

変換あるいは Fourier 逆変換は，このような技術のうち最も歴史が古くしかも応用の広いものである．しかし，Fourier 変換といえども万能ではない．Fourier 変換の有用性が特に低下するのは台がコンパクトな関数を表現する場合である．$f(x)$ の台がコンパクトなとき，Fourier 逆変換は，"台がコンパクトな関数を台がコンパクトでない関数(三角関数)で表している" ことになる．この逆説的な表現が正しいのは，x が関数の台に属さないとき，(7.11) の右辺は無限に多くの三角関数が互いにキャンセルし合って 0 になっているからである．

関数のすべての情報 $f(x)$ $(-\infty < x < \infty)$ が必要になるとは限らない．$f(x) = \exp(-x^2)$ など，ある程度大きな $|x|$ についてはコンピューターでは 0 とみなされてしまう．このような関数では重要な情報はある有限な範囲に凝縮されており，その他の範囲(無限遠点の近傍)での情報は無視してかまわない，という状況にしばしば出くわす．

ある関数を既知関数で表す際に，その既知関数の台がコンパクトであるか，あるいは遠方で急激に 0 に近づいていることが望ましい場合がある．こういった関数で表現するためのひとつの方法が(連続)**ウェーブレット変換**(wavelet transform)である．

連続ウェーブレット変換を定義するために $\mathbb{R}^2$ で定義された関数のある集合を考える．ウェーブレットの伝統に従って，$\mathbb{R}^2$ の座標を (a,b) と書くことにする．$\mathbb{R}^2$ 上の関数の空間 $W_{av}^2(\mathbb{R}^2)$ を次のように定義する．

$$W_{av}^2(\mathbb{R}^2) = \left\{ f \ \middle| \ \int_{\mathbb{R}^2} |f(a,b)|^2 \frac{dadb}{a^2} < \infty \right\}.$$

これはすなわち，測度 $a^{-2}dadb$ に関する L^2 空間であるので，自然に Hilbert 空間の構造を持つ．

今，1 変数関数 $\psi = \psi(x)$ で，$\psi \in L^2(\mathbb{R})$，かつ，

$$C_\psi = \int_{-\infty}^{\infty} \frac{|\widehat{\psi}(\xi)|^2}{|\xi|} d\xi < \infty$$

を満たすものが与えられているものとしよう．$a, b \in \mathbb{R}, a \neq 0$ が与えられたとき，

$$\psi^{a,b}(x) = |a|^{-1/2}\psi((x-b)/a)$$

で $\psi^{a,b}$ を定義する．$\|\psi^{a,b}\|_{L^2} = \|\psi\|_{L^2}$ に注意せよ．

定義 7.27 $f \in L^2(\mathbb{R})$ に対し，
$$Tf(a,b) = (f, \psi^{a,b})$$
と定義し，Tf を f の**連続ウェーブレット変換**と呼ぶ． □

定理 7.28 連続ウェーブレット変換は $L^2(\mathbb{R})$ から $W_{av}^2(\mathbb{R}^2)$ への有界線形作用素である．

［証明］まず
$$Tf(a,b) = (\widehat{f}, \widehat{\psi^{a,b}}) = \int \widehat{f}(\xi)|a|^{1/2} e^{-ib\xi}\overline{\widehat{\psi}(a\xi)}\,d\xi$$

に注意する．$\phi_a(\xi) = |a|^{1/2}\widehat{f}(\xi)\overline{\widehat{\psi}(a\xi)}$ とおけば $Tf(a,b) = \sqrt{2\pi}F^*\phi_a(b)$ を得る．同様に $\eta_a(\xi) = |a|^{1/2}\widehat{g}(\xi)\overline{\widehat{\psi}(a\xi)}$ とおけば，

$$\begin{aligned}(Tf, Tg)_{W_{av}} &= 2\pi \int_{\mathbb{R}^2} \frac{da\,db}{a^2} F^*\phi_a(b)\overline{F^*\eta_a(b)} \\ &= 2\pi \int_{\mathbb{R}} \frac{da}{a^2} \int d\xi\, \phi_a(\xi)\overline{\eta_a(\xi)} \\ &= 2\pi \int_{\mathbb{R}} \frac{da}{|a|} \int d\xi\, \widehat{f}(\xi)\overline{\widehat{g}(\xi)}|\widehat{\psi}(a\xi)|^2 \\ &= 2\pi C_\psi (f,g),\end{aligned}$$

すなわち，定数倍を除けば T は等長作用素である． ■

連続ウェーブレット変換は $W_{av}^2(\mathbb{R}^2)$ の上への写像ではない．実際，
$$|Tf(a,b)| \leq \|f\|\,\|\psi^{a,b}\| \leq \|f\|\,\|\psi\|$$
であるから，Tf は (a,b) の関数として有界関数である．一方，$W_{av}^2(\mathbb{R}^N)$ の元で有界でないものはいくらでも存在する．

問 10 $f(x) = 1/\cosh(\sqrt{\pi/2}\,x)$ が Fourier 変換で不変であることを証明せよ．すなわち，$\widehat{f}(\xi) = f(\xi)$ を示せ．

問 11 区間 $[-1,1]$ の定義関数の Fourier 変換を求めよ．

問 12 n を自然数とするとき，$f(x) = x^{-n}\sin^n x$ と定義する．前問を用いて，

$|\xi| \geq n$ において $\widehat{f}(\xi) \equiv 0$ であることを証明せよ.

問 13　$f \in L^1(\mathbb{R}^N)$, $0 < \tau$ とするとき，次式を証明せよ.
$$\int_{\mathbb{R}^N} f(x) e^{-|x|^2/(2\tau)} dx = \int_{\mathbb{R}^N} \widehat{f}(\xi) e^{-\tau|\xi|^2/2} d\xi.$$

問 14　$f \in L^2(\mathbb{R})$ とし，
$$g(x) = \int_{\mathbb{R}} f(x+y)\overline{f(y)}\, dy$$
と定義する．このとき，$g \in L^\infty(\mathbb{R})$ と $\widehat{g} \in L^1(\mathbb{R})$ を証明せよ．

問 15　$f \in L^1(\mathbb{R})$ で，しかも原点の近傍で f は有界であると仮定する．さらに，$\widehat{f}(\xi) \geq 0$ がいたるところで成り立つと仮定する．このとき $\widehat{f} \in L^1(\mathbb{R})$ であることを証明せよ．

§7.4　Sobolev 空間

定義 7.29　$1 \leq p \leq \infty$ とする．$f, g \in L^p(\Omega)$ が，すべての $\phi \in C_0^\infty(\Omega)$ に対して
$$\int f(x) \frac{\partial \phi}{\partial x_i}(x)\, dx = -\int g(x)\phi(x)\, dx$$
を満たすとき，g を f の (x_i に関する)**広義導関数**(generalized derivative) と呼ぶ．　　□

変分法の基本定理 7.12 によって，与えられた関数の広義導関数はたかだかひとつしか存在しないことに注意せよ．ただし，Lebesgue 積分論でおなじみであるように，ほとんどいたるところで等しい可測関数は同一視することに注意せよ．この注意は以下ではいちいち断らないが，つねに約束するものとする．f が Ω で1階連続微分可能で $\phi \in C_0^\infty(\Omega)$ ならば
$$\int f(x) \frac{\partial \phi}{\partial x_i}(x)\, dx = -\int \frac{\partial f}{\partial x_i}(x) \phi(x)\, dx$$
は明らかに成立する．これは $g = \partial f/\partial x_i$ とおけば，g が f の広義導関数であることを意味する．この意味で，上の導関数の定義は通常の導関数の一般

化になっているのである．一方，f が必ずしも連続微分可能でなくても上の定義式が意味を持つことがあり，こうした場合にはまさしく広義導関数という名前がふさわしい．広義導関数 g も，通常の導関数と同様に，$\partial f/\partial x_i$ あるいは $\partial_{x_i} f$ と表す．

例 7.30 実数直線上の，連続な区分的 1 次関数 f の台がコンパクトであるとしよう．f のグラフは折れ線であるから，角になる点では微分不可能である．しかし角以外では微分可能である．そこで，角では 0，角以外の点では通常の意味での導関数の値を持つ関数 g を考えると，g は広義導関数の定義を満たす．この例では f が微分できない点の集合は測度が 0 であるから，そこで g をどう定義するかは問題でない． □

問 16 区間 $[0,1]$ の定義関数を f とすると，$\Omega = \mathbb{R}$ における f の上の意味での広義導関数は存在しない．（注意：$\Omega = \mathbb{R}$ で論じていることに注意せよ．$\Omega = (0,1)$ ならば f の通常の意味の導関数も，上の意味の広義導関数もともに恒等的に 0 である．広義導関数が存在しないのは我々の定義の中に $g \in L^p$ を要求しているからである．）

問 17 区間 $[0,1]$ で定義された Cantor 関数は連続な単調増加関数で，ほとんどいたるところ導関数が存在して 0 に等しい（伊藤 [35]）．しかし，$g \equiv 0$ は広義導関数ではない．実際，いかなる p についても，広義導関数 $g \in L^p$ は存在しない．

問 18 一般化された導関数がほとんどいたるところ 0 ならば，その関数は定数関数にほとんどいたるところ等しいことを証明せよ．

広義導関数はきわめて不連続なものもあり得る．実際，任意の $g \in L^\infty(\mathbb{R})$ に対して，

$$f(x) = \int_0^x g(y)\,dy$$

とおくと，$\mathbb{R}$ の任意の有界区間上で，f の広義導関数が g になる．

高階の微分作用素 ∂^α（ここで，$\alpha = (\alpha_1, \cdots, \alpha_N) \in \mathbb{N}^N$）に対しても広義導関数を定義できる．

§7.4 Sobolev 空間 —— 149

定義 7.31 すべての $\phi \in C_0^\infty(\Omega)$ に対して

$$\int f(x) \partial^\alpha \phi(x)\, dx = (-1)^{|\alpha|} \int g(x) \phi(x)\, dx$$

を満たす $g \in L^p$ が存在するとき,$g = \partial^\alpha f$ と表し,広義導関数と呼ぶ.($|\alpha| = \alpha_1 + \cdots + \alpha_N$ である.) □

定義 7.32 m を正の整数とし,$1 \leq p \leq \infty$ とする.$f \in L^p(\Omega)$ で,かつ m 階以下のすべての広義導関数が $L^p(\Omega)$ で存在するもの全体を $W^{m,p}(\Omega)$ で表す.$1 \leq p < \infty$ のときには

$$\|f\|_{m,p} = \left(\sum_{0 \leq |\alpha| \leq m} \|\partial^\alpha f\|_p^p \right)^{1/p}$$

とおき,

$$\|f\|_{m,\infty} = \sum_{0 \leq |\alpha| \leq m} \|\partial^\alpha f\|_\infty$$

とおく. □

定理 7.33 $W^{m,p}(\Omega)$ は,$\|f\|_{m,p}$ をノルムとして Banach 空間である.$W^{m,2}(\Omega)$ は,内積

$$(f,g)_{m,p} = \sum_{0 \leq |\alpha| \leq m} \int_\Omega \partial^\alpha f \overline{\partial^\alpha g}\, dx$$

を持つ Hilbert 空間である. □

L^p の完備性さえ既知ならば証明は容易であるので省略する.

定義 7.34 $W^{m,p}(\Omega)$ における $C_0^\infty(\Omega)$ の閉包を $W_0^{m,p}(\Omega)$ で表す. □

一般には $W_0^{m,p}(\Omega) \subset W^{m,p}(\Omega)$ は真部分集合である.たとえば,$\Omega = (0,1)$ のとき,定数関数は $W^{1,p}(0,1)$ に属するが,$W_0^{1,p}(0,1)$ には属さない(各自証明せよ).しかし,次の定理が成り立つ.

定理 7.35 $1 \leq p < \infty$ ならば $W_0^{m,p}(\mathbb{R}^N) = W^{m,p}(\mathbb{R}^N)$ である. □

各自証明を試みてみればそう難しいものではないことがわかるであろう.

注意 7.36
$$C^\infty(\Omega) \cap W^{m,p}(\Omega)$$

は $W^{m,p}(\Omega)$ で稠密であることが知られている(Ziemer [87]).Ω が有界領域なら

ば，$\overline{\Omega}$ を含む開集合で C^m 級の関数は $W^{m,p}(\Omega)$ に属する．このような関数全体は $W^{m,p}(\Omega)$ で稠密であろうか？ これは $\partial\Omega$ が滑らかな超曲面ならば正しい．もっと一般に，Ω が線分条件を満たせば稠密であることが知られている（Adams [2]）．ある領域が線分条件を満たすとは，すべての $x \in \partial\Omega$ において 0 でないベクトル y と x を含む開集合 U が存在して，すべての $z \in \overline{\Omega} \cap U$ とすべての $0 < t < 1$ について $z + ty \in \Omega$ が満たされることである．

問 19 領域 Ω が 2 次元単位円板から負の実軸を取り除いた領域であるとき，$C^m(\overline{\Omega})$ は $W^{m,p}(\Omega)$ で稠密でないことを示せ．

さて，$W_0^{m,p}$ は $W^{m,p}$ の閉部分空間であるから，$W^{m,p}$ と同じノルムで自然に Banach 空間となるが，Ω が有界領域のときには別の同値なノルムが存在する．これは次の Poincaré の不等式による．

定理 7.37（**Poincaré の不等式**） $1 \leq p \leq \infty$ とし，Ω は有界領域であるとする．p と Ω のみに依存する正定数 C が存在して，

(7.13) $$\|f\|_p \leq C\|\nabla f\|_p$$

がすべての $f \in W_0^{1,p}(\Omega)$ について成り立つ．また，p と Ω のみに依存する正定数 C' が存在して，

$$\|f\|_p \leq C'\|\nabla f\|_p$$

が，$\int_\Omega f(x)dx = 0$ を満たすすべての $f \in W^{1,p}(\Omega)$ について成り立つ． □

Poincaré の不等式によって，Ω が有界ならば，$\|\nabla f\|_p$ は $W_0^{1,p}(\Omega)$ の同値なノルムとなる．同様に $\sum_{|\alpha|=m}\|\partial^\alpha f\|_p$ は $W_0^{m,p}$ のノルムになる．この事実はしばしば用いられるので記憶にとどめてほしい．領域が有界でないとこれは必ずしも正しくない．$C_0^\infty(\mathbb{R}^N)$ の上で，$\|\nabla f\|_2$ はノルムになるから，これで $C_0^\infty(\mathbb{R}^N)$ を完備化することができる．この空間（$V^1(\mathbb{R}^N)$ としよう）は必ずしも $W_0^{1,2}(\mathbb{R}^N)$ に一致はしない．たとえば，$N = 1$ のとき，$f(x) = \log(1 + x^2)$ は $V^1(\mathbb{R})$ に属するが $W^{1,2}(\mathbb{R})$ には属さない．$N = 2$ のときには $f(x) = \log(\log(2 + |x|^2))$ を考えよ．一方，$V^1(\mathbb{R}^3) \subset L^6(\mathbb{R}^3)$ であることが知られている（ラジゼンスカヤ[47]）．

定義 7.38 $W^{m,2}(\Omega)$ を $H^m(\Omega)$ と表すこともある．同様に，$H_0^m(\Omega) = W_0^{m,2}(\Omega)$ である． □

定理 7.39 次の等式が成立する．

(7.14) $$H^m(\mathbb{R}^N) = \left\{ f \in L^2(\mathbb{R}^N) ; \int_{\mathbb{R}^N} (1+|\xi|^2)^m |\widehat{f}(\xi)|^2 d\xi < \infty \right\}.$$

ここで，$\widehat{f}$ は f の Fourier 変換である． □

証明は容易であるから省略する．

(7.14) の右辺は m が自然数でなくても任意の実数で意味がある．そこで，実数 s に対して $\mathbb{R}^N$ 上の可測関数 g で

$$\int_{\mathbb{R}^N} (1+|\xi|^2)^s |g(\xi)|^2 d\xi < \infty$$

を満たすもの全体を U^s とする．そして $H^s(\mathbb{R}^N) = \{g ; \widehat{g} \in U^s\}$,

$$\|g\|_s = \left(\int_{\mathbb{R}^N} (1+|\xi|^2)^s |\widehat{g}(\xi)|^2 d\xi \right)^{1/2}$$

とおいて $H^s(\mathbb{R}^N)$ を s 階の **Sobolev 空間**(Sobolev space) と呼ぶ．$H^0(\mathbb{R}^N) = L^2(\mathbb{R}^N)$ である．また，$0 < s$ ならば H^s は L^2 の真部分空間である．

Sobolev 空間 $H^s(\mathbb{R}^N)$ は

$$(f, g)_s = \int_{\mathbb{R}^N} (1+|\xi|^2)^s \widehat{f}(\xi) \overline{\widehat{g}(\xi)} \, d\xi$$

を内積として Hilbert 空間になる．完備性の証明は容易である．

一般の領域 Ω と任意の実数 s に対して $W^{s,p}(\Omega)$ を定義することも可能であるが，本書ではこれ以上追求しない．Adams [2] を参照されたい．

以下，領域が自明な場合には H^s とか $W^{m,p}$ とか書くことにする．

Sobolev 空間の元は可測関数であり，通常の意味での微分可能性は期待できない．しかし，Sobolev の埋め込み定理と呼ばれる一連の定理によって，部分的な滑らかさが保証されている．これは偏微分方程式論への応用において大変重要な働きをするので，少し詳しく解説する．まずはじめに次の定理を証明する．

定理 7.40 $s > N/2$ と仮定する．このとき，任意の $f \in H^s$ は $\mathbb{R}^N$ 上のあ

る有界連続関数にほとんどいたるところ一致する．

[証明]

$$f(x) = \frac{1}{(2\pi)^{N/2}} \int_{\mathbb{R}^N} e^{ix\xi} \widehat{f}(\xi)\, d\xi$$

に注意する．関数 $(1+|\xi|^2)^{-s/2}$ は $L^2(\mathbb{R}^N)$ に属する．したがって，$\widehat{f}(\xi) = (1+|\xi|^2)^{-s/2}(1+|\xi|^2)^{s/2}\widehat{f}(\xi)$ は $L^1(\mathbb{R}^N)$ に属する．したがって，f は有界連続関数である．しかも，

$$\sup_{x \in \mathbb{R}^N} |f(x)| \leqq C\|f\|_s$$

である．ここで，

$$C = \frac{1}{(2\pi)^{N/2}} \int \frac{d\xi}{(1+|\xi|^2)^s} < \infty$$

である． ∎

系7.41 $0 < s - N/2$ とし，$s - N/2$ 未満の最大の整数を n とすると，$H^s(\mathbb{R}^N)$ の元は C^n 級関数にほとんどいたるところ一致する． □

問20 $s > N/2$ のとき，$f, g \in H^s$ に対して $fg \in H^s$ であることを証明せよ．

問21 $s > N/2$，$f \in H^s$ とする．任意の C^∞ 関数 $F\colon \mathbb{R} \to \mathbb{R}$ に対して $F \circ f \in H^s$ であることを証明せよ．

定理7.42 $0 \leqq s < N/2$ と仮定する．$q = 2N/(N-2s)$ なる q に対して $f \in H^s$ は $f \in L^q$ を満たす．f にそれ自身を対応させる写像 $H^s \to L^q$ は有界である．

[証明] $g(\xi) = |\xi|^s \widehat{f}(\xi)$ とおくと，

$$f(x) = \frac{1}{(2\pi)^{N/2}} \int_{\mathbb{R}^N} \frac{e^{ix\xi}}{|\xi|^s} g(\xi)\, d\xi$$

を得る．

$$\phi_x(\xi) = \frac{e^{ix\xi}}{|\xi|^s}$$

とおくと，Plancherel の定理によって

$$f(x) = \frac{1}{(2\pi)^{N/2}} \int_{\mathbb{R}^N} \widehat{\phi_x}(\eta) \overline{\widehat{g}(\eta)} \, d\eta$$

である．この式は形式的なものであることに注意しなければならない．なぜなら，ϕ_x は ξ の関数として L^1 あるいは L^2 に属さないからである．しかし，これを無視して，形式的な計算を実行すると，

(7.15) $$K(z) = \frac{1}{(2\pi)^N} \int_{\mathbb{R}^N} e^{iz\xi} \frac{1}{|\xi|^s} \, d\xi$$

とおけば $f = K * \overline{g}$ である．(7.15) も形式的な積分であるが，これを

$$K(z) = \lim_{M \to \infty} \frac{1}{(2\pi)^N} \int_{|\xi| \leq M} e^{iz\xi} \frac{1}{|\xi|^s} \, d\xi$$

とみなすと，

$$K(z) = c_{N,s} |z|^{-(N-s)}$$

と計算できる．ここで $c_{N,s}$ は N と s だけで決まる正定数である．したがって，本定理は次の定理に帰着された．

定理 7.43 $1 < p < \infty$, $0 < s < N/p$ とする．q を

$$\frac{1}{q} = \frac{1}{p} - \frac{s}{N}$$

で定義する．このとき，s と N だけに依存する正定数 C が存在して，

$$\|K * g\|_q \leq C \|g\|_p$$

がすべての $g \in L^p(\mathbb{R}^N)$ について成立する． □

証明は Ziemer [87], 田辺 [76], Stein [69] を見よ．

定理 7.42 の証明は形式的であるが，積分の定義を適当に解釈すると正当化することも可能である．本書ではそれを実行しないが，いわゆる厳密な証明の前に，たとえ形式的にせよ証明の流れをつかむことも大事である．形式的ではあっても代数的な操作に誤りがなく，結果が正しい場合，その形式的証明は正当化されることが多い．

以上の 2 定理は **Sobolev の埋め込み定理** (embedding theorem) と呼ばれるものの一種である．

注意 7.44 $H^{N/2}(\mathbb{R}^N)$ の元は必ずしも連続ではない. たとえば, $N=2$ のとき $H^1(\Omega)$ の元は必ずしも連続でないし, $H^2(\Omega)$ の元は C^1 ではない. Lipschitz 連続ですらない関数も H^2 に含まれる. しかし, Ω が2次元有界領域で $u \in H^2(\Omega)$ ならば
$$|u(x)-u(y)| \leqq C|x-y|(1+|\log|x-y||) \quad (x,y \in \Omega)$$
が成り立ち, これは2次元領域における非圧縮非粘性流体の Euler 方程式の解の存在に重要な働きをする (Marchioro–Pulvirenti [52]).

Sobolev の埋め込み定理は, 領域が $\mathbb{R}^N$ 内の有界領域のときにも似たような形で成立する. 次の定理はその中の一種である.

定理 7.45 Ω を有界領域とする. $1 < N$ かつ $1 \leqq p < N$ とし, q を
$$\frac{1}{q} = \frac{1}{p} - \frac{1}{N}$$
で定義する. p と N だけに依存する正定数 C が存在して,
$$\|f\|_q \leqq C\|f\|_{1,p}$$
がすべての $f \in W_0^{1,p}(\Omega)$ について成立する.

[証明] まず $p=1$ の場合に証明する. そのためには
$$\|f\|_{N/(N-1)} \leqq \frac{1}{N}\|f\|_{1,1}$$
がすべての $f \in C_0^\infty(\mathbb{R}^N)$ について成立することを示せば十分である.
$$f(x) = \int_{-\infty}^{x_i} \frac{\partial f}{\partial x_i}(x_1,\cdots,t,\cdots,x_N)\,dt$$
から
$$|f(x)| \leqq \int_{-\infty}^{x_i} \left|\frac{\partial f}{\partial x_i}(x_1,\cdots,t,\cdots,x_N)\right|\,dt$$
を得る. $i=1,2,\cdots,N$ に関する同様の不等式を辺々かけあわせると,
$$|f(x)|^{N/(N-1)} \leqq \Big(\prod_{i=1}^N \int_{-\infty}^\infty \left|\frac{\partial f}{\partial x_i}(x_1,\cdots,t,\cdots,x_N)\right|\,dt\Big)^{1/(N-1)}.$$
x_1 について積分し, Young の不等式を使うと,

$$\int_{-\infty}^{\infty} |f(x)|^{N/(N-1)} dx_1$$
$$\leqq \left(\int_{-\infty}^{\infty} |\partial_1 f(x)| \, dx_1 \right)^{1/(N-1)} \cdot \prod_{i=2}^{N} \left(\int_{-\infty}^{\infty} \int_{-\infty}^{\infty} |\partial_i f| \, dx_1 dx_i \right)^{1/(N-1)}.$$

さらに同様の操作を $x_2, \cdots, x_N$ について行うと,
$$\int_{\mathbb{R}^N} |f(x)|^{N/(N-1)} dx \leqq \prod_{i=1}^{N} \left(\int_{\mathbb{R}^N} |\partial_i f| \, dx \right)^{1/(N-1)}$$
を得る. これより,

(7.16) $\quad \|f\|_{N/(N-1)} \leqq \prod_{i=1}^{N} \left(\int_{\mathbb{R}^N} |\partial_i f| \, dx \right)^{1/N} \leqq \dfrac{1}{N} \sum_{i=1}^{N} \int_{\mathbb{R}^N} |\partial_i f| \, dx$

が成り立つことがわかる. これで $p=1$ の場合が証明できた. $C_0^{\infty}(\Omega)$ の稠密性によって, (7.16) はすべての $f \in W_0^{1,1}(\Omega)$ について成立することに注意せよ.

$1 < p < N$ の場合を証明するために, $r = (N-1)p/(N-p)$ とおく. $1 < r$ に注意せよ. このとき, $f \in C_0^{\infty}(\Omega)$ に対して $|f|^r \in W_0^{1,1}(\Omega)$ が成立する. 実際,
$$|\partial_i |f|^r| \leqq r|f|^{r-1}|\partial_i f|$$
が成立し, 右辺は有界で台がコンパクトである. そこで, (7.16) において f の代わりに $|f|^r$ を代入すると,

$$\left(\int |f|^{rN/(N-1)} dx \right)^{(N-1)/N} \leqq \dfrac{r}{N} \sum_{i=1}^{N} \int |f|^{r-1} |\partial_i f| \, dx$$
$$\leqq \dfrac{r}{N} \sum_{i=1}^{N} \left(\int |f|^{(r-1)p'} dx \right)^{1/p'} \left(\int |\partial_i f|^p dx \right)^{1/p}.$$

ここで, p' は p の共役指数である. これを整理すると,
$$\|f\|_{pN/(N-p)}^{p(N-1)/(N-p)} \leqq \dfrac{r}{N} \sum_{i=1}^{N} \left(\int |f|^{Np/(N-p)} dx \right)^{(p-1)/p} \left(\int |\partial_i f|^p dx \right)^{1/p}.$$

すなわち,
$$\|f\|_q \leqq \dfrac{p(N-1)}{N(N-p)} \sum_{i=1}^{N} \|\partial_i f\|_p. \qquad \blacksquare$$

有界領域に対する一連の Sobolev の埋め込み定理を次のようにまとめてお

く．証明は Adams [2] を見よ．

定理 7.46 Ω を有界領域とし，$\partial\Omega$ は滑らかな超曲面であるものと仮定する．$1 \leq p < \infty$ と仮定する．

（ⅰ）もし，$mp < N$ ならば

(7.17) $$\|f\|_q \leq c\|f\|_{m,p} \quad (f \in W^{m,p}(\Omega))$$

が成り立つ．ここで，$1 \leq q \leq Np/(N-mp)$ で，c は Ω, N, m, p, q だけで決まる定数である．

（ⅱ）$mp = N$ ならば，すべての $q \in [p, \infty)$ に対して (7.17) が成り立つ．

（ⅲ）$mp > N > (m-1)p$ のとき，$\alpha \in (0, m-(N/p)]$ に対して

(7.18) $$\|f\|_{C^\alpha} \leq c\|f\|_{m,p} \quad (f \in W^{m,p}(\Omega))$$

が成り立つ．

（ⅳ）$mp = N+p$ のとき，$\alpha \in (0,1)$ に対して (7.18) が成り立つ． □

定理の $\partial\Omega$ に関する条件はきつすぎる．実際はもっとゆるやかな条件で埋め込みは成立するが，どの程度ゆるめられるかは，Adams [2] を見よ．

次の不等式は Korn の不等式と呼ばれ，ベクトル値関数の場合に Poincaré の不等式と同等以上に有用な不等式である．

定理 7.47（Korn の不等式） Ω を $\mathbb{R}^3$ 内の有界領域とし，$u_i \ (i=1,2,3)$ は $H^1(\Omega)$ に属するものとする．

$$e_{ij}(x) = \frac{\partial u_i}{\partial x_j} + \frac{\partial u_j}{\partial x_i}$$

とおく．このとき，p と Ω だけに依存する正定数 C が存在して

(7.19) $$\sum_{k,l=1}^{3}\left\|\frac{\partial u_k}{\partial x_l}\right\|_2 \leq C\left(\sum_{k=1}^{3}\|u_k\|_2 + \sum_{1 \leq i,j \leq 3}\|e_{ij}\|_2\right).$$

□

Korn の不等式は流体力学や弾性理論などで重要な働きをする．その証明あるいは応用などは Duvaut–Lions [20] あるいは Horgan [30] を見よ．

問 22 u_1, u_2, u_3 がいずれも $C_0^1(\Omega)$ に属するならば

$$2\sum_{i,j}\int_\Omega e_{ij}(x)^2 dx = \sum_{i,j}\int_\Omega \left(\frac{\partial u_i}{\partial x_j}(x)\right)^2 dx + \int_\Omega (\operatorname{div} \boldsymbol{u}(x))^2 dx$$

となることを示せ. これを用いて Korn の不等式を $u_i \in H_0^1(\Omega)$ の場合に示せ.

§7.5 Rellich–Kondrachov のコンパクト性定理

Ω が有界領域の場合には, Sobolev の埋め込み定理の指数にぎりぎりを要求しなければその埋め込みがコンパクトであることが示される. この事実を **Rellich–Kondrachov のコンパクト性定理**と総称する. この定理は, 現在では変分法や偏微分方程式論においてなくてはならない道具と認識されている. Rellich は $p=2$ の場合にコンパクト性を示し, Kondrachov が一般の p について証明した. これらの結果をまとめると次のようになる. 証明は Adams [2] を見よ.

定理 7.48(Rellich–Kondrachov) Ω を有界領域とする. $1 \leq mp < N$ のとき, $1 \leq q < Np/(N-mp)$ なる任意の q について, 埋め込み写像 $W_0^{m,p}(\Omega) \subset L^q(\Omega)$ はコンパクトである. □

定理 7.49(Rellich–Kondrachov) Ω を有界領域とする. $N+np < mp$ のとき, 埋め込み写像 $W_0^{m,p}(\Omega) \subset C^n(\overline{\Omega})$ はコンパクトである. □

問 23 Ω を $\mathbb{R}^3$ の有界領域とする. 実数値の $H_0^1(\Omega)$ において
$$F(u) = \frac{1}{2} \int_\Omega |\nabla u(x)|^2 dx + \int_\Omega (u^4 + au^3 + bu^2 + g(x)u)\, dx$$
を考える. ここで, a, b は与えられた定数で, $g \in L^2(\Omega)$ は与えられた関数である. このとき, F は $H_0^1(\Omega)$ で定義された連続汎関数で, $H_0^1(\Omega)$ において最小値をとることを証明せよ.

偏微分方程式への応用には Sobolev 空間では不十分なこともある. Orlicz 空間については Adams [2] を参照せよ. その他の道具については Stein [69], Ziemer [87] などを参照されたい. 特に, Ziemer [87] は読みやすく書かれ, しかも細かいところによく配慮された良書である. 本章のかなりの部分は同書によるものである.

Sobolev 空間の性質でぜひとも知っておかねばならないもののひとつは，その境界値の存在である．Sobolev 空間の要素は基本的には可測関数であるから，$\overline{\Omega}$ の部分集合への制限などに通常の意味を持たせることはできない．しかし，m がある程度大きければ $W^{m,p}(\Omega)$ の要素の $\partial\Omega$ への制限に意味を持たせることができる．

$\Gamma = \partial\Omega$ と書く．Γ は $\mathbb{R}^N$ の滑らかな超曲面であると仮定する．$0 < s$ に対し，
$$\{g = f|_{\partial\Omega}; f \in C^\infty(\overline{\Omega})\}$$
を
$$\|g\|_{s,\Gamma} = \inf\{\|f\|_{s+1/2}; f|_{\partial\Omega} = g, f \in C^\infty(\overline{\Omega})\}$$
で完備化したものを $H^s(\Gamma)$ で表す．$H^0(\Gamma) = L^2(\Gamma)$ と定義し，$s < 0$ のときには $H^{-s}(\Gamma)$ の双対空間を $H^s(\Gamma)$ と定義する．
$$f \longmapsto f|_{\partial\Omega}$$
は $H^s(\Omega)$ から $H^{s-1/2}(\Gamma)$ への有界作用素になる．したがって，$s > 1/2$ ならば $H^s(\Omega)$ の $\partial\Omega$ への境界値が $L^2(\Gamma)$ として存在する．

以上は $H^s(\Omega)$ について述べたが，$W^{m,p}(\Omega)$ についても似たような定理が成立し，$m > 1/p$ ならば境界値($\subset L^p(\partial\Omega)$) をとることができる．Adams [2] を見よ．

§7.6　Dirichlet の原理

Ω を $\mathbb{R}^N$ の有界領域とする．$\partial\Omega$ における電位 ϕ が与えられたときに Ω における静電位を求めるには，Ω で $\triangle V = 0$，かつ $\partial\Omega$ において $V = \phi$ なる境界値問題の解を求めればよい．**Dirichlet の原理**とは，この境界値問題の解が次の変分問題の解になり，ある意味でその逆も成り立つという事実を総称する．その**変分問題**とは，$\{u \in H^1(\Omega); u|_{\partial\Omega} = \phi\}$ における $\|\nabla u\|^2$ の最小値を与える関数を求めよ，というものである．ここで，$H^1(\Omega)$ は Sobolev 空間を表し，$\|\ \|$ は L^2 ノルムを表す．また，

$$\|\nabla u\| = \sqrt{\sum_{n=1}^{N} \left\|\frac{\partial u}{\partial x_n}\right\|^2}$$

と略記した.Dirichlet の原理の詳論の前にふたつの事実を認めていただかなくてはならない.それは,

(D1)　$u \mapsto u|_{\partial\Omega}$ は $H^1(\Omega)$ から $L^2(\partial\Omega)$ への有界線形作用素である

(D2)　この写像の核が $H_0^1(\Omega)$ に一致する

である.(D1)は上で述べたことである.(D2)も Sobolev 空間論では標準的な事実である(Adams [2]).

厳密な推論ではないが,Dirichlet の原理の正当性は次のように理解できる.いま,V が調和関数で $V|_{\partial\Omega} = \phi$ であるものとしよう.$X = \{u \in H^1(\Omega);\ u|_{\partial\Omega} = \phi\}$ とおく.上に述べた事実によって,任意の $U \in X$ に対し,$W = U - V$ は $H_0^1(\Omega)$ に属する.

$$\|\nabla U\|^2 = \|\nabla V + \nabla W\|^2 = \|\nabla V\|^2 + 2(\nabla V, \nabla W) + \|\nabla W\|^2$$

であることに注意しよう(ここで $(\ ,\ )$ は L^2 内積を表す).$W \in H_0^1(\Omega)$ は境界で 0 であるから,部分積分によって

$$(\nabla V, \nabla W) = -(\Delta V, W)$$

を得る.仮定によって右辺は 0 であるから,

$$\|\nabla U\|^2 = \|\nabla V\|^2 + \|\nabla W\|^2 \geqq \|\nabla V\|^2$$

すなわち,V は変分問題の解である.逆に V が変分問題の解であると仮定しよう.このとき,任意の $t \in \mathbb{R}$ と任意の $W \in H_0^1(\Omega)$ に対して $V + tW \in X$ である.したがって,

$$\|\nabla V + t\nabla W\|^2 = \|\nabla V\|^2 + 2t(\nabla V, \nabla W) + t^2\|\nabla W\|^2$$

は $t = 0$ で最小値をとる.ゆえに $(\nabla V, \nabla W) = 0$ を得る.特にこれがすべての $C_0^\infty(\Omega)$ について成り立つ.これは広義導関数の意味で $\Delta V = 0$ を意味する.

以上の論証では $V, W \in H^1(\Omega)$ について Green の公式が成立することの検証などを省略している.広義導関数の意味で $\Delta V = 0$ ならば実は通常の意味でも V は調和関数であること(これは Weyl の補題と呼ばれる)の証明も必要

である．しかし，こういった細かい事実については Yosida [82] などを参照していただくこととしよう．

さて，$V \in X$ で $\|\nabla V\|^2$ を最小にするものが存在することを証明することが残された課題である．Dirichlet 自身はこの事実に証明が必要であるとは思っていなかったようで，Riemann が後に有名な写像定理を証明したときにも，Riemann は Dirichlet 原理を証明なしに使っている．だからこのように偉大な数学者ですら，変分問題には解が自動的に存在するものと思っていたのかもしれない．初等的な証明はたとえば，Courant [12] などに見ることができる．しかし，関数解析の事実を使えばもっと短く証明することが可能である．

$$M = \min_{U \in X} \|\nabla U\|^2$$

とおき，$U_n \in X$ $(n = 1, 2, \cdots)$ で

$$\lim_{n \to \infty} \|\nabla U_n\|^2 = M$$

となるものをとる．これは当然可能であるが，問題なのは $\{U_n\}$ が必ずしも収束するわけではない，という事実である．もし，U_n が H^1 の強位相で収束するならば，その収束先を V とすると $V \in X$ であり，$\|\nabla V\|^2 = \lim_{n \to \infty} \|\nabla U_n\|^2 = M$ が従うから V が求めるものになる．しかし，H^1 は無限次元空間であるから局所コンパクトではなく，U_n が有界であるという事実だけからその強収束は示すことはできないのである．しかし，弱収束する部分列をとることはできる．この弱い事実だけで Dirichlet 原理を証明することが可能である．以下，これを証明する．

まず，$\{U_n\}$ が $H^1(\Omega)$ で有界であることを示そう．このためには，U_n の L^2 ノルムが有界であることさえ示せばよい．$U_n - U_1 \in H^1_0(\Omega)$ であるから，Poincaré の不等式(7.13)によって $U_n - U_1$ の L^2 ノルムの有界性，したがって U_n の L^2 ノルムの有界性が従う．$H^1(\Omega)$ は Hilbert 空間であるから，$\{U_n\}$ の部分列をとれば $H^1(\Omega)$ で弱収束する．この部分列を再び $\{U_n\}$ で表し，その弱収束極限を V とすると，ノルムの弱位相に関する下半連続性(6.1)によって

$$\|\nabla V\|^2 \leqq \liminf_{n\to\infty} \|\nabla U_n\|^2 = M$$

となり，V が求める関数であることが従う．

変分問題は，多くの楕円型偏微分方程式の解の存在を証明するときにきわめて重要である．たとえば，$z = z(x,y)$ に対する極小曲面の方程式

$$(1+z_y^2)z_{xx} - 2z_x z_y z_{xy} + (1+z_x^2)z_{yy} = 0$$

を満たし，境界で与えられた境界値をとる問題は，

$$\int_\Omega \sqrt{1+z_x^2+z_y^2}\,dxdy$$

を最小化する変分問題と同等である．この境界値問題については増田[53]，Courant [12]を参照していただきたい．

8

積分方程式と積分変換

　積分作用素はすでに第 2 章 §2.7 や第 4 章 §4.2 でも少しふれたが，本章では積分方程式の可解性等についてもう少し詳しく述べる．また，Hilbert 変換等の積分変換の性質を調べ，応用との関係を説明する．

§8.1　各種の積分方程式

　Ω を N 次元 Euclid 空間の有界開集合とし，$\Omega \times \Omega$ で定義された関数 $K(x,y)$ $(x,y \in \Omega)$ が与えられているものとする．さらに，$\lambda \in \mathbb{R}$ と $f \in L^2(\Omega)$ が与えられたとき，

$$u(x) - \lambda \int_\Omega K(x,y)u(y)\,dy = f(x)$$

を $x \in \Omega$ について満足する u を求める問題を考えよう．このような積分方程式を**第 2 種 Fredholm 積分方程式**と呼び，K を**積分核**と呼ぶ．積分方程式

(8.1) $$\int_\Omega K(x,y)u(y)\,dy = f(x)$$

を**第 1 種 Fredholm 積分方程式**と呼ぶ．以下で取り扱うのは第 2 種 Fredholm 積分方程式である．第 1 種 Fredholm 積分方程式については本節最後の注意を参照していただきたい．

　さて，次の定理は例 4.12 で証明済みである．

定理 8.1 $K \in L^2(\Omega \times \Omega)$ ならば，
$$T: u \longmapsto \int_\Omega K(\,\cdot\,, y) u(y)\, dy$$
は $L^2(\Omega)$ 上のコンパクト作用素である． □

積分作用素 T が $L^2(\Omega)$ で有界であるためには，$K \in L^2$ は必ずしも必要ではない．たとえば次のような十分条件がある：ある $\alpha \in (0,1)$ が存在して，

(8.2)
$$\sup_{x \in \Omega} \int_\Omega |K(x,y)|^{2\alpha} dy = c_1 < \infty, \quad \sup_{y \in \Omega} \int_\Omega |K(x,y)|^{2(1-\alpha)} dx = c_2 < \infty.$$

たとえば，$H(x,y)$ が $\Omega \times \Omega$ 上の有界関数で，

(8.3)
$$K(x,y) = \frac{H(x,y)}{|x-y|^{-\beta}}$$

と与えられている場合を考えよう．N を Ω の次元とするとき，$N-1-2\beta < -1$ ならば K は L^2 に属さない．しかし，$N-1-\beta > -1$ すなわち，$\beta < N$ ならば条件(8.2)が $\alpha = 1/2$ として満たされる．

定理 8.2 条件(8.2)が成立するならば T は $L^2(\Omega)$ 上の有界作用素である．

[証明]
$$|v(x)| \leq \left(\int_\Omega |K(x,y)|^{2\alpha} dy \right)^{1/2} \left(\int_\Omega |K(x,y)|^{2(1-\alpha)} |u(y)|^2 dy \right)^{1/2}$$

だから
$$\|v\|^2 \leq c_1 c_2 \|u\|^2$$

を得る．したがって，T は有界である． ∎

問 1 H が連続関数で $\beta < N$ ならば，(8.3)なる積分核を持つ積分作用素はコンパクトであることを証明せよ．

第 2 種 Fredholm 方程式は $L^2(\Omega)$ 上の方程式
$$u - \lambda T u = f$$
と書けることがわかった．以下では T がコンパクトであるとして話を進めよ

う．これがすべての $f \in L^2(\Omega)$ に対して解を持つことは $1-\lambda T$ が上への写像であることであるから，定理 4.16(Fredholm の交代定理)によって，$1-\lambda T$ が 1 対 1 写像であることと同値である．また，可算個の例外の λ を除いて $1-\lambda T$ が 1 対 1 であることもわかる．

$\Omega=(0,1)$ で積分核 K が $x<y$ ならば $K(x,y)\equiv 0$ を満たす場合を考えよう．つまり，

(8.4) $\quad u(x)-\lambda \int_0^x K(x,y)u(y)\,dy = f(x) \quad (x \in (0,1))$

である．これを **Volterra 型積分方程式**と呼ぶ．Fredholm 方程式の特殊な場合でもあるから，K が 2 乗可積分ならば

$$T\colon u(x) \longmapsto \int_0^x K(x,y)u(y)\,dy$$

はコンパクト作用素である．

定理 8.3 すべての $\lambda \in \mathbb{C}$ とすべての $f \in L^2(0,1)$ に対して Volterra 型積分方程式(8.4)は解 $u \in L^2(0,1)$ を持つ．

[証明] $1-\lambda T$ が可逆であることをいえばよいから，作用素 T のスペクトル半径が 0 であることを示せば十分である．$K_1(x,y)=K(x,y)$ とし，$1<n$ については

$$K_n(x,z) = \int_z^x K(x,y) K_{n-1}(y,z)\,dy$$

と定義すると，

$$T^n u(x) = \int_0^x K_n(x,y) u(y)\,dy$$

であることが数学的帰納法で証明できる．次に，

(8.5) $\quad |K_{n+2}(x,z)| \leq A(x)B(z)\sqrt{F_n(x,z)} \quad (n=0,1,\cdots)$

を証明する．ここで，

$$A(x) = \left(\int_0^x |K(x,y)|^2 dy\right)^{1/2}, \quad B(z) = \left(\int_z^1 |K(x,z)|^2 dx\right)^{1/2}$$

とおいた．関数 F_n は

$$F_0(x,z) \equiv 1, \quad F_{n+1}(x,z) = \int_z^x A(y)^2 F_n(y,z)\,dy$$

で定義される．(8.5)は，$n=0$ のときに

$$|K_2(x,z)|^2 \leqq \int_z^x |K(x,y)|^2 dy \int_z^x |K(y,z)|^2 dy \leqq A(x)^2 B(z)^2$$

であるから正しい．$n>0$ については

$$|K_{n+2}(x,z)|^2 \leqq \int_z^x |K(x,y)|^2 dy \int_z^x |K_{n+1}(y,z)|^2 dy$$
$$= A(x)^2 \int_z^x |K_{n+1}(y,z)|^2 dy$$

を用いると，

$$K_{n+2}(x,z)^2 \leqq A(x)^2 \int_z^x A(y)^2 B(z)^2 F_{n-1}(y,z)\,dy = A(x)^2 B(z)^2 F_n(x,z).$$

これで(8.5)が証明された．

(8.5)によって

$$\|T^{n+2}\| \leqq \left(\int_0^1 \int_0^1 |K_{n+2}(x,z)|^2 dxdz\right)^{1/2}$$
$$\leqq \left(\int_0^1 \int_0^1 A(x)^2 B(z)^2 F_n(x,z)\,dxdz\right)^{1/2}.$$

帰納法を用いると，

$$F_n(y,z) = \frac{1}{n!} F_1(y,z)^n$$

であることが容易に示される．したがって，

$$|F_n(y,z)| \leqq \frac{M^{2n}}{n!}$$

を得る．ここで

$$M = \left(\int_0^1 \int_0^1 |K(x,y)|^2 dxdy\right)^{1/2}$$

とおいた．以上の議論により，

$$\|T^{n+2}\| \leq \frac{M^{n+2}}{\sqrt{n!}}$$

が示された．これは T のスペクトル半径が 0 であることを示している．したがって $1-\lambda T$ は 1 対 1 で上への写像である． ∎

例題 8.4（Abel の積分方程式）

(8.6) $$Tu(x) \equiv \int_0^x \frac{u(y)}{\sqrt{x-y}}\,dy = f(x)$$

の解 u を求めるために $f \in L^2(0,1)$ と仮定する．(8.6) の両辺に T を施すと，

$$\int_0^x K_2(x,y) u(y)\,dy = Tf(x).$$

ここで，

$$K_2(x,y) = \int_y^x \frac{dz}{\sqrt{x-z}\sqrt{z-y}} = B(1/2, 1/2) = \pi.$$

($B(\ ,\ )$ は Euler のベータ関数である．) すなわちこの積分核は定数関数である．よって

$$u(x) = \frac{1}{\pi} \frac{d}{dx} \int_0^x \frac{f(y)\,dy}{\sqrt{x-y}}$$

が求める解である． ∎

問 2 $\alpha \in (0,1)$ が有理数ならば

$$\int_0^x \frac{u(y)}{(x-y)^\alpha}\,dy = f(x)$$

の解は，f に関する微分と積分の操作だけで表示できることを示せ．

これまでは領域 Ω が有界であると仮定してきたが，これを非有界領域にすると，積分作用素は必ずしもコンパクトではない．例えば，$K \in L^1(-\infty, \infty)$ に対して

$$u(x) - \lambda \int_0^\infty K(x-y) u(y)\,dy = f(x) \quad (0 < x < \infty)$$

は Wiener–Hopf 型積分方程式と呼ばれるが，この積分作用素はコンパクトではない．$K \in C_0^\infty(\mathbb{R})$ などと都合のよい条件をつけてもコンパクトにはならない．これを見るには，$\phi \in C_0^\infty((0,\infty))$ をとって，$\phi_n(x) = \phi(x-n)$ ($n=1,2,\cdots$) と定義する．$\{\phi_n\}$ は $L^2(0,\infty)$ で有界である．

$$\psi_n(x) = \int_0^\infty K(x-y)\phi_n(y)\,dy = \int_0^\infty K(x-n-y)\phi(y)\,dy$$

は ψ_1 を平行移動しただけであるから，$L^2(0,\infty)$ ではコンパクトにはなり得ない．

Wiener–Hopf 型積分方程式の解法は関数解析のきれいな応用のひとつである．これについては Gohberg–Fel'dman [24] を見よ．

問3 $K \in L^1(\mathbb{R})$, $f \in L^2(\mathbb{R})$ とし，

$$u(x) - \lambda \int_{-\infty}^\infty K(x-y)u(y)\,dy = f(x)$$

の解 u を考える．$f \mapsto u$ が L^2 上の1価な有界線形写像になるための必要十分条件は，すべての $\xi \in \mathbb{R}$ に対して $\sqrt{2\pi}\lambda \widehat{K}(\xi) \neq 1$ となることである．

注意8.5（第1種 Fredholm 積分方程式）　第1種 Fredholm 積分方程式の可解性は第2種の場合とまったく趣が異なる．それは，第1種 Fredholm 積分方程式(8.1)の解を求めることはコンパクト作用素の逆を求めることに他ならないわけで，その逆作用素は一般には存在すらしないし，たとえ左逆元がとれたとしても一般にはその左逆元は有界にはならない．

問4 Hilbert 空間上の線形コンパクト作用素の値域が閉部分空間であればそれは有限次元である．これを証明せよ．

問5 X を Hilbert 空間とし，$T: X \to X$ を線形コンパクト作用素であるとする．X 上の有界線形作用素 $S: X \to X$ で ST が X における $N(T) = \{x \in X\,;\, Tx = 0\}$ の直交補空間の恒等写像になるものが存在すれば，T の値域は有限次元である．これを証明せよ．

これらの練習問題からわかるように，第 1 種 Fredholm 積分方程式の解を求めることには大きな困難が伴うのである．興味のある読者は，クーラン–ヒルベルト[11]や，C. W. Groetsch, *The theory of Tikhonov regularization for Fredholm equations of the first kind*, Pitman, 1984 などで勉強していただきたい．

§8.2 Hilbert 変換

$\mathbb{R}$ 上の関数 f に対する **Hilbert 変換**とは

$$Hf(x) = \frac{1}{\pi}\int_{-\infty}^{\infty}\frac{f(y)}{x-y}\,dy$$

で定義される関数の変換である．ここで，積分は Cauchy の主値をとるものとする．この積分は f が $L^2(\mathbb{R})\cap C^1$ に属するならば意味がある.

$$Hf(x) = \frac{1}{\pi}\lim_{\varepsilon\to 0}\int_{-\infty}^{\infty}\frac{x-y}{(x-y)^2+\varepsilon^2}f(y)\,dy$$

と定義しても同じことである．我々はまず，H が $L^2(\mathbb{R})$ からそれ自身への同型写像であることを示す．最初に

$$\phi_\varepsilon(x) = \frac{1}{\pi}\frac{x}{x^2+\varepsilon^2}$$

と定義する．$\phi_\varepsilon \in L^2$ であり，

$$\widehat{\phi_\varepsilon}(\xi) = -\sqrt{-1}\,\mathrm{sgn}(\xi)\,e^{-\varepsilon|\xi|}$$

に注意する．関数 $\mathrm{sgn}(\xi)$ は

$$\mathrm{sgn}(\xi) = \begin{cases} 1 & (0 < \xi) \\ 0 & (\xi = 0) \\ -1 & (\xi < 0) \end{cases}$$

で定義される．急減少関数 $f\in S$ に対して $H_\varepsilon f = \phi_\varepsilon * f$ とおくと，$\varepsilon\to 0$ のとき，$H_\varepsilon f$ は L^2 で強収束する．これは，(7.12)から導かれる等式

$$\widehat{H_\varepsilon f}(\xi) = -\sqrt{-1}\,\mathrm{sgn}(\xi)\,e^{-\varepsilon|\xi|}\widehat{f}(\xi)$$

を使えば容易に示すことができる．その収束先を Hf で表せば，
$$\|Hf\|_2 \leq \|f\|_2 \quad (f \in S)$$
であるから，H が有界線形写像であることがわかる．

同時に，
$$\widehat{Hf}(\xi) = -\sqrt{-1}\,\mathrm{sgn}(\xi)\widehat{f}(\xi)$$
も証明された．これからわかるように，Hilbert 変換は $L^2(\mathbb{R})$ からその上への等長写像に拡張される．また，$H^2 = -1$ である．すなわち，H の逆変換は $-H$ である．さらに，$H^* = -H$ も成り立つので，H は**歪 Hermite** である．

問 6 任意の $\lambda \in \mathbb{R}$ に対して，$1 + \lambda H$ は $L^2(\mathbb{R})$ からそれ自身への同型写像であることを示せ．

問 7 $f(x) = 1/(x^2+1)$ のとき，$Hf(x) = x/(x^2+1)$ を証明せよ．

f を実数値関数とするとき $\mathbb{R}$ 上の複素数値関数
$$f(x) + iHf(x) \quad (i = \sqrt{-1})$$
には際立った性質がある．それは，この関数が上半平面で正則な関数の実数軸への境界値になっていることである．実際，$f \in L^2$ ならば
$$F(x+iy) = \frac{i}{\pi} \int_{-\infty}^{\infty} \frac{f(u)}{x+iy-u}\,du$$
は $-\infty < x < \infty,\ 0 < y < \infty$ において $z = x+iy$ の正則関数である．しかも，
$$\begin{aligned} F(x+iy) &= \frac{i}{\pi} \int_{-\infty}^{\infty} \frac{(x-u-iy)f(u)}{(x-u)^2+y^2}\,du \\ &= \frac{1}{\pi} \int_{-\infty}^{\infty} \frac{f(x+yv)}{v^2+1}\,dv \\ &\quad + \frac{i}{2\pi} \int_{-\infty}^{\infty} \left(\frac{1}{x-u+yi} + \frac{1}{x-u-yi} \right) f(u)\,du \end{aligned}$$
は $y \to 0$ のとき $f(x) + iHf(x)$ に近づく．結局，ある関数とその Hilbert 変換は，上半平面で正則な関数の境界値の実部と虚部の関係にあるといってよい．

Hilbert 変換は円周 S^1 の上で考えることもできる．$L^2(0, 2\pi)$ と $L^2(S^1)$ を自然に同一視し，
$$Hf(x) = \frac{1}{2\pi} \int_0^{2\pi} \cot\left(\frac{x-y}{2}\right) f(y)\, dy$$
と定義する．この定義は次のようにいっても同値である："すべての自然数 n について
$$H: \cos nx \longmapsto \sin nx, \quad \sin nx \longmapsto -\cos nx$$
であり，$H1 \equiv 0$"．Hilbert 変換は
$$L^2(0, 2\pi)/\mathbb{R} \equiv \left\{ f \in L^2(0, 2\pi) \,\bigg|\, \int_0^{2\pi} f(x)dx = 0 \right\}$$
からそれ自身の上への等長写像である．これを検証するには $f(x) = \cos nx$ に対し，
$$Hf(x) = \frac{1}{2\pi} \int_0^{2\pi} \frac{1+\cos(x-y)}{\sin(x-y)} (\cos n(x-y)\cos nx + \sin n(x-y) \sin nx)\, dy$$
$$= \frac{\sin nx}{2\pi} \int_0^{2\pi} \frac{1+\cos u}{\sin u} \sin nu\, du$$
と計算する．
$$I(n) = \int_0^{2\pi} \frac{1+\cos u}{\sin u} \sin nu\, du$$
とおくと，$I(1) = I(2) = 2\pi$ がただちにわかる．あと $I(n+1) = I(n-1)$ も容易にわかるので，結局，すべての n について $I(n) = 2\pi$ となる．以上で，
$$H(\cos nx) = \sin nx$$
がわかった．$H(\sin nx) = -\cos nx$ についても同様である．

$L^2(S^1)/\mathbb{R}$ 上の Hilbert 変換も $H^2 = 1$ を満たすことに注意せよ．また，$L^2(0, 2\pi)/\mathbb{R}$ で歪対称であることにも注意せよ．

Hilbert 変換は $L^p(\mathbb{R})$ あるいは $L^p(0, 2\pi)$ で考えることもできる．$1 < p < \infty$ ならば Hilbert 変換は L^p から L^p への有界写像であることが証明されている．しかし，$p = 1, \infty$ については有界性は成り立たない．$L^\infty(0, 2\pi)$ では次の例がある．

$$f(x) = \frac{\pi - x}{2} = \sum_{n=1}^{\infty} \frac{1}{n} \sin nx$$

の Hilbert 変換は

$$Hf(x) = \log 2 + \log|\sin(x/2)| = -\sum_{n=1}^{\infty} \frac{1}{n} \cos nx$$

である．f は有界関数であるが，Hf は有界関数でない．すなわち，HL^∞ は L^∞ の部分空間ですらない．

$$f_N(x) = \sum_{n=1}^{N} \frac{1}{n} \sin nx$$

とおくと，Abel の級数変形法を用いることによって f_N が L^∞ で有界であることが証明できる．一方，

$$H(f_N)(0) = -\sum_{n=1}^{N} \frac{1}{n}$$

であるから $H(f_N)$ は L^∞ で有界でない．このようにして，Hilbert 変換が L^∞ で有界作用素でないことが確かめられる．

$L^1(\mathbb{R})$ では，区間 $[0,1]$ の定義関数を f とすると

$$Hf(x) = \log\left|\frac{x}{x-1}\right|$$

となる．この例では，f は可積分だが Hf は可積分ではない．可積分関数 $f(x) = 1/(1+x^2)$ の Hilbert 変換は $Hf(x) = x/(1+x^2)$ である．これは可積分ではない．

定理 8.6 $1 < p < \infty$ とする．Hilbert 変換は $L^p(S^1)$ から $L^p(S^1)$ への有界線形作用素である．また，$L^p(\mathbb{R})$ から $L^p(\mathbb{R})$ への有界線形作用素である． □

この定理は，M. Riesz によるものである．これ自身は特異積分作用素の有界性に関するより一般的な定理の特殊な場合に相当する．しかし，Hilbert 変換の重要性に鑑み，以下には比較的簡単な証明をつけることにする．（特異積分作用素については，田辺[76]，Mikhlin [58]などを参照せよ．）前半だけを証明する．以下の証明は Katznelson [40]にあるものである．

§8.2 Hilbert 変換――― 173

［証明］ 有界性だけが問題である．すでに示したように，$p=2$ の場合に Hilbert 変換は等長作用素であるので有界である．$1<p<2$ と仮定する．$H: L^p \to L^p$ の有界性が証明できたら，その双対写像 $H^*:(L^p)^* \to (L^p)^*$ の有界性もわかる．$p^{-1}+q^{-1}=1$ なる q をとれば，p が $1<p<2$ を動くとき q は $2<q<\infty$ 全体を動く．$(L^p)^*=L^q$ であり，$H^*=-H$ である．したがって，$1<p<2$ の場合に証明すれば十分である．

$f \in L^p(S^1)$ に無関係な定数で $\|Hf\|_p \leq c\|f\|_p$ を満たすものが存在することをいう．H の線形性より，f は実数値をとり，いたるところで $0 \leq f$ と仮定してよい．また f は恒等的に 0 ではないとも仮定する．

$$F(z) = \frac{1}{2\pi}\int_0^{2\pi} P(r,\theta-\sigma)f(\sigma)\,d\sigma$$

とおく．ここで，

$$z=re^{i\theta}, \quad P(r,\phi)=\frac{1-r^2}{1-2r\cos\phi+r^2}$$

である．関数 $P(r,\phi)$ は **Poisson 核**と呼ばれる．

$$P(r,\phi) = 1+2\sum_{n=1}^{\infty} r^n \cos n\phi$$

であるから，$f(\sigma)=\sum_{n\in\mathbb{Z}} a_n e^{in\sigma}$ ならば

$$F(z) = \sum_{n\in\mathbb{Z}} a_n r^{|n|} e^{in\sigma}$$

と表される．

$$G(z) = -\sum_{n\in\mathbb{Z}} a_n \operatorname{sgn}(n)\, ir^{|n|} e^{in\sigma}$$

と定義する．ここで，

$$\operatorname{sgn}(n) = \begin{cases} 1 & (0<n) \\ 0 & (n=0) \\ -1 & (n<0) \end{cases}$$

である．$F(z)+iG(z)$ は $a_0+2\sum_{n=1}^{\infty} a_n r^n e^{in\sigma}$ に等しいから，z の正則関数であ

る．Poisson 核は正値であるから，f に関する仮定によって，$F(z)$ はすべての $|z|<1$ に対して $0<F(z)$ を満たす．これより，$F(z)+iG(z)$ は複素平面において右半平面内を動くことがわかる．したがって，$\Phi(z)=(F(z)+iG(z))^p$ とおくことができる．ただし，p 乗の関数は，実数のとき実数をとる枝を選んでおく．

次に，
$$\frac{\pi}{2p}<\gamma<\frac{\pi}{2}$$
を満たす γ をとる．$1<p<2$ であるので，この γ は $\gamma<3\pi/(2p)$ を満たしていることに注意せよ．これより $0<\cos\gamma$ と $\cos p\gamma<0$ に注意せよ．また，$0<r<1$ を固定する．
$$\int_0^{2\pi}|\Phi(re^{i\theta})|\,d\theta=\int_I+\int_J$$
を評価する．ここで，$I=\{\theta\in[0,2\pi);\,|\arg(\Phi(re^{i\theta}))|\leqq\gamma\}$ であり，$J=[0,2\pi)\setminus I$ である．I においては $|F+iG|\leqq F(re^{i\theta})/\cos\gamma$ である．ゆえに，
$$\int_I|\Phi(re^{i\theta})|\,d\theta\leqq(\cos\gamma)^{-p}\int_0^{2\pi}|F(re^{i\theta})|^p d\theta$$
を得る．

一方，J 上では
$$|\Phi(z)|\leqq\mathrm{Re}[\Phi(z)](\cos p\gamma)^{-1}$$
が成り立つ．また，
$$\int_0^{2\pi}\mathrm{Re}[\Phi(z)]\,d\theta=\Phi(0)=\left(\int_0^{2\pi}f(\theta)\,d\theta\right)^p$$
にも注意する．J 上で $\mathrm{Re}[\Phi(z)]\leqq 0$ であるから，
$$\int_0^{2\pi}|\mathrm{Re}[\Phi(re^{i\theta})]|\,d\theta\leqq\left(\int_0^{2\pi}f(\theta)\,d\theta\right)^p+(\cos\gamma)^{-p}\int_0^{2\pi}|F(re^{i\theta})|^p d\theta$$
がわかった．以上を組み合わせると，
$$\int_0^{2\pi}|G(re^{i\theta})|^p d\theta\leqq\int_0^{2\pi}|\Phi(re^{i\theta})|\,d\theta\leqq C_p\int_0^{2\pi}|F(re^{i\theta})|^p d\theta.$$

$r \to 1$ とすれば

$$\int_0^{2\pi} |Hf(\theta)|^p d\theta \leqq C_p \int_0^{2\pi} |f(\theta)|^p d\theta$$

を得る. ∎

Hilbert 変換の $L^p(\mathbb{R})$ における作用素ノルム(これを A_p とする)の計算は S. K. Pichorides, *Studia Math.* **44**(1972), 165–179 で計算されている. その結果によると, $\mathbb{R}$ においても S^1 においても

$$A_p = \begin{cases} \tan(\pi/(2p)) & (1 < p \leqq 2) \\ \cot(\pi/(2p)) & (2 \leqq p < \infty) \end{cases}$$

である.

さまざまな積分変換は偏微分方程式の解の構成に応用される. 工学的な応用については Davies [15] を見よ. たとえば Laplace 変換や Mellin 変換はポテンシャル問題の強力な解法である. ここでは一例をあげるにとどめよう.

定義 8.7 半無限区間 $(0, \infty)$ で定義された 1 変数関数 f の **Laplace 変換** とは

$$Lf(p) = \int_0^\infty f(t) e^{-tp} dt$$

のことである. 半無限区間 $(0, \infty)$ で定義された 1 変数関数 f の **Mellin 変換** とは

$$Mf(p) = \int_0^\infty f(r) r^{p-1} dr$$

のことである. □

今, 簡単のために f は有界関数であると仮定しよう. すると, その Laplace 変換 $Lf(p)$ は右半平面 $\text{Re}[p] > 0$ で正則となる. ある $c > 0$ をとったとき, 積分

$$\frac{1}{2\pi i} \int_{c-\infty}^{c+\infty} (Lf)(p) e^{px} dp$$

を **Laplace 逆変換** と呼ぶ. その名前の由来は

$$f(x) = \frac{1}{2\pi i} \int_{c-\infty}^{c+\infty} (Lf)(p)e^{px} dp$$

が成立するところにある．これは形式的にはFourier逆変換と同じものと見ることができる．実際，

$$\phi(t) = \begin{cases} e^{-ct}f(t) & (0 < t < \infty) \\ 0 & (-\infty < t < 0) \end{cases}$$

とおくと，$Lf(c+is) = \sqrt{2\pi}\widehat{\phi}(s)$ である．Fourier変換と逆変換の関係から

$$\frac{1}{2\pi i} \int_{c-\infty}^{c+\infty} (Lf)(p)e^{px} dp = \frac{1}{2\pi} \int_{-\infty}^{\infty} \sqrt{2\pi}\widehat{\phi}(s)e^{cx}e^{isx} ds = e^{cx}\phi(x)$$

を得る．

Mellin変換は次のような性質を持っている．

$$\int_0^1 |f(r)|r^{a-1} dr < \infty, \quad \int_1^\infty |f(r)|r^{b-1} dr < \infty$$

を満たす実数 $a < b$ が存在するような関数 f に限定して考えよう．このとき，$Mf(p)$ は，複素平面上の領域 $a < \mathrm{Re}[p] < b$ で正則な関数となる．Mellin変換が与えられたとき，もとの関数を得るには次のような逆変換をすればよいことがわかっている：

$$f(r) = \frac{1}{2\pi i} \int_{c-i\infty}^{c+i\infty} (Mf)(p)r^{-p} dp.$$

ここで，$a < c < b$ で，積分路は c を通る垂直な直線である．

例 8.8 無限に広がった扇型領域 $0 < r < \infty$, $0 < \theta < \alpha$ を考えよう．$\alpha \in (0, \pi)$ とする．この領域 D において調和な関数 u で，境界で次のような境界値をとる関数を求めることを考えよう：$\theta = 0$ で $u = 0$，かつ，$\theta = \alpha$ で

$$u(r, \alpha) = \begin{cases} T_0 \; (> 0) & (0 < r < a) \\ 0 & (a < r < \infty). \end{cases}$$

解はMellin変換を用いると具体的に求められ，

$$u(r,\theta) = \frac{T_0}{\pi} \arctan \frac{\left(\dfrac{a}{r}\right)^{\pi/\alpha} \sin(\pi\theta/\alpha)}{1 + \left(\dfrac{a}{r}\right)^{\pi/\alpha} \cos(\pi\theta/\alpha)}$$

を得る．ここで，分母が0になるところではuが連続になるように arctan の枝を選ぶものとする． □

§8.3　Hilbert 変換を含む偏微分方程式

(a)　Constantin–Lax–Majda 方程式

$[0,\infty) \times \mathbb{R}$ 上で定義された関数 $\omega = \omega(t,x)$ の方程式

$$(8.7) \qquad \frac{\partial \omega}{\partial t} = \nu \frac{\partial^2 \omega}{\partial x^2} + \omega H \omega$$

を **Constantin–Lax–Majda 方程式**と呼ぶ．縮めて **CLM 方程式**と呼ぼう．ν は与えられた正もしくは0の定数である．

この方程式は，$\nu = 0$ の場合に非圧縮非粘性流体の運動方程式(第10章で取り扱う Euler 方程式)の解の爆発のモデルとして上記3名の数学者によって導かれたものである．その詳細については *Comm. Pure Appl. Math.* **38**(1985), 715–724 を参照されたい．

上記方程式は $\nu = 0$ のときには簡単に解ける．そのためには複素上半平面 $\{\mathrm{Im}[z] \geqq 0\}$ での方程式

$$(8.8) \qquad \frac{\partial F(t,z)}{\partial t} = -\frac{i}{2} F(t,z)^2$$

を考える．これは z というパラメーターを含む常微分方程式である．$F = \omega + i\eta$ と表すとき，(8.8)の実部を実軸上で考えれば $\nu = 0$ の(8.7)になる．一方，(8.8)は簡単に解けて，

$$F(t,z) = \frac{F(0,z)}{1 + \dfrac{it}{2} F(0,z)}.$$

したがって，

$$\omega(t,x) = \frac{4\omega_0}{(2-t\eta_0)^2 + t^2\omega_0^2}$$

を得る．ここで，$\omega_0 = \omega(0,x)$ であり，$\eta_0 = H\omega_0$ である．

問8 ω_0 は C^1 級であると仮定する．$\omega_0(x_0) = 0$ かつ $\eta_0(x_0) > 0$ なる $x_0 \in \mathbb{R}$ が存在すると仮定しよう．任意の $\delta > 0$ に対し，

$$M(t) = \sup_{x_0-\delta < x < x_0+\delta} \omega(t,x)$$

とおく．このとき $t \to 1/\eta_0(x_0)$ のとき $M(t) \to +\infty$ であることを示せ．

$\omega_0(x_0) = 0$ かつ $\eta_0(x_0) > 0$ なる x_0 を持つ初期値は無数に存在する．したがって，非常に多くの初期値に対して解は有限時間で "爆発する" ことがわかる．解の有限時間での爆発が 3 次元の Euler 方程式(第 10 章の(10.21))でも起きるのかどうかはきわめて難しい問題で，応用数学の中の最も有名な未解決問題のひとつである．これについては A. J. Majda, *SIAM Review* **33**(1991), 349–388 もしくは一松[90]を見よ．

(b) Levi-Civita 方程式

S^1 を円周とし，$L^2(S^1)$ に属する関数 $\theta = \theta(\sigma)$ の方程式

$$\frac{d}{d\sigma}\left[\frac{e^{2H\theta}}{2} + qe^{H\theta}\frac{d\theta}{d\sigma}\right] - pe^{-H\theta}\sin\theta = 0$$

を **Levi-Civita 方程式** と呼ぶ．ここで，p と q はパラメーターである．

Levi-Civita 方程式は一定の波形を保ちながら一定速度で進む波の形を決定する方程式である．q は表面張力係数に比例する無次元パラメーターであり，p は重力に比例する無次元パラメーターである．

$p = 0$ の場合には **Crapper の解** と呼ばれる特殊解が知られている．$p = 0$ ならば 1 回積分可能で

$$\frac{e^{2H\theta}}{2} + qe^{H\theta}\frac{d\theta}{d\sigma} = c_0$$

を得る．積分定数 c_0 として $c_0 = 1/2$ を選ぼう．すると方程式は

(8.9) $$q\frac{d\theta}{d\sigma} = -\sinh(H\theta)$$

となる．さて，単位円板で定義された正則関数

$$F(\zeta) = 2i\log\frac{1+A\zeta}{1-A\zeta}$$

を考えよう．ここで，A は実数のパラメーターであり $-1 < A < 1$ とする．log は主値をとるものとする．F は $|\zeta| \leqq 1$ で正則である．$\theta + i\tau = F(e^{i\sigma})$ とし，q を $q = (1+A^2)/(1-A^2)$ で定義する．このとき，(8.9)が成り立つ．この θ を Crapper の解と呼ぶ．解であることを検証するには，

$$\tau(1,\sigma) = 2\log\left|\frac{1+Ae^{i\sigma}}{1-Ae^{i\sigma}}\right| = \log\frac{1+A^2+2A\cos\sigma}{1+A^2-2A\cos\sigma}$$
$$= 4\left(A\cos\sigma + \frac{A^3}{3}\cos 3\sigma + \frac{A^5}{5}\cos 5\sigma + \cdots\right)$$

と

$$\theta(1,\sigma) = -2\arctan\left(\frac{2A\sin\sigma}{1-A^2}\right)$$
$$= -4\left(A\sin\sigma + \frac{A^3}{3}\sin 3\sigma + \frac{A^5}{5}\sin 5\sigma + \cdots\right)$$

に注意すればよい．より詳しくは Okamoto–Shoji [88]を見よ．

(c) Benjamin–Ono 方程式

$\mathbb{R}\times\mathbb{R}$ 上で定義された関数 $u = u(t,x)$ の方程式

$$\frac{\partial u}{\partial t} + 4u\frac{\partial u}{\partial x} + H\frac{\partial^2 u}{\partial x^2} = 0$$

を **Benjamin–Ono 方程式** と呼ぶ．この方程式は次のような解を持つことが知られている：

$$u(t,x) = \frac{a}{a^2(x-at)^2+1}.$$

Benjamin–Ono 方程式は 2 層の流体の界面における波のモデルなどに応用され,応用上重要な方程式である.その他の物理学的意味,あるいは数学的な詳しい取り扱いについては Matsuno [56] を見よ.

§8.4 離散 Hilbert 変換

離散 Hilbert 変換は L^2 ではなく $\ell^2 = \ell^2(\mathbb{Z})$ における作用素である.$\ell^2(\mathbb{Z}) \ni x = \{x_n\}_{n=-\infty}^{\infty}$ に対し,$y = Hx$ を

$$y_j = \frac{1}{\pi} \sum_{k \neq j} \frac{x_k}{j-k}$$

で定義する.この作用素は ℓ^2 からそれ自身への有界作用素である.

[証明]

$$f(t) = \sum_m y_m e^{imt}$$

とおく.すると,

$$\begin{aligned}
f(t) &= \frac{1}{\pi} \sum_m \sum_{n \neq m} \frac{x_n e^{int}}{m-n} e^{i(m-n)t} \\
&= \frac{1}{\pi} \sum_n \sum_{m \neq n} \frac{e^{i(m-n)t}}{m-n} x_n e^{int} \\
&= \frac{1}{\pi} \sum_n 2i \Big(\sum_{k=1}^{\infty} \frac{\sin kt}{k} \Big) x_n e^{int} \\
&= i \frac{\pi - t}{\pi} \sum_n x_n e^{int}.
\end{aligned}$$

したがって,

$$\sum_m |y_m|^2 = \frac{1}{2\pi} \int_0^{2\pi} |f(t)|^2 dt \leq \frac{1}{2\pi} \int_0^{2\pi} \Big| \sum_n x_n e^{int} \Big|^2 dt = \sum_n |x_n|^2.$$

9

不動点定理

ここでは不動点定理の紹介を行う．とはいえ，本格的な紹介を行うにはページ数が足りないので，後に必要となる最小限の材料に限定する．幸いに，不動点定理については良書が多い．Nirenberg [61]，増田[54]，Smart [68] を参照されたい．本章では Brouwer, Schauder, Shinbrot による不動点定理を証明する．さらに，Schauder の不動点定理の応用として，Krein–Rutman 理論の一部を紹介する．以下では X を Banach 空間とし，そのノルムを $\|\ \|$ で表す．

定義 9.1 X の部分集合 K の上で定義され，X に値をとる写像 Φ を考える．$x = \Phi(x)$ を満たす $x \in K$ のことを Φ の**不動点**(fixed point)と呼ぶ． □

一般に，与えられた写像に関する不動点の存在を保証する定理を**不動点定理**(fixed point theorem)と呼ぶ．不動点定理の中でもっとも簡単なものが縮小写像の原理(藤田–黒田–伊藤[21], 藤田[23], コルモゴロフ–フォミーン[42], 俣野[55])である．縮小写像の原理は純粋に解析的な性格の定理であるが，多くの不動点定理は位相的な考察を必要とする．多くの不動点定理の中でもっとも基本的なのが Brouwer の不動点定理である．

§9.1　Brouwer の不動点定理

定理 9.2(**Brouwer の不動点定理**)　K を有限次元 Euclid 空間の閉球と

する．$\Phi: K \to K$ が連続ならば，Φ は不動点を持つ． □

証明に入る前に次のことに注意しておこう．不動点が存在するためには写像の定義されている集合の位相的な性質が重要な働きをする．実際，複素平面の円周 $S = \{|z| = 1\}$ 上の連続関数 $f(z) = e^{ia}z$ は，a が実数ならば S から S への連続写像であるが，$a/(2\pi)$ が整数でなければ不動点を持たない．定理 9.2 は Φ の値域が定義域に含まれていることも仮定していることに注意しよう．Brouwer の不動点定理は K に関する条件をもう少し緩めても成立する．

定理 9.3 K を位相空間で，有限次元 Euclid 空間のコンパクト凸集合と同相であると仮定する．$\Phi: K \to K$ が連続ならば，Φ は不動点を持つ．

[証明] 定理 9.2 を認めて本定理を証明する．まず K が有限次元 Euclid 空間のコンパクト凸集合である場合に証明する．K を含むような閉球 B をとる．各 $x \in B$ に対し，x に最も近い K の元を対応させる写像 T を考えると，T は1価連続写像である．（注意：ここで考えている距離は Euclid の距離であるから中点定理（第1章）が成り立つ．）写像 ΦT は B を B に写す連続写像であるから，Brouwer の不動点定理によって不動点が存在する：$\Phi(Tx) = x$．$\Phi TB \subset K$ であるから，$x \in K$，すなわち $Tx = x$ であり，x は Φ の不動点である．

次に，K' が位相空間で，K は有限次元 Euclid 空間のコンパクト凸集合，$F: K' \to K$ は同相写像とする．このとき，$F \circ \Phi \circ F^{-1}$ は K からそれ自身への連続写像であるので，不動点が存在する．これを y とすると，$F(\Phi(F^{-1}(y))) = y$．これは $x = F^{-1}(y)$ が不動点であることを示している． ∎

問1 上で定義した写像 T が1価連続であることを示せ．

以下に述べる Brouwer の不動点定理の証明は Birkhoff-Kellogg [6]，および増田 [54] にあるものの折衷である．これらの方法は初等的に実行できる点が利点である．写像度という位相的概念を使うと，より一般的な不動点定理を証明するのに都合がよい．これについては増田 [53]，[54] を参照されたい．

1次元の場合(K が区間 $[0,1]$ であるとしてよい)には中間値の定理に帰着できるので証明は簡単である.

［Brouwer の定理の証明］ K は原点を中心とする半径1の閉球であると仮定する. こう仮定しても一般性が損なわれることはない.

まず最初に, $\Phi(x) = (\phi_1(x), \cdots, \phi_N(x))$ の各成分関数 ϕ_k が $x = (x_1, \cdots, x_N)$ の多項式である場合に定理が正しいと仮定し, 一般の場合をこれに帰着させることができることをまず示す. ϕ_k は連続関数であるから, 任意の $0 < \varepsilon$ に対して

$$|p_k(x) - \phi_k(x)| < \varepsilon \quad (\forall x \in K)$$

を満たす多項式 p_k ($1 \leq k \leq N$) をとる. これは Weierstrass の定理によって可能である(定理 11.15). 写像

$$\Phi_\varepsilon(x) = ((1-\varepsilon)p_1(x), \cdots, (1-\varepsilon)p_N(x))$$

を考えるとこれは成分が多項式で, K を K に写す. したがって不動点が存在する: $x_\varepsilon = \Phi_\varepsilon(x_\varepsilon)$. K はコンパクトだから $\{x_\varepsilon\}$ の適当な部分列で, K で収束するものがとれる. この部分列を改めて x_ε と書き, 収束先を x とすれば $x = \Phi(x)$ が容易にわかる. 実際,

$$\|x - \Phi(x)\| \leq \|x - x_\varepsilon\| + \|\Phi_\varepsilon(x_\varepsilon) - \Phi(x_\varepsilon)\| + \|\Phi(x_\varepsilon) - \Phi(x)\|$$
$$\leq \|x - x_\varepsilon\| + 2\varepsilon + \|\Phi(x_\varepsilon) - \Phi(x)\|$$

であり右辺は $\varepsilon \to 0$ のとき0に近づく. 以上の考察によって, ϕ_k がすべて多項式であると仮定してよいことがわかる. 以下, そう仮定する.

さて, Birkhoff たちに従って

$$x - \lambda \Phi(x) = 0$$

を $(x, \lambda) \in K \times [0, 1]$ で考える. 原点 $(x, \lambda) = (0, 0)$ は解である. $y = x - \lambda \Phi(x)$ とおくと,

$$\left(\frac{\partial y_k}{\partial x_j} \right)_{1 \leq j, k \leq N}$$

の行列式は $(x, \lambda) = (0, 0)$ において1に等しいから, 陰関数定理によって, ある正の数 δ と関数 $u = u(\lambda)$ が存在して, $u(\lambda) - \lambda \Phi(u(\lambda)) \equiv 0$ ($|\lambda| < \delta$) となる. 曲線 $\lambda \mapsto u(\lambda)$ を λ の正の方向に延ばせるだけ延ばしたときにどうなる

かを考えよう．我々はまず 0 が写像 $y=y(x,\lambda)$ の臨界値でない場合を考えよう．このときは
$$\{(x,\lambda);\ x-\lambda\Phi(x)=0\}$$
は特異点を持たない曲線からなる．したがって曲線 $u(\lambda)$ を追跡してゆくと，それは $K\times[0,1]$ の内点で終わることはできず，境界まで達することになる．$(x,0)$ が y の零点になるのは $x=0$ の場合だけである．したがって，曲線が境界 $\lambda=0$ に戻ってくることはない．$\lambda<1$ ならば $|\lambda\Phi(x)|<1$ であるから，境界 $|x|=1$, $0<\lambda<1$ に曲線が達することもない．したがって，曲線が境界に達するのは $\lambda=1$ においてである．すなわち，ある x が存在して $x-\Phi(x)=0$ となる．これで不動点の存在がわかった．

0 が写像 $y=y(x)$ の臨界値である場合には次のようにする．Sard の定理によって，0 に収束する点列 c_n で各々の c_n が臨界値でないものが存在する．各 $n=1,2,\cdots$ に対し，
$$\{(x,\lambda);\ x-\lambda\Phi(x)=c_n\}$$
を考える．先ほどと同様に，点 $(c_n,0)$ を出発する曲線を考えると，それは境界 $\lambda=1$ もしくは $|x|=1$, $1-|c_n|\leqq\lambda\leqq1$ に達しなければならない．その点を (x_n,λ_n) とする．その集積点 $(x,1)$ が求める解である．∎

有限次元 Euclid 空間ではこの他にも面白い不動点定理がいくつも証明されている．例えば次の定理が成立する．

定理 9.4 n が偶数であるとき，任意の連続関数 $\Phi:S^n\to S^n$ は，不動点もしくは $\Phi x=-x$ なる x を持つ． □

この証明あるいは他の不動点定理については本章冒頭にあげた参考書を参照せよ．

§9.2　Banach 空間における不動点定理

Brouwer の不動点定理は，さまざまな方程式の解の存在証明に用いられるが，このままでは微分方程式の境界値問題の解の存在証明に用いることはできない．微分方程式に応用するには無限次元空間で対応する不動点定理

§9.2 Banach 空間における不動点定理 — 185

を構成する必要がある．Birkhoff と Kellogg は Brouwer の不動点定理を無限次元空間へ(適当な条件のもとで)拡張し，それは後に，J. Schauder, *Studia Math.* **2**(1930), 171–180 によって次のような形にまとめられた．

定理 9.5 (Schauder の不動点定理) X を Banach 空間とし，$K (\subset X)$ をコンパクト凸集合とする．$\Phi: K \to K$ が連続ならば，Φ は不動点を持つ．すなわち，$x = \Phi(x)$ を満たす $x \in K$ が存在する． □

この定理は次のように表現しても同じことである．

定理 9.6 $K (\subset X)$ を閉凸集合とする．$\Phi: K \to K$ が連続で，ΦK が相対コンパクトならば，Φ は不動点を持つ． □

この定理は，次の定理と定理 9.5 からただちに導かれる．

定理 9.7 (Mazur の定理) Z は Banach 空間 X のコンパクト集合とし，Z を含む最小の閉凸集合を S とする．このとき，S もコンパクトである． □

この定理は S. Mazur, *Studia Math.* **2**(1930), 7–9 による．我々はこの定理の証明を日本語の教科書の中で探すことができなかったので，Schauder の不動点定理を証明した後で，Mazur の定理を証明することにする．

なお，定理 9.6 にちなんで，必ずしも線形でない写像がコンパクトであることを次のように定義する．

定義 9.8 Banach 空間 X の部分集合 Y で定義され，Banach 空間 Z に値をとる写像 Φ がコンパクトであるとは，すべての有界集合 B に対して ΦB が Z の相対コンパクト集合となることである． □

線形写像の場合には「すべての有界集合 B に対して ΦB が Z の相対コンパクト集合となること」を要求すれば自動的に連続になるが，非線形写像の場合，連続性は必ずしも帰結されない．連続でない写像で，すべての有界集合を相対コンパクト集合に写すものはいくらでも存在する．

Schauder の定理の証明に入る前に，Brouwer の定理はそのままの形では無限次元空間で成り立たないことに注意しよう．すなわち，無限次元 Hilbert 空間では閉単位球からそれ自身への連続写像で不動点を持たないものが存在する．実際，Nirenberg [61] には次のような例がある．

$X = \ell^2$, $B = \{x = (x_1, x_2, \cdots); \sum |x_n|^2 \leq 1\}$ とし，$\Phi: B \to B$ を次のように

定める:

(9.1) $\quad (x_1, x_2, \cdots) \longmapsto (\sqrt{1-\|x\|^2}, x_1, x_2, \cdots).$

この写像 Φ は不動点を持たない．この例は，無限次元空間では何らかのコンパクト性が必要であろう，ということを示唆している．S. Kakutani, *Proc. Imp. Acad. Japan* **19**(1943), 269–271(S. Kakutani, *Selected papers 1*, Birkhauser, 1986, 151–153 にも再掲載)には，閉単位球から閉単位球への位相同型写像で，不動点を持たない例があげられている．

[Schauder の不動点定理の証明] 証明にはさまざまな変種があるが，以下の証明は増田[54]によるものである．

K はコンパクトであるから全有界である．ゆえに，任意の $0<\varepsilon$ に対して

$$K \subset \bigcup_{k=1}^{N} \overline{B}(x_k, \varepsilon)$$

を満たす $x_k \in K$ $(k=1, 2, \cdots, N)$ をとることができる．ここで，$\overline{B}(x, s)$ は x を中心とし，半径 s の閉球である．$x_1, x_2, \cdots, x_N$ を含む最小の閉凸集合を K_ε と書くことにしよう．K_ε は有限次元 Euclid 空間内のあるコンパクト凸集合とみなすことができるから K_ε をそれ自身に写す任意の連続写像は不動点を持つ(定理 9.3)．各 $k=1, 2, \cdots, N$ に対して，

$$\eta_k(x) = \max\left\{1 - \frac{1}{2\varepsilon}\|x-x_k\|, 0\right\}$$

とおく．η_k は連続関数で，任意の $x \in K$ に対して少なくともひとつの k について $\eta_k(x) > 0$ である．したがって，$x \in K$ に対して，$\eta(x) = \sum_{k=1}^{N} \eta_k(x)$ とおけば，$\eta(x) > 0$ がすべての $x \in K$ について成立する．さて，

$$P(x) = \sum_{k=1}^{N} \frac{\eta_k(x)}{\eta(x)} x_k$$

とおけば，P は K から K_ε への連続写像である．この写像が

(9.2) $\quad \|P(x)-x\| \leqq 2\varepsilon \quad (x \in K)$

を満たすことを証明しよう．

$$P(x) - x = \sum_{k=1}^{N} \frac{\eta_k(x)}{\eta(x)} (x_k - x)$$

であるから,
$$\|P(x)-x\| \leq \sum_{k=1}^{N} \frac{\eta_k(x)}{\eta(x)}\|x_k-x\|$$
を得る. 各 k に対して $\|x_k-x\| \leq 2\varepsilon$ であるか, さもなければ $\eta_k(x)=0$ である. したがって,
$$\sum_{k=1}^{N} \frac{\eta_k(x)}{\eta(x)}\|x_k-x\| \leq 2\varepsilon \sum_{k=1}^{N} \frac{\eta_k(x)}{\eta(x)} = 2\varepsilon.$$
これで(9.2)が示された.

さて, 写像 $P\Phi$ は K_ε をそれ自身に写す連続写像であるから, 不動点を持つ. そのひとつを x_ε としよう. $\varepsilon \to 0$ のときに収束する部分列が存在する. この部分列を改めて x_ε と表し, その収束先を x とする. このとき,
$$\|x-\Phi(x)\| \leq \|x-x_\varepsilon\| + \|P\Phi(x_\varepsilon)-\Phi(x_\varepsilon)\| + \|\Phi(x_\varepsilon)-\Phi(x)\|$$
$$\leq 2\varepsilon + \|x-x_\varepsilon\| + \|\Phi(x_\varepsilon)-\Phi(x)\| \to 0$$
が成り立つから, x は不動点である. ∎

Schauder の不動点定理は非線形微分方程式の解の存在証明になくてはならない道具である.

Schauder は同じ論文で次の定理も証明している.

定理 9.9 X を可分な Banach 空間とし, K は凸集合で, 弱閉かつ弱コンパクトであるとする. $\Phi: K \to K$ が弱連続ならば Φ は不動点を持つ. □

ここで, **弱閉**とは, $x_n \in K$, $x_n \xrightarrow{w} x$ ならばつねに $x \in K$ が成り立つこと, **弱コンパクト**とは, 任意の有界列が弱収束する部分列を持つことである. 同様に, **弱連続**とは,「$x_n \xrightarrow{w} x_0$ ならばつねに $\Phi(x_n) \xrightarrow{w} \Phi(x_0)$」が成り立つことである.

問 2 式(9.1)の写像は強連続だが弱連続でないことを示せ.

[Mazur の定理の証明] Z はコンパクトであるから, 可算部分集合 $\{x_n\}_{n=1}^{\infty}$ で,
(i) 任意の $\eta > 0$ に対して, 有限部分列 $\{x_{n(k)}\}_{k=1}^{p}$ が存在し, 任意の $x \in Z$ に対してある $x_{n(k)}$ が存在して $\|x-x_{n(k)}\| < \eta$ が成り立つ;

(ii) $\{x_n\}_{n=1}^{\infty}$ は Z で稠密である；

を満たすものが存在する．これを固定して，

$$V = \left\{ x = \sum_{n=1}^{\infty} a_n x_n \ \bigg| \ 0 \leqq a_n, \ \sum_{n=1}^{\infty} a_n = 1 \right\}$$

と定義する．V は凸集合だから $S \subset V$．したがって，V の全有界性さえ示せば十分である．

今，$0 < \varepsilon$ が与えられたものとしよう．このとき $\{x_n\}$ の部分列 $x_{n(1)}, x_{n(2)}, \cdots, x_{n(p)}$ が存在して，すべての x_n について $1 \leqq k \leqq p$ が存在して $\|x_n - x_{n(k)}\| < \varepsilon/2$ となるようにできる．そこで，$\{x_n\}$ を p 個の互いに素なグループ

$$\{x_{m(j)}^{(k)}\}_j \quad (k = 1, 2, \cdots, p)$$

に分けて，

$$\|x_{m(j)}^{(k)} - x_{n(k)}\| < \varepsilon/2 \quad (1 \leqq k \leqq p, \ j = 1, 2, \cdots)$$

が成り立つようにする．

次に，$\{x_{n(k)}\}_{k=1}^{p}$ が張る最小の凸集合を T としよう．すなわち，

$$T = \left\{ x = \sum_{k=1}^{p} b_k x_{n(k)} \ \bigg| \ 0 \leqq b_n, \ \sum_{k=1}^{p} b_k = 1 \right\}.$$

当然 T はコンパクトであるから，有限個の点 $y_1, y_2, \cdots, y_q \in T$ が存在して，任意の $y \in T$ についてどれかの j について $\|y - y_j\| < \varepsilon/2$ とできる．さて，今 $x \in V$ を任意に選んだとき，ある j が存在して $\|x - y_j\| < \varepsilon$ とできることを証明しよう．そうすれば V が全有界であることが示されたことになり，証明は終わる．さて，

$$x = \sum_{n=1}^{\infty} a_n x_n$$

の係数のうち，$x_{n(k)}$ に対応するものすべての和をとり，これを b_k とする：

$$b_k = a_{m(1)}^{(k)} + a_{m(2)}^{(k)} + \cdots.$$

この b_k によって $y = \sum_{k=1}^{p} b_k x_{n(k)}$ と定義すると，$\|x - y\| < \varepsilon/2$ が容易にわかる．一方，$\|y - y_j\| < \varepsilon/2$ なる j が存在するから，$\|x - y_j\| < \varepsilon$ が示された． ∎

定理 9.10（Leray–Schauder の不動点定理） X を Banach 空間とし，$\Phi: X \to X$ を連続なコンパクト写像であると仮定する．ある $a > 0$ が存在し

て，すべての $t \in [0,1]$ と，$\|u\| = a$ を満たすすべての u に対して $u - t\Phi(u) \neq 0$ ならば Φ は不動点を持つ． □

系9.11 $\Phi: X \to X$ が連続なコンパクト写像であると仮定する．$u - t\Phi(u) = 0$ なる $u \in X$ 全体を Z_t とする．ある $a > 0$ が存在して，

$$\bigcup_{0 \leq t \leq 1} Z_t \subset B(0; a)$$

ならば Φ は不動点を持つ，すなわち，$Z_1 \neq \emptyset$． □

この定理およびその系は本来の Leray–Schauder の不動点定理の特殊な場合でしかない．Schaeffer によるものらしいが，Leray–Schauder の定理と呼ばれることもある．証明は増田[54]を見よ．この定理を直感的に理解するには次のような考察をすればよい．写像 $u \mapsto u - t\Phi(u)$ による閉球 $\{\|u\| \leq a\}$ の像が原点を含むかどうかを考えよう．$t = 0$ のときには恒等写像であるからその像はもちろん原点を含む．もしも Φ が不動点を持たなければ，$t = 1$ のときに写像 $u \mapsto u - t\Phi(u)$ の像は原点を含まない．閉球 $\{\|u\| \leq a\}$ の像を $t = 0$ から $t = 1$ まで連続的に変形してみると，$t = 0$ で原点を内部に含み，$t = 1$ で原点を含まないのであるから，ある $t_0 \in (0, 1]$ において像の境界が原点を通過せねばならない．ところが仮定によって，$\|u\| = 1$ なる点は原点には移されない．したがって，$t = 1$ で不動点が存在せねばならない．

定理9.12（Shinbrot の不動点定理） X を可分な実 Hilbert 空間とし，$\Phi: X \to X$ が弱位相に関して連続な写像であると仮定する．すなわち，$u_n \overset{w}{\to} u$ ならば $\Phi(u_n) \overset{w}{\to} \Phi(u)$ であると仮定する．ある $a > 0$ が存在して，$\|u\| = a$ を満たすすべての $u \in X$ について

(9.3) $$(\Phi u, u) \leq \|u\|^2$$

が成立するならば，Φ は $\|u\| \leq a$ を満たす不動点を持つ．

[証明] 第1段．X が有限次元のときにまず証明する．このとき，弱位相と強位相は同じものである．最初に，仮定を少し強めて，ある $\delta \in (0, 1)$ が存在して，$\|u\| = a$ を満たすすべての $u \in X$ について

$$(\Phi u, u) \leq (1 - \delta)\|u\|^2$$

が成立するものと仮定しよう．このとき $\|u\| = a$ なる任意の u と任意の $0 \leq$

$t \leq 1$ について $u - t\Phi u \neq 0$ がいえる．実際，
$$(u - t\Phi u, u) = \|u\|^2 - t(\Phi u, u) \geq (1 - t + t\delta)\|u\|^2 \geq \delta\|u\|^2 > 0$$
だからである．以上で Leray–Schauder の不動点定理の仮定が満たされることがわかり，$\|u\| \leq a$ なる不動点の存在がわかった．次に，Φ は(9.3)を満たすものとする．任意の $\delta \in (0, 1)$ に対し，$\Phi_\delta x = \Phi x - \delta x$ と定義すると，$\|u\| = a$ なる任意の u について
$$(\Phi_\delta u, u) \leq (1 - \delta)\|u\|^2$$
が成立する．第1段の結果よりある x_δ が存在して $\|x_\delta\| \leq a$ かつ $\Phi_\delta x_\delta = x_\delta$ を満たす．点列 $\{x_\delta\}$ の $\delta \to 0$ のときの集積点を x とすると x が Φ の不動点である．

第2段．X が一般の可分な Hilbert 空間のとき，適当な正規直交基底 $\{e_n\}_{n=1}^\infty$ をとり，
$$P_N x = \sum_{n=1}^N (x, e_n) e_n$$
とおく．また，$e_1, \cdots, e_N$ で張られる有限次元部分空間を X_N とする．このとき P_N は X_N の上への直交射影である．X_N 上で写像 $P_N \Phi$ を考えると任意の $x \in X_N$ について
$$(P_N \Phi x, x) = (\Phi, P_N x) = (\Phi x, x) \leq \|x\|^2$$
が成立する．第1段の結果より不動点 x_N が存在し，$\|x_N\| \leq a$ を満たす．$\{x_N\}$ は有界列であるから弱収束する部分列が存在する．その集積点が Φ の不動点であることの証明は，Schauder の不動点定理の証明内で行ったのと同様の方法で証明できる．

Shinbrot [66] はこの不動点定理を用いて，4次元空間における Navier–Stokes 方程式の定常状態の存在を示した．後の章で示すように，3次元以下の領域における Navier–Stokes 方程式の定常解の存在が Leray–Schauder の不動点定理によって証明される．しかし，その方法はそのままでは4次元では通用しない．

問3 X が可分な実 Hilbert 空間ならば Schauder の不動点定理は Shinbrot の不

動点定理から導かれることを示せ.

問4 X を Banach 空間とし, $\Phi\colon X\to X$ がすべての $x,y\in X$ について
$$\|\Phi(x)-\Phi(y)\| < \|x-y\|$$
を満たすものとする. このとき, 必ずしも Φ の不動点が存在しないことを, 例をつくることによって証明せよ.

問5 X を Banach 空間とし, K をそのコンパクト部分集合とする. $\Phi\colon K\to K$ がすべての $x,y\in X$ について
$$\|\Phi(x)-\Phi(y)\| < \|x-y\|$$
を満たすものとする. このとき, Φ の不動点が唯ひとつ存在することを証明せよ.

問6 $-1<a<1$ とする. $[-1,1]$ で
$$f(x)=x+a\sin f(x)$$
を満たす連続関数が唯ひとつ存在することを示せ. f は (a,x) の連続関数であることを示せ.

問7 2次元球面からそれ自身への連続写像で, 不動点を持たないものが存在することを確かめよ.

問8 X を完備な距離空間とし, $\Phi\colon X\to X$ は連続写像で, ある自然数 n に対して Φ^n が縮小写像になるものとする. このとき, Φ は唯ひとつの不動点を持つことを示せ.

問9 f は $[0,1]$ 上の連続関数, $F\colon [0,1]\times[0,1]\times\mathbb{R}\to\mathbb{R}$ は C^1 級関数とする. このとき, 積分方程式
$$u(x)+\lambda\int_0^1 F(x,y,u(y))\,dy = f(x)$$
は十分小さい $\lambda\in\mathbb{R}$ について解を持つことを証明せよ.

§9.3 Krein–Rutman 理論

不動点定理の応用として Krein と Rutman の理論の一部を簡単に紹介する. 以下の記述は, M. A. Rutman, *Math. Sbornik* **8**(1940), 77–93 と M. G. Krein and M. A. Rutman, *Amer. Math. Soc. Transl.* Series 1, **10**(1962), 199–325 に

よる.

定義 9.13　X を Banach 空間とする．$K \subset X$ が**凸錐**(convex cone)であるとは K が次の 4 条件
（ⅰ）　K は閉集合である；
（ⅱ）　$x \in K, y \in K$ ならば $x+y \in K$ である；
（ⅲ）　$x \in K, \lambda \geqq 0$ ならば $\lambda x \in K$ である；
（ⅳ）　$x \in K \setminus \{0\}$ ならば $-x \notin K$
を満たすことである． □

たとえば X が 2 次元 Euclid 空間のとき，半空間は凸錐でないが，原点を頂点とし，開き角が 180 度未満の無限に広がった扇型は凸錐である．重要な例は X が L^p 空間あるいは連続関数の空間 $C(\overline{\Omega})$ で K がいたるところ非負な関数全体の集合である場合である．

凸錐は X に半順序を定義する：$x \leqq y$ を $y-x \in K$ で定義すればよい．以下で X の元の間の順序関係 $\leqq$ が現れるときにはつねにこの半順序を意味するものとする．

以下で考える写像は何らかの凸錐で定義されそれ自身に値をとる連続写像であるものとする．一般論の動機付けのために，まず **Frobenius の定理**を説明する．それは次のように述べることができる．

定理 9.14（Frobenius）　A を $N \times N$ 行列で，正則であると仮定する．さらに A のすべての成分は非負であると仮定する．このとき，ある固有値 $\lambda > 0$ とそれに対応する固有ベクトル $(x_1, \cdots, x_N)$ で，すべての成分 x_k が非負であるものが存在する．

[証明]　Brouwer の不動点定理を用いて証明しよう．X を N 次元 Euclid 空間とし，
(9.4) 　　　　　$K = \{x = (x_1, x_2, \cdots, x_N); \forall k \ x_k \geqq 0\}$
と定義する．明らかに，K は $\mathbb{R}^N$ の凸錐である．A を $X = \mathbb{R}^N$ の写像とみると A は K を K に写す．線形汎関数 f を $f(x) = x_1 + x_2 + \cdots + x_N$ で定義しよう．$x \in K, x \neq 0$ ならば $f(Ax) > 0$ である．そこで，
$$H = \{x \in K; \ f(x) = 1\}$$

とおくと，H は閉凸集合で，写像

$$\Phi x = \frac{1}{f(Ax)} Ax$$

は H を H に写す連続写像である．したがって，Brouwer の不動点定理によって不動点が存在する．それを x とすると，x のすべての成分は非負で，$Ax = f(Ax)x$ であるから $f(Ax) > 0$ が求める固有値である． ∎

この定理から推察できるように，凸錐を不変にする写像には固有値および固有ベクトルに著しい性質がある．それらを Banach 空間のコンパクト作用素の一般論として展開したのが Krein–Rutman 理論である．彼らは，次の定理を証明した．

定理 9.15（Krein–Rutman の定理） X は Banach 空間，K は凸錐と仮定し，線形作用素 $A: X \to X$ はコンパクト作用素で，$AK \subset K$ と仮定する．ある $x_0 \in K \setminus \{0\}$ と $c > 0$ が存在して，

(9.5) $\quad\quad\quad\quad Ax_0 - cx_0 \in K$

であると仮定する．このとき，正の固有値 λ が存在し，かつ λ に対応する固有ベクトルが K に存在する．（実は $c \leq \lambda$ にとれる．） □

証明に入る前に条件(9.5)について説明しておこう．Frobenius の定理で A が正則行列であることを仮定したように，まったく一般の A が正の固有値を持つわけではない．実際，自明な反例としては $A \equiv 0$ がそうであるし，$a_{n,n+1} = 1$ で他の成分が 0 であるような行列も(9.4)の K を不変にするが，正の固有値を持たない．いたるところ正であるような積分核を持つ Volterra 積分作用素も非負関数を非負関数に写すが，正の固有値は存在しない．

［証明］ある $z \in K$ が存在して $Ax_0 = cx_0 + z$ と書くことができる．$B = \{x \in K ; \|x\| \leq 1\}$ とおく．さらに，$\varepsilon > 0$ を任意にとって固定する．我々はまず，

(9.6) $\quad\quad\quad\quad \inf_{x \in B} \|A(x + \varepsilon x_0)\| > 0$

を背理法で証明する．もしこの下限が 0 ならば，A のコンパクト性によって，ある $y \in K$ と $x_j \in K$ が存在して $Ax_j \to y$ かつ $y + A(\varepsilon x_0) = 0$ となる．$Ax_0 =$

$-\varepsilon^{-1}y$ が K に属することから,$y=Ax_0=0$ でなくてはならなくなる.$Ax_0=cx_0+z$ と $x_0\in K\setminus\{0\}$ から矛盾が生ずる.

いま,
$$f_\varepsilon(x)=\frac{A(x+\varepsilon x_0)}{\|A(x+\varepsilon x_0)\|}$$
と定義すると,(9.6)によってこれは B からそれ自身への連続写像で,コンパクトである.Schauder の不動点定理によって,f_ε は不動点を持つのでそのひとつを x_ε とする.定義から明らかなように,$\|x_\varepsilon\|=1$ で,

(9.7) $\qquad Ax_\varepsilon+\varepsilon(cx_0+z)=\rho_\varepsilon x_\varepsilon$

と書ける.ここで,$\rho_\varepsilon=\|A(x_\varepsilon+\varepsilon x_0)\|$ である.(9.7)に A を施すと,
$$A^2x_\varepsilon+\varepsilon(c(cx_0+z)+Az)+\varepsilon(\rho_\varepsilon cx_0+\rho_\varepsilon z)=\rho_\varepsilon^2 x_\varepsilon.$$
これを繰り返すと,任意の自然数 m に対して

(9.8) $\qquad \varepsilon^{-1}\rho_\varepsilon^m c^{-m}x_\varepsilon-x_0\in K$

を得る.さて,ある ε に対して $\rho_\varepsilon<c$ と仮定すると,(9.8)で $m\to\infty$ とすると,$-x_0\in K$ となり,矛盾が生ずる.したがって,すべての $\varepsilon>0$ に対して $\rho_\varepsilon\geqq c$ である.一方,$\rho_\varepsilon\leqq\|A\|+\varepsilon\|Ax_0\|$ であるから,$\{\rho_\varepsilon\}_{0<\varepsilon<1}$ は上にも下にも有界であることがわかった.0 に収束する適当な部分列 $\{\varepsilon_j\}$ をとれば ρ_{ε_j} が収束する.その収束先を λ としよう.$\rho_\varepsilon\geqq c$ であったから $c\leqq\lambda$ である.また,必要ならばさらに部分列をとることによって,$Ax_{\varepsilon_j}\to y\in K$ としてよい.
$$Ax_{\varepsilon_j}+\varepsilon_j Ax_0=\rho_{\varepsilon_j}x_{\varepsilon_j}$$
であって,$\rho_{\varepsilon_j}\to\lambda(\geqq c>0)$ であるから x_{ε_j} 自身も収束することになる.この収束先を x とすれば,x_{ε_j} のノルムが 1 であったことより,$\|x\|=1$ を得る.特に $x\neq 0$ である.明らかに $x\in K$ で $Ax=\lambda x$ が成り立つので,これが求めるものである.∎

注意 9.16 俣野博氏からいただいたこの証明はわかりやすいが,Krein と Rutman によるもともとの証明はもう少し長い.

凸錐を不変にする線形コンパクト作用素はさまざまの面白い性質を持つ.

§9.3 Krein-Rutman 理論

以下にあげるのはそのうちの一部である.

補題 9.17 X が Banach 空間で, K は内点を持つ凸錐であると仮定する. このとき, ある $f \in X^* \setminus \{0\}$ で, すべての $x \in K$ について $0 \leq f(x)$ を満たすものが存在する.

[証明] X の線形閉部分空間 Y で K の内点を少なくともひとつ含むものと, Y で定義された連続線形写像 ϕ で, すべての $x \in K \cap Y$ に対して $0 \leq \phi(x)$ を満たすもの全体を考えよう. 半順序 $(Y, \phi) \preceq (Z, \psi)$ を $Y \subset Z$ かつ $\psi|_Y = \phi$ で定義する. この集合は空ではない. K の内点のひとつを u_0 とし, 1次元線形空間

$$\{tu_0; -\infty < t < \infty\}$$

において写像

$$\phi(tu_0) = t$$

を定義すれば, $t<0$ に対して $tu_0 \notin K$ だから, これは条件を満たす.

Zorn の補題を用いてこれらの中に極大元が存在することが証明できる. この極大元 (Y, ϕ) は $Y = X$ であることを示せばよい. これを証明するために $Y \neq X$ と仮定しよう. $z_0 \in X \setminus Y$ をとる. また, u_0 は K の内点で Y に含まれるものとする. $\overline{B}(u_0, \rho) \subset K$ となる $\rho > 0$ をとる. さて, $x', x'' \in Y$ で $x' \leq z_0 \leq x''$ を満たすものを考える. このような元は存在する. 実際,

$$-\frac{\|z_0\|}{\rho} u_0 \leq z_0 \leq \frac{\|z_0\|}{\rho} u_0$$

である. このような x' 全体の sup と, x'' 全体の inf をとると, $\sup \phi(x') \leq \xi_0 \leq \inf \phi(x'')$ なる $\xi_0 \in \mathbb{R}$ がとれる ($x, y \in K$, $x \leq y$ ならば $\phi(x) \leq \phi(y)$ であることに注意せよ). 線形部分空間 Z を

$$Z = \{y + tz_0; y \in Y, t \in \mathbb{R}\}$$

で定義すると, これは閉部分空間である.

$$\psi(y + tz_0) = \phi(y) + t\xi_0$$

と定義すると, これは矛盾なく定義され, 線形で, しかも ϕ の拡張になっている. ψ は K で非負である. 実際, $y + tz_0 \in K$ のときに, $0 < t$ ならば $-(1/t)y \leq z_0$ だから $\phi(-(1/t)y) \leq \xi_0$ となる. つまり, $0 \leq \phi(y) + t\xi_0$ である.

$t<0$ でも同様に $0 \leqq \phi(y)+t\xi_0$ を得る．したがって，(Y,ϕ) の真の拡大が得られた．これは (Y,ϕ) の極大性に反する．

補題 9.18 K_1, K_2 をふたつの凸錐とし，$K_1 \cap K_2 = \{0\}$ と仮定する．また，少なくとも一方は内点を持つものと仮定する．このとき，$x \in K_1$ に対して $f(x) \leqq 0$ となり，かつ，$x \in K_2$ に対して $f(x) \geqq 0$ となる $f \in X^* \setminus \{0\}$ が存在する．

[証明]
$$K = \{x-y;\ x \in K_1, y \in K_2\}$$
とおくと，これは内点を持つ凸錐になる．したがって，前補題によって，ある $f \in X^* \setminus \{0\}$ で，$f(z) \geqq 0\ (z \in K)$ を満たすものが存在する．$x \in K_1$ ならば $f(x) \geqq 0$，$y \in K_2$ ならば $f(y) = -f(0-y) \leqq 0$ であるから，f が求めるものである．

補題 9.19 X は Banach 空間，K は凸錐とする．このとき，任意の $u_0 \in K \setminus \{0\}$ に対して，ある $f \in X^*$ が存在して，$f(u_0) > 0$ かつ $f(x) \geqq 0\ (x \in K)$ を満たす．

[証明] $-u_0 \notin K$ であるから，$-u_0$ を中心とする半径 $\rho > 0$ の閉球が $X \setminus K$ に含まれるような ρ が存在する．
$$K_1 = \{\lambda(-u_0+v);\ 0 \leqq \lambda, \|v\| \leqq \rho\}$$
とおくと，K_1 は内点を持つ凸錐になる．さらに，$K \cap K_1 = \{0\}$ も明らかである．したがって，前補題によって K で非負かつ $f(-u_0+v) \leqq 0$ なる $f \in X^*$ が存在する．したがって
$$f(u_0) \geqq \sup_{\|v\| \leqq \rho} f(v),$$
すなわち，$\rho \|f\| \leqq f(u_0)$ を得る．

Krein–Rutman の定理 9.15 は，仮定を少し強めると結果が精密になって，実用上の有用性が高まる．以下はそのような例である．

定理 9.20 X は Banach 空間，K は凸錐とし，K と A は定理 9.15 と同じ仮定を満たすものと仮定する．さらに，

(9.9) $$X = \{x-y;\ x, y \in K\}$$

が成り立つものとする．このとき $r(A)$ は固有値で，$r(A)$ に対応する固有ベクトルが K に存在する．ここで，$r(A)$ は A のスペクトル半径を表す．　□
「K が内点を持てば条件(9.9)は満たされる」ことに注意しておく．

定義 9.21　作用素 A が狭義正値であるとは，$AK \subset K$ で，かつ，K の境界の任意の点 x に対してある自然数 n が存在して $A^n x$ が K の内点に属することである．　□

定理 9.22　X は Banach 空間，K は内点を持つ凸錐とする．A は狭義正値なコンパクト作用素であるとする．このとき $r(A)$ は単純固有値で，$r(A)$ に対応する固有ベクトルは K に存在する．　□

これらの定理の証明については本節冒頭の文献を参照せよ．

Krein-Rutman の定理は核が正値な積分作用素に応用できる．Ω を Euclid 空間内の有界開集合とし，

$$A\phi(x) = \int_\Omega k(x,y)\phi(y)\,dy$$

なる作用素を考える．$k \in L^2(\Omega \times \Omega)$ とし，$\Omega \times \Omega$ で，ほとんどいたるところ $k(x,y) > 0$ と仮定しよう．さらに $X = L^2(\Omega)$, $K = \{\phi \in X;$ ほとんどいたるところ $\phi(x) \geqq 0\}$ とおく．このとき，(9.5)以外の定理 9.15 および定理 9.20 の仮定は満たされる．(条件(9.5)あるいは狭義正値性は個別の k について検証せねばならない．) K が連続関数でいたるところ正，$X = C(\overline{\Omega})$, $K = \{f \in X; 0 \leqq f(x)\ (x \in \Omega)\}$ のときには K が内点を持つので定理 9.22 が適用できる．

本節で取り上げた定理にはいろいろと応用がある．なかでも，Laplace 作用素の Dirichlet 問題への応用は重要である．これによると，

$$-\Delta u = \lambda u,$$
$$u|_{\partial\Omega} = 0$$

なる固有値問題の最小固有値は単純で，その固有関数は Ω でいたるところ正であることが証明される．これは大変重要な性質である．

問 10　平面 $\mathbb{R}^2$ の閉部分集合で，それを含む最小の凸集合が閉集合でない例をつ

くれ.

問 11 有限次元 Euclid 空間のコンパクト集合を含む最小の凸集合はコンパクトであることを証明せよ.

問 12 Mazur の定理で「最小の閉凸集合」を「最小の凸集合」に置き換えることが可能かどうか考えよ.

S. Mazur, *Studia Math.* 4(1933), 70-84 は次の定理を証明した. これはしばしば有効に応用される:

定理 9.23 X を Banach 空間とし, x_n は x_0 に弱収束するものと仮定する. このとき, 任意の $\varepsilon > 0$ に対してある自然数 N と $c_1, \cdots, c_N$ で $0 \leq c_j$ ($1 \leq j \leq N$), $\sum_{j=1}^{N} c_j = 1$, $\left\| \sum_{j=1}^{N} c_j x_j - x_0 \right\| < \varepsilon$ を満たすものが存在する. □

証明は上記論文もしくは Yosida [82] を見よ. また, この定理と次の問題を比較せよ.

問 13 $1 < p < \infty$ とし, $f_n \in L^p(0,1)$ ($n = 1, 2, \cdots$) と仮定する. また, f_n は f_0 に弱収束する. このとき, 適当な部分列 $f_{n(k)}$ をとれば

$$\frac{1}{m} \sum_{k=1}^{m} f_{n(k)}$$

は f_0 に強収束する (S. Banach and S. Saks, *Studia Math.* **2**(1930), 51-57). $L^1(0,1)$ で反例をつくれ.

10 流体力学への応用

本章の目的は，流体力学の問題を通じて非線形関数解析の手法，特に不動点定理の使い方を紹介することにある．その意味で，本章全体がひとつの例題であると思っていただいても結構である．

§10.1 Navier–Stokes 方程式

Navier–Stokes 方程式は「非圧縮粘性流体」に対する運動方程式であり，応用上最も重要な偏微分方程式のひとつである．それは次のように書かれる方程式である．

$$(10.1) \quad \frac{\partial u_i}{\partial t} + \sum_{k=1}^{3} u_k \frac{\partial u_i}{\partial x_k} = \nu \triangle u_i - \frac{1}{\rho} \frac{\partial p}{\partial x_i} + f_i \quad (i=1,2,3),$$

$$(10.2) \quad \sum_{j=1}^{3} \frac{\partial u_j}{\partial x_j} = 0.$$

ここで，(u_1, u_2, u_3) と p が未知関数である．$\boldsymbol{u} = (u_1, u_2, u_3)$ は流体の速度ベクトルであり，p は流体中の圧力を表す．ρ は流体の質量密度を表す定数である．また，ν は動粘性係数と呼ばれる定数である．$\boldsymbol{f} = (f_1, f_2, f_3)$ は外から流体に直接作用する力の総和である．以後，(f_1, f_2, f_3) は既知関数とし，ρ と ν は与えられた正定数であると仮定する．

Navier–Stokes 方程式は，Newton の運動方程式と流体の粘性に関する簡

単な仮定から導かれる．実際，(10.1)は流体の各部における力の釣り合いを表し，(10.2)は質量の保存則を表す．今井[33]，ラム[48]にはその導き方が丁寧に説明されているのでこれらの専門書を参考にしていただきたい．とはいっても物理的なイメージのない方程式を解こうというのは無理な話であるから，本章の最後で Navier–Stokes 方程式のごく簡単な導出を説明した．

Navier–Stokes 方程式はベクトル形式で書くと便利なことが多い．$\boldsymbol{u} = (u_1, u_2, u_3)$ と p に関する方程式(10.1)，(10.2)は

$$\frac{\partial \boldsymbol{u}}{\partial t} + (\boldsymbol{u} \cdot \nabla)\boldsymbol{u} = \nu \triangle \boldsymbol{u} - \frac{1}{\rho}\nabla p + \boldsymbol{f}, \tag{10.3}$$

$$\operatorname{div} \boldsymbol{u} = 0 \tag{10.4}$$

と表される．(10.3)において $\nu = 0$ としたものは **Euler 方程式**と呼ばれ，非粘性流体の運動を表す．

Navier–Stokes 方程式が多くの数学者，物理学者，工学者を魅了するにはいくつかの理由がある：

(i) Navier–Stokes 方程式は乱流を含むかなり多くの流体の複雑な現象を記述できる；

(ii) 3次元の初期値境界値問題の適切性が 60 年以上にわたって未解決の問題である；

(iii) Navier–Stokes 方程式の解を数値的に求めることは最新のスーパーコンピューターでも大きな困難を伴う．したがって，Navier–Stokes 方程式を数値的に解くためのアイデアはどんなに小さなものでも重要である．

本章では Navier–Stokes 方程式の関数解析的側面についていくつかの問題を論じてみたい．Navier–Stokes 方程式(10.3)，(10.4)は偏微分方程式であるから，その適切性がまず問題となろう．典型的な問題は次のようになる．

Ω を $\mathbb{R}^3$ の有界領域とし次の初期値境界値問題を考えよう：

$$\boldsymbol{u}|_{t=0} = \boldsymbol{u}_0(x), \quad \boldsymbol{u}|_{\partial\Omega} = \boldsymbol{b}$$

なる初期値境界値を満たし，方程式(10.3)，(10.4)を満たす $\boldsymbol{u}$ と p を求めよ．

この問題では p に関する初期条件あるいは境界条件が入っていないことに

注意すべきである．実際，以下の解析で明らかなように，Navier–Stokes 方程式は u だけで閉じた形に書くことができるから p に関する条件がないのはある意味で自然でもある．

上の初期値境界値問題を現代数学的に取り扱ったのは J. Leray(1934)が最初である．その後，O. A. Ladyzhenskaya や R. Finn などが本質的に重要な貢献をなしたが，同方程式を解くために関数解析的手法がきわめて有効であることを実証したのは，加藤敏夫，藤田宏，増田久弥，儀我美一，宮川鉄朗各氏をはじめとするわが国の数学者である．上記の問題は現在でも解決されていない問題で，大変な難問であると認識されている．ラジゼンスカヤ[47]や Temam [78] も見れば，その難しさや面白さが実感されるであろう．ページの制限からこうした人々の理論全体を紹介する余裕はないので，本書では定常状態の存在に関する関数解析的理論の一部を紹介してみたい．そこで使われる道具は Leray–Schauder の不動点定理である．歴史的にいえば，Leray は Navier–Stokes 方程式の理論を通してこの不動点定理にたどりついたのであり，その点からみても，Navier–Stokes 方程式の定常状態の理論の意味は大きい．

今，$\mathbb{R}^3$ 内の有界領域 Ω が与えられており，その境界 $\partial\Omega$ は滑らかな曲面であることを仮定しよう．Navier–Stokes 方程式の定常状態は

(10.5) $$(\boldsymbol{u}\cdot\nabla)\boldsymbol{u} = \nu\triangle\boldsymbol{u} - \frac{1}{\rho}\nabla p + \boldsymbol{f},$$

(10.6) $$\operatorname{div}\boldsymbol{u} = 0,$$

(10.7) $$\boldsymbol{u} = \boldsymbol{b}.$$

ここで，$\boldsymbol{f}$ は $\overline{\Omega}$ で与えられたベクトル値関数，$\boldsymbol{b}$ は $\partial\Omega$ で与えられたベクトル値関数，$\nu>0$ と $\rho>0$ は与えられた定数である．このとき，(10.5)，(10.6)，(10.7)を満たすベクトル値関数 $\boldsymbol{u}$ とスカラー関数 p が存在するか？というのが問題である．ただちにわかるように，$\boldsymbol{b}$ は任意には与えられない．実際，Gauss の定理によって

$$0 = \int_\Omega \operatorname{div}\boldsymbol{u}\,dx = \int_{\partial\Omega} \boldsymbol{u}\cdot\boldsymbol{n}\,dS$$

となるので，境界値 b は

(10.8) $$\int_{\partial\Omega} b\cdot n\, dS = 0$$

を満たす必要がある．ここで，n は $\partial\Omega$ における外向き単位法線ベクトルである．そこで問題は，次のように定式化できる：

　　適当に滑らかな f, (10.8) を満たす適当に滑らかな b, $\nu > 0$, $\rho > 0$ が与えられたとき，(10.5), (10.6), (10.7) を満たす u, p が存在するか？

この問題は，Leray によって，ある付帯条件のもとで肯定的に解かれた．以下では，彼の理論をその後の世代の研究者の研究をもとにした形で紹介したい．

方程式 (10.5) は $\nu\triangle u - (u\cdot\nabla)u + f$ が，あるスカラー関数の勾配ベクトルになることを意味している．そこで，一般のベクトル値関数と，スカラーの勾配の形で書けるもの全体がどのような関係にあるのかをまず調べてみよう．関数空間

$$L^2(\Omega) = \{u;\ u = (u_1, u_2, u_3),\ u_j \in L^2(\Omega)\ (j = 1, 2, 3)\}$$

を用意する．$L^2(\Omega) \ni u$ とは，u の表す運動の運動エネルギーが有限であることである．$L^2(\Omega)$ は

$$(u, v) = \int_\Omega u\cdot v\, dx$$

によって，実 Hilbert 空間になる．この内積から定まるノルムを $\|\ \|$ で表す．以下，$L^2(\Omega)$ を省略して L^2 と書くこともある．さて，

$$G = \{\nabla p;\ p \in H^1(\Omega)\}$$

とおくと，G は $L^2(\Omega)$ の閉部分空間である．これを証明するために，$\nabla p_n \to g$ が L^2 で成立しているものとする．各 $p_n \in H^1$ に対して

$$p_n^* = p_n - \frac{1}{|\Omega|}\int_\Omega p_n(x)\, dx$$

とおくと，$\nabla p_n^* \to g$ である．Poincaré の不等式（定理 7.37）

$$\|p_n^* - p_m^*\| \leqq c_0\|\nabla p_n^* - \nabla p_m^*\|$$

によって，関数列 $\{p_n^*\}$ も L^2 で Cauchy 列になることがわかる．したがって

それは L^2 で強収束する：$p_n^* \to q$. あと $\boldsymbol{g} = \nabla q$ を示せばよいがこれは次のようにすればよい．任意の $\boldsymbol{w} \in C_0^\infty(\Omega)^3$ に対して
$$(\nabla p_n, \boldsymbol{w}) = (\nabla p_n^*, \boldsymbol{w}) = -(p_n^*, \operatorname{div} \boldsymbol{w}) \to -(q, \operatorname{div} \boldsymbol{w}).$$
したがって，$(\boldsymbol{g}, \boldsymbol{w}) = -(q, \operatorname{div} \boldsymbol{w})$ を得るが，これは $\boldsymbol{g} = \nabla q$ を意味する（広義導関数）. ∎

さて，G が閉部分空間であることがわかったから，その L^2 での直交補空間が存在する．これを H で表すと，直交分解
$$\boldsymbol{L}^2(\Omega) = H \oplus G$$
を得る．これを **Helmholtz 分解** と呼ぶ．この関数空間 H は重要な概念であるが，このままでは H が何者かがまだよくわからない．これを明らかにするために次の関数空間を用意する：
$$C_{0,\sigma}^\infty(\Omega) = \{\boldsymbol{v};\ \boldsymbol{v} \text{ の各成分は } C_0^\infty(\Omega) \text{ に属し，かつ } \Omega \text{ で } \operatorname{div} \boldsymbol{v} = 0\}.$$
これは $\boldsymbol{L}^2$ の無限次元部分空間であることに注意せよ．例えば，$C_0^\infty(\Omega)$ に属する任意の関数 a_1, a_2, a_3 をとって，$\boldsymbol{a} = (a_1, a_2, a_3)$，$\boldsymbol{v} = \operatorname{curl} \boldsymbol{a}$ とすれば $\boldsymbol{v} \in C_{0,\sigma}^\infty(\Omega)$ となる．さて，任意の $\boldsymbol{v} \in C_{0,\sigma}^\infty(\Omega)$ と任意の $\nabla p \in G$ に対して $(\boldsymbol{v}, \nabla p) = 0$ であることに注意する．これは
$$C_{0,\sigma}^\infty(\Omega) \subset H$$
を意味する．重要なのは次の定理である．

定理 10.1 Ω が有界領域でその境界が滑らかな曲面であれば，$C_{0,\sigma}^\infty(\Omega)$ の $\boldsymbol{L}^2(\Omega)$ における閉包は H に等しい． □

証明はいささか込み入ったものになるので省略する．Temam [78]，あるいはラジゼンスカヤ[47]にはその証明が詳しく載っている．

さて，もとの問題を次のように言い換えることができる：境界条件(10.7)を満たす $\boldsymbol{u} \in H$ で

(10.9) $\qquad \nu \triangle \boldsymbol{u} - (\boldsymbol{u} \cdot \nabla) \boldsymbol{u} + \boldsymbol{f} \in G$

なるものを求めよ．

この形に問題を書き換えると，大変都合のいいことに，圧力 p が消え，$\boldsymbol{u}$ だけを求める形になっている．しかし，H の元は必ずしも滑らかではないから，任意の $\boldsymbol{u} \in H$ に対して $\triangle \boldsymbol{u}$ あるいは $(\boldsymbol{u} \cdot \nabla) \boldsymbol{u}$ に意味があるわけでは

ない.そういう意味で,上の述べ方はまだ完全な形ではない.上では言外に「u が適当に滑らかで」という条件が入っているのである.そこで次の定義をする.

定義 10.2 $V = \{v;\ v_j \in H_0^1(\Omega)\ (j=1,2,3),\ \operatorname{div} v = 0\}$.
この関数空間には

$$(v, w)_V = \int_\Omega \nabla v \cdot \nabla w\, dx = \sum_{j,k=1}^3 \int_\Omega \frac{\partial v_j}{\partial x_k} \frac{\partial w_j}{\partial x_k}\, dx$$

なる内積を入れて,Hilbert 空間とする. □

$V \supset C_{0,\sigma}^\infty(\Omega)$ である.しかも $C_{0,\sigma}^\infty(\Omega)$ は V の稠密な部分空間である(Temam [78]).今,十分に滑らかな解 u が存在するものとしよう.このとき,(10.9)は,任意の $v \in C_{0,\sigma}^\infty(\Omega)$ に対して

$$\int_\Omega [\nu(\triangle u) \cdot v - ((u \cdot \nabla)u) \cdot v + f \cdot v]\, dx = 0$$

となることと同値である.すべての関数は滑らかであると仮定しているから,部分積分によって

$$\int_\Omega [-\nu \nabla u \cdot \nabla v - ((u \cdot \nabla)u) \cdot v + f \cdot v]\, dx = 0.$$

左辺第2項は部分積分によって
$$((u \cdot \nabla)u, v) = -((u \cdot \nabla)v, u)$$
と書き直せるから,

(10.10) $$\int_\Omega [-\nu \nabla u \cdot \nabla v + ((u \cdot \nabla)v) \cdot u + f \cdot v]\, dx = 0.$$

次に,境界値 b を領域内部へ拡張する.すなわち,
$$\operatorname{div} B = 0,\quad B|_{\partial\Omega} = b$$
を満たす B で,その成分が $H^1(\Omega)$ に属するものを考える.最後に境界値問題を次のように設定する:すべての $v \in C_{0,\sigma}^\infty(\Omega)$ に対して(10.10)を満たす u で,$u - B \in V$ なるものを求めよ.

(10.10)はすべての $u \in V$ とすべての $v \in C_{0,\sigma}^\infty(\Omega)$ について意味があるので,問題をこのように書き換えると数学的な曖昧さはなくなっている.残さ

れた仕事はこの解が存在することを証明することと，その解が実は古典的な意味での解になっていることを証明することである．本書では解の存在を示すにとどめる．古典的な意味でも解であることとを示すにはもう少しポテンシャル論的準備が必要であるので省略し，興味のある読者はラジゼンスカヤ[47]やTemam[78]を参照していただきたい．

以下では，$b \equiv 0$の場合に存在定理を述べる．

定理10.3 fの各成分が$L^2(\Omega)$に属すると仮定する．$\nu > 0$は任意の定数とする．このとき，すべての$v \in C_{0,\sigma}^\infty(\Omega)$に対して(10.10)を満たす$u \in V$が少なくともひとつ存在する． □

Leray–Schauderの定理が使える状況にあることを検証する．以下では，c_0, c_1といった記号はΩだけに依存する正定数であるがいちいち断らない．

$$\left| \int_\Omega u_j \frac{\partial v_k}{\partial x_j} u_k dx \right| \leq \|u_j\|_{L^4} \left\| \frac{\partial v_k}{\partial x_j} \right\| \|u_k\|_{L^4}$$

(Youngの不等式)と

$$\|g\|_{L^4} \leq c_0 \|\nabla g\| \quad (g \in H_0^1(\Omega))$$

(Sobolevの不等式)を用いると，

$$|((\boldsymbol{u}\cdot\nabla)\boldsymbol{v}, \boldsymbol{u})| \leq c_1 \|\nabla \boldsymbol{u}\|^2 \|\nabla \boldsymbol{v}\|$$

がすべての$\boldsymbol{u} \in V$, $\boldsymbol{v} \in C_{0,\sigma}^\infty(\Omega)$に対して成立することがわかる．この不等式は次の事実を意味する：$\boldsymbol{u} \in V$が与えられたとき，

$$\boldsymbol{v} \longmapsto ((\boldsymbol{u}\cdot\nabla)\boldsymbol{v}, \boldsymbol{u})$$

はV上の連続汎関数になる．ゆえに，Rieszの表現定理によって，あるUが一意に存在して

$$(U, \boldsymbol{v})_V = ((\boldsymbol{u}\cdot\nabla)\boldsymbol{v}, \boldsymbol{u}) \quad (\boldsymbol{v} \in C_{0,\sigma}^\infty(\Omega))$$

とできる．そこで，

$$B(\boldsymbol{u}) = U$$

とおく．BはV全体で定義され，Vに値をとる非線形写像である．Cauchy–Schwarzの不等式とPoincaréの不等式によって

$$|(\boldsymbol{f}, \boldsymbol{v})| \leq \|\boldsymbol{f}\| \|\boldsymbol{v}\| \leq c \|\boldsymbol{f}\| \|\nabla \boldsymbol{v}\|$$

であるので，$\boldsymbol{v} \mapsto (\boldsymbol{f}, \boldsymbol{v})$は$V$上の有界線形汎関数である．したがって，Riesz

の表現定理によって
$$(\boldsymbol{F},\boldsymbol{v})_V = (\boldsymbol{f},\boldsymbol{v}) \quad (\boldsymbol{v} \in V)$$
で $\boldsymbol{F} \in V$ が定まる.

問題は,$\boldsymbol{u} \in V$ で,

(10.11) $$\boldsymbol{u} - \frac{1}{\nu}B(\boldsymbol{u}) = \frac{1}{\nu}\boldsymbol{F}$$

を満たすものを求めることである.

(10.11)の右辺は V の与えられた元と考えることができるから,この方程式の可解性をいうためには非線形作用素 B の性質をまず調べなくてはならない. 我々はまず,$B: V \to V$ が連続であることを示す. このためには,ある定数 c_0 が存在して,すべての $\boldsymbol{u}, \boldsymbol{w} \in V$ に対して

(10.12) $\quad \|B(\boldsymbol{u}) - B(\boldsymbol{w})\|_V \leqq c_0(\|\nabla \boldsymbol{u}\| + \|\nabla \boldsymbol{w}\|)\|\boldsymbol{u} - \boldsymbol{w}\|_{L^4}$

が成立することをいえば十分である. この不等式は次のように証明される.
3次形式
$$b(\boldsymbol{f},\boldsymbol{g},\boldsymbol{h}) = \sum_{j,k=1}^{3} \int_\Omega f_j(x) \frac{\partial g_k}{\partial x_j} h_k(x)\, dx$$
を定義すると,Young の不等式によって
$$|b(\boldsymbol{f},\boldsymbol{g},\boldsymbol{h})| \leqq c_1 \|\boldsymbol{f}\|_{L^4} \|\nabla \boldsymbol{g}\| \|\boldsymbol{h}\|_{L^4}$$
が成り立つ.
$$(B(\boldsymbol{u}) - B(\boldsymbol{w}), \boldsymbol{v})_V = b(\boldsymbol{u},\boldsymbol{v},\boldsymbol{u}) - b(\boldsymbol{w},\boldsymbol{v},\boldsymbol{w})$$
$$= b(\boldsymbol{u}-\boldsymbol{w},\boldsymbol{v},\boldsymbol{u}) + b(\boldsymbol{w},\boldsymbol{v},\boldsymbol{u}-\boldsymbol{w})$$
$$\leqq c_1 \|\nabla \boldsymbol{v}\|(\|\boldsymbol{u}\|_{L^4} + \|\boldsymbol{w}\|_{L^4})\|\boldsymbol{u}-\boldsymbol{w}\|_{L^4}$$
であるから,Sobolev の不等式から不等式(10.12)が従う.

次に,作用素 B がコンパクト作用素であることを示す. これを証明するには,$H^1(\Omega)$ の $L^4(\Omega)$ への埋め込みがコンパクトであること(Rellich-Kondrachov の定理7.48)を利用する. $\{\boldsymbol{u}_k\}$ を,V で有界な列とすると,適当な部分列をとればその各成分が L^4 で収束するようにできる. これを改めて $\{\boldsymbol{u}_k\}$ と書くことにする.
$$\|B(\boldsymbol{u}_k) - B(\boldsymbol{u}_j)\|_V \leqq c_0(\|\nabla \boldsymbol{u}_k\| + \|\nabla \boldsymbol{u}_j\|)\|\boldsymbol{u}_k - \boldsymbol{u}_j\|_{L^4}$$

によって $B(u_k)$ が V で収束することがわかる.

補題 10.4 すべての $u \in V$ に対し,$B(u)$ と u は直交する.

[証明]
$$(B(u), u)_V = b(u, u, u) = \sum_{k,j} \int_\Omega u_k \frac{\partial u_j}{\partial x_k} u_j$$
$$= \sum_k \int_\Omega u_k \frac{\partial}{\partial x_k} \frac{|u|^2}{2} = -\int_\Omega (\operatorname{div} u) \frac{|u|^2}{2} = 0.$$
∎

結局,定理 10.3 は次の定理に帰着された.

定理 10.5 任意の $F \in V$ と任意の $0 < \nu$ に対し
$$u - \frac{1}{\nu} B(u) = \frac{1}{\nu} F$$
は少なくともひとつ解を持つ.

[証明] パラメーター $0 \leqq t \leqq 1$ に対する方程式
$$u - \frac{t}{\nu} B(u) = \frac{t}{\nu} F$$
の任意の解は,もしあるとすれば
$$(\nabla u, \nabla u) = \frac{t}{\nu}(f, u)$$
を満たすから,
$$\|\nabla u\| \leqq \frac{c_0}{\nu} \|f\|$$
を満たす.したがって Leray–Schauder の不動点定理(定理 9.10)が使える. ∎

ν が十分大きい場合には解は唯ひとつしか存在しないことが証明できる(各自証明を試みよ).

(10.8) を満たす滑らかな境界値 b についての解の存在は現在でも未解決となっている.ただ,$\partial\Omega$ のすべての連結成分 Γ_j について
$$\int_{\Gamma_j} b \cdot n \, dS = 0$$
なる付帯条件をつければ,上で述べた $b \equiv 0$ の場合の証明と同様の方法で存

在証明ができることがわかっている(ラジゼンスカヤ[47], Temam [78]).

(10.8)のみを仮定した一般の b については,すべての $\nu > 0$ について少なくともひとつ解があるのかどうか,現在でも未解決である.

§10.2 付録: Navier–Stokes 方程式の導き方

3次元空間内の有界領域 Ω を流体が占めているものとする.その境界 $\partial\Omega$ は滑らかな曲面であると仮定する.流体の運動を記述するには,Ω の各点 x および各時刻 t において流速ベクトル $\boldsymbol{u}(t,x)$ と流体の諸量が決定できればよい.その量としては,質量密度,圧力,エントロピーなどがある.ここで考えるのは非圧縮一様流体である.その意味は質量密度 ρ が時刻にも空間変数にも依存しない既知定数であることである.この場合,方程式を速度 $\boldsymbol{u}$ と圧力 p のみで閉じた形に表すことが可能となる.

流体力学の基礎方程式や諸定理を,少ない数の公理あるいは基本原理だけから導くことは多くの書物で取り扱われている(R. E. Meyer, *Introduction to mathematical fluid mechanics*, Wiley-Interscience (1971), Truesdell [79]).本書ではここまで数学的な導き方はせず,もっと直感的な導出を行う.これは,ひとつには,その方が短いページ数で導けるからである.Chorin–Marsden [10] と Serrin [65] にしたがって方程式を導出する.

我々はまず,質量保存則を仮定して(10.2)を導くことにする.以下では流体の密度 ρ は正の定数であると仮定する.空間内に固定された任意の領域 V を考えると,ここに含まれる質量は

(10.13) $$M = \int_V \rho\,dx$$

で与えられる.質量保存則によって空間のいかなる部分でも,質量が生成されたり消滅したりはしない.したがって,流れに伴って境界 ∂V を出入りする質量の総和は 0 である.つまり,

$$\int_{\partial V} \rho \boldsymbol{v} \cdot \boldsymbol{n}\, dS = 0.$$

§10.2 付録: Navier–Stokes 方程式の導き方

Gauss の定理によって

$$\int_V \rho \operatorname{div} \boldsymbol{v} \, dx = 0$$

となる．領域 V は任意だから

(10.14) $$\operatorname{div} \boldsymbol{v} = 0$$

が従う．

次に運動方程式を導く．運動を記述するために **Cauchy の応力原理**を採用する．この原理は流体を含む非常に広い範囲の連続体について正しいとしてよいことがわかっており，次のように述べることができる：

「流体中の任意の曲面 S には応力場と呼ばれるベクトル場 $\boldsymbol{t}$ が存在して，それはその点において面 S の外側の物体が内側の物体に及ぼす力に等しい．このベクトル場はその点の位置とその点における曲面 S の向きのみによって一意に決まるものと仮定する．」

さて，流体の運動方程式の原理は運動量保存の原理，つまり，ある部分の運動量の時間変化は，それに作用する外力と，境界から及ぼされる応力の和に等しい，と述べることができる．式で書けば

(10.15) $$\frac{d}{dt} \int_V \rho \boldsymbol{v} \, dx + \int_{\partial V} (\boldsymbol{v} \cdot \boldsymbol{n}) \rho \boldsymbol{v} \, dS = \int_V \rho \boldsymbol{f} \, dx + \oint_{\partial V} \boldsymbol{t} \, dS$$

である．ここで，V は空間に固定された領域で，$\boldsymbol{f}$ は外から流体に直接作用する力，たとえば重力などである．この $\boldsymbol{f}$ は既知関数であると仮定する．左辺の第 2 項は流れによって流入あるいは流出する運動量の和であることに注意せよ．部分積分することによって，(10.15) は次のようにも書くことができる．

(10.16) $$\int_V \rho \frac{D\boldsymbol{v}}{Dt} \, dx = \int_V \rho \boldsymbol{f} \, dx + \oint_{\partial V} \boldsymbol{t} \, dS.$$

ここで，

$$\frac{D\boldsymbol{v}}{Dt} = \frac{\partial \boldsymbol{v}}{\partial t} + (\boldsymbol{v} \cdot \nabla) \boldsymbol{v}$$

と定義した．

さて，領域 V として1辺の長さ ℓ の微小立方体をとると，その体積は ℓ^3 で，表面積は $6\ell^2$ である．したがって，(10.16) を ℓ^2 で割って極限をとると，

(10.17) $$\lim_{\ell \to 0} \frac{1}{\ell^2} \oint_{\partial V} \boldsymbol{t}\, dS = 0$$

を得る．したがって，応力は局所的に平衡状態にある．(10.17) は領域 V がもっと一般の形でも，いびつに扁平にならない限り，$1/\ell^2$ を $|\partial V|^{-1}$ に置き換えるだけでそのまま成立する．任意の点 $\boldsymbol{x}$ をとり，それを頂点とする4面体を考える．この4面体の境界のうち3面は座標軸に平行で，残りの1面は法線 $\boldsymbol{n} = (n_1, n_2, n_3)$ を持つものとする．他の3面の法線は，$-\boldsymbol{i} = (-1, 0, 0)$, $-\boldsymbol{j} = (0, -1, 0)$, $-\boldsymbol{k} = (0, 0, -1)$ になるわけである．斜めの面の面積を Σ で表せば，残りの面の面積は $n_1\Sigma, n_2\Sigma, n_3\Sigma$ である．この4面体に (10.17) を当てはめて $\Sigma \to 0$ とする．$\boldsymbol{t}$ は連続関数であるから，

(10.18) $$\boldsymbol{t}(\boldsymbol{n}) + n_1 \boldsymbol{t}(-\boldsymbol{i}) + n_2 \boldsymbol{t}(-\boldsymbol{j}) + n_3 \boldsymbol{t}(-\boldsymbol{k}) = 0$$

を得る．ここで，$\boldsymbol{t}(\boldsymbol{n})$ は $\boldsymbol{t}(t, \boldsymbol{x}; \boldsymbol{n})$ の略である．(10.18) は $n_i > 0$ のもとで導かれたのであるが，連続性によって $n_i \geq 0$ でも成立する．したがって特に，次の等式を得る．

$$\boldsymbol{t}(\boldsymbol{i}) = -\boldsymbol{t}(-\boldsymbol{i}), \quad \boldsymbol{t}(\boldsymbol{j}) = -\boldsymbol{t}(-\boldsymbol{j}), \quad \boldsymbol{t}(\boldsymbol{k}) = -\boldsymbol{t}(-\boldsymbol{k}).$$

これと (10.18) から，

$$\boldsymbol{t}(\boldsymbol{n}) = n_1 \boldsymbol{t}(\boldsymbol{i}) + n_2 \boldsymbol{t}(\boldsymbol{j}) + n_3 \boldsymbol{t}(\boldsymbol{k})$$

がつねに成り立つことがわかる．したがって，

$$t^i = T^{ij} n_j, \quad T^{ij} = T^{ij}(t, \boldsymbol{x})$$

という形に書くことができる．テンソル $\boldsymbol{T} = (T^{ij})$ を**応力テンソル** (stress tensor) と呼ぶ．$\boldsymbol{t}$ を $\boldsymbol{Tn}$ と書き換えて Gauss の定理を用いると，(10.16) は

$$\int_V \rho \frac{D\boldsymbol{v}}{Dt}\, dx = \int_V (\rho \boldsymbol{f} + \mathrm{div}\, \boldsymbol{T})\, dx$$

となる．ここで，

$$\mathrm{div}\, \boldsymbol{T} = \left(\sum_j \frac{\partial T^{1j}}{\partial x_j}, \sum_j \frac{\partial T^{2j}}{\partial x_j}, \sum_j \frac{\partial T^{3j}}{\partial x_j} \right)$$

と定義した．したがって，

(10.19) $$\rho\frac{D\boldsymbol{v}}{Dt} = \rho\boldsymbol{f} + \operatorname{div}\boldsymbol{T}$$

を得る．これが Cauchy の発見した運動方程式である．この方程式は Cauchy の応力原理を満たすすべての連続体について正しい．

定義 10.6 いたるところで $\boldsymbol{t}$ が $\boldsymbol{n}$ に平行な流体を**完全流体**(perfect fluid)と呼ぶ．完全流体ではあるスカラー関数 $p(t,x)$ が存在して

(10.20) $$\boldsymbol{t} = -p\boldsymbol{n}$$

と書くことができる．$T^{ij} = -p\delta^{ij}$ であるといってもよい． □

これより，完全流体の運動方程式は

(10.21) $$\rho\frac{D\boldsymbol{v}}{Dt} = \rho\boldsymbol{f} - \nabla p$$

と書くことができる．これが **Euler 方程式**である．完全流体は，固定された境界では

$$\boldsymbol{v}\cdot\boldsymbol{n} = 0$$

を満たす．

完全流体では応力の接線成分が存在しない．これは粘性(流体の摩擦)を無視したことになっている．粘性を考慮して，応力テンソル T^{ij} を p と $\boldsymbol{u}$ で表す理論は Stokes による．以下，Stokes の理論を紹介する．

(a) 構成方程式

応力テンソルを流れの他の量を使って記述する法則を**構成方程式**(constitutive equation)と呼ぶ．これは流体の種類を限定することと同値である．たとえば，完全流体であるということは，構成方程式 $\boldsymbol{T} = -p\boldsymbol{I}$ を採用することと同値である．

以下の節の目的は接線成分が無視できないような応力を持つ流体の構成方程式を導くことである．この理論は Stokes [71] によって定式化された．以下では Serrin [65] に従ってこの理論を展開する．

定義 10.7 次式で定義されるテンソルを**変形速度テンソル**と呼ぶ:

$$D = \left(\frac{\partial u_i}{\partial x_j} + \frac{\partial u_j}{\partial x_i}\right)_{1 \leq i,j \leq 3}.$$

(b) Stokes の流体公理

Stokes は流体という概念を定義している．これを現代的な形で述べるならば，次の4個の公理に集約することができる．

(**A.1**) 応力テンソル T は変形速度テンソル D の連続な関数で，他の力学的量には依存しない；

(**A.2**) 応力テンソル T の D 依存性は空間の点 x に依存しない（流体の一様性）；

(**A.3**) 等方的である．すなわちどの方向もすべて等価である（流体の等方性）；

(**A.4**) $D=0$ のときには $T=-pI$ となる．ここで，I は単位行列である．

この4個の公理を満たす連続体を流体と呼んだのである（正確には粘性流体であろう）．特殊な場合を除いて，Stokes の公理系を考えれば十分である．

公理(A.1)と(A.2)の数学的表現は

(10.22) $$T = f(D)$$

である．等方的であることは，

(10.23) $$STS^{-1} = f(SDS^{-1})$$

がすべての直交行列 S について成立することと同値である．

定理 10.8 公理(A.1)–(A.4)を仮定すると，

(10.24) $$T = \alpha I + \beta D + \gamma D^2$$

という形にならざるを得ない．ここで，α, β, γ はスカラー関数で，D の基本不変式 K_1, K_2, K_3 のみに依存する．

注意 10.9 対称行列 D の基本不変式は

(10.25) $$\det(\lambda I - D) = \lambda^3 - K_1 \lambda^2 + K_2 \lambda - K_3$$

で定義される．

§10.2 付録: Navier–Stokes 方程式の導き方

[証明] まずはじめに，T の固有方向と D の固有方向が一致することを示す．空間のある点において適当な直交座標系をとったときに D が

$$\overline{D} = \begin{pmatrix} d_1 & 0 & 0 \\ 0 & d_2 & 0 \\ 0 & 0 & d_3 \end{pmatrix}$$

と表されたとしよう．このときの応力テンソルを $\overline{T}$ とする．$\overline{T} = f(\overline{D})$ である．ここで，直交変換

$$S = \begin{pmatrix} 1 & 0 & 0 \\ 0 & -1 & 0 \\ 0 & 0 & -1 \end{pmatrix}$$

を考える．この変換によって $\overline{D}$ は不変である．したがって，$\overline{T}$ もまた $\overline{S}$ で不変でなければならない．これより，$\bar{t}_{12} = \bar{t}_{13} = 0$ を得る．まったく同様に，$\bar{t}_{23} = 0$ を得る．以上で，$\overline{T}$ は対角行列であることがわかった：

$$\overline{T} = \begin{pmatrix} t_1 & 0 & 0 \\ 0 & t_2 & 0 \\ 0 & 0 & t_3 \end{pmatrix}.$$

ここで，t_1, t_2, t_3 は D の固有値 d_1, d_2, d_3 の連続関数になる：

$$t_j = f_j(d_1, d_2, d_3) \quad (j = 1, 2, 3).$$

さて，すべての固有値が相異なると仮定して定理の証明を行おう．重複固有値がある場合は後で考える．このとき，

$$t_j = \alpha + \beta d_j + \gamma d_j^2 \quad (j = 1, 2, 3)$$

を満たすように α, β, γ を決めることができる．実際，

$$\alpha = \frac{1}{\Delta} \begin{vmatrix} t_1 & d_1 & d_1^2 \\ t_2 & d_2 & d_2^2 \\ t_3 & d_3 & d_3^2 \end{vmatrix}$$

などが Cramer の公式から導かれる．ここで，

$$\Delta = \begin{vmatrix} 1 & d_1 & d_1^2 \\ 1 & d_2 & d_2^2 \\ 1 & d_3 & d_3^2 \end{vmatrix} = (d_1 - d_2)(d_2 - d_3)(d_3 - d_1) \neq 0$$

である.

　α, β, γ はそれぞれ d_1, d_2, d_3 の連続関数である. さてここで, d_j たちの置換を考えよう. これは適当な直交行列 S を作用することと同じことだから, (10.23)によって同じ置換が t_j に作用される. これより, この置換によって α, β, γ は不変であることがわかった. したがって, α, β, γ は K_1, K_2, K_3 のみの関数であることになる. これで(10.24)が証明されたことになる.

　固有値が重複する場合には, t_j の対応する部分も重複することになる. もし, ふたつだけが重複するならば

$$T = \alpha I + \beta D$$

となるし, 3個すべてが重複するならば

$$T = \alpha I$$

という形になる. いずれにしても(10.24)の形である. ∎

　注意 10.10　固有値が重複するところでは α たちは必ずしも連続関数にはならない. しかし, T が D の C^3 級の関数であると仮定すれば, たとえ重複するところでも K_1, K_2, K_3 の連続関数になる.

　定理 10.11　公理(A.1)–(A.4)に,「T は D の線形関数である」をつけ加えると,

(10.26) $$T = (-p + \lambda \Theta) I + 2\mu D$$

となる. ここで, λ, μ は定数で, $\Theta = \operatorname{div} v$.　　　□

　証明は容易である.

(c) 古典的流体力学

　応力テンソルと変形速度テンソルの間に線形関係を仮定することが多い. これは何かからの帰結として導かれるものではなく, 仮説であることに注意しなければならない.

　線形の仮定および非圧縮性を仮定すると,

(10.27) $$T = -pI + \mu D$$

となる. (10.27)を **Cauchy–Poisson 法則** と呼ぶ.

§10.2 付録: Navier–Stokes 方程式の導き方

さて，(10.27)を(10.19)に代入したものが **Navier–Stokes 方程式**である：

$$\frac{D\boldsymbol{v}}{Dt} = \rho\boldsymbol{f} - \nabla p + \operatorname{div}(\mu\boldsymbol{D}).$$

$\nu = \mu/\rho$ が動粘性係数である．

11 関数解析的数値解析学

数値解析学の基本的な概念を関数解析の言葉で解釈することが可能である．この作業を通じていくつかの定理の応用を見よう．

§11.1 最良近似

関数の近似とはどういう操作であるか考えてみよう．ある関数 $f(x)$ が存在することを知っていても，これの詳しい性質は必ずしも知ることはできない．一方，我々が実際に使える関数は，$\sin x$ や $\log x$ などの，性質のよくわかったもの，およびそれらの線形結合である場合がほとんどである．さて，与えられた関数を既知の関数で近似するという作業には，「手持ちの既知関数の中から，与えられた関数にできるだけ近いものを選んで，与えられた関数をそれで置き換える」という側面がある．この側面を抽象化すれば次のようになる：$(X,\|\ \|)$ を，関数を要素とする Banach 空間とする．たとえば $C(K)$ (K はコンパクト空間)，$L^p(\Omega)$ (Ω は Euclid 空間内の開集合) のようなものとする．X の要素 $g_1, g_2, \cdots, g_N$ が既知であるとしよう．このとき，これらが張る線形空間

$$S = S(g_1, g_2, \cdots, g_N) = \left\{ g = \sum_{k=1}^{N} \alpha_k g_k \,\bigg|\, \alpha_k \in \mathbb{R} \right\}$$

を考える．任意の関数 $f \in X$ に対して $\|f - g\|$ を最小にする $g \in S$ がもしあ

れば，これは f を最もよく近似する既知関数であると呼ぶにふさわしい．

定義 11.1 X を Banach 空間とし，S をその閉部分空間とする．このとき，任意の $f \in X$ に対して

$$\min_{g \in S} \|f - g\|$$

を達成する g がもしあれば，それを f の S における**最良近似**(best approximation)と呼ぶ． □

定理 11.2（最良近似の存在）　$(X, \|\ \|)$ を Banach 空間とし，S を有限次元部分空間とする．このとき，任意の $f \in X$ に対して S における最良近似が存在する．

［証明］ S は $g_1, g_2, \cdots, g_N$ で張られているとする．$g_1, g_2, \cdots, g_N$ は線形独立であると仮定しても一般性は失われないので，これらは線形独立であると仮定する．さて，$\mathbb{R}^N$ での関数

$$F(\alpha) = \left\| f - \sum_{k=1}^{N} \alpha_k g_k \right\|$$

を定義すると，これは $\alpha = (\alpha_1, \cdots, \alpha_N) \in \mathbb{R}^N$ の連続関数である．$R > 0$ とし，$\mathbb{R}^N$ 内の半径 R の閉球

$$\Sigma = \{(\alpha_1, \cdots, \alpha_N);\ \alpha_1^2 + \cdots + \alpha_N^2 \leqq R^2\}$$

の外側で F を考え，

$$\inf_{\alpha \in \mathbb{R}^N,\ |\alpha| \geqq R} F(\alpha) = M_R$$

と書くことにしよう．すると

(11.1) $$\lim_{R \to \infty} M_R = +\infty$$

が成り立つ．これを示すために，そうでないと仮定すると，ある $\alpha^n \in \mathbb{R}^N$ ($n = 1, 2, \cdots$) と定数 c_0 で，

(11.2) $$|\alpha^n| \to +\infty$$

かつ

(11.3) $$F(\alpha^n) \leqq c_0$$

を満たすものが存在する．$\beta^n = |\alpha^n|^{-1}\alpha^n$ としよう．

(11.4) $$\frac{F(\alpha^n)}{|\alpha^n|} = \left\||\alpha^n|^{-1}f - \sum_{k=1}^{N}\beta_k^n g_k\right\|$$

の左辺は，(11.2), (11.3)によって，$n \to \infty$ のとき 0 に収束する．一方，すべての β^n は Euclid 空間の単位球面に属するから，必要ならば部分列をとることによって

$$\beta^n \to \gamma \quad (|\gamma| = 1)$$

としてよい．(11.4)の右辺は $n \to \infty$ のとき $\left\|\sum_{k=1}^{N}\gamma_k g_k\right\|$ に収束する．したがってこの値は 0 でなくてはならないが，これは $\{g_k\}$ の線形独立性に反する．以上で，(11.1)が示された．

(11.1)によって，十分大きな R をとれば

$$\inf_{\alpha \in \mathbb{R}^N} F(\alpha) = \inf_{|\alpha| \leq R} F(\alpha)$$

が成立する．ところが，集合 $\{\alpha \in \mathbb{R}^N; |\alpha| \leq R\}$ はコンパクトであるから最小値が存在する．これで証明が終わった． ∎

この定理は「任意の関数に対して既知関数族のなかで最良近似が存在する」という意味に読めばよい．

注意 11.3 この定理で，次元が有限であることは重要な仮定である．Banach 空間内の無限次元閉部分空間で，最良近似を持たない例が存在する(Singer [67]の系 2.4 とその直後の注意参照)．Banach 空間 X が反射的ならば，すべての閉部分空間とすべての $f \in X$ に対して最良近似が存在する(藤田-黒田-伊藤[21])．したがって特に，Hilbert 空間では最良近似が存在するが，これは f の S への直交射影に他ならない．念のために反例をあげておこう．$X = C([0,1])$ とし，

$$S = \left\{f \in X; \int_0^{1/2}f(x)\,dx - \int_{1/2}^{1}f(x)\,dx = 0\right\}$$

とおく．S は X の中の余次元 1 の閉部分空間である．$f(x) = \sin(2\pi x)$ の S における最良近似は存在しない．実際，$g \in S$ を最良近似であると仮定し，$h = f - g$ とおこう．このとき，

(11.5) $$\int_0^{1/2}h(x)\,dx - \int_{1/2}^{1}h(x)\,dx = 2/\pi$$

であるから，$2/\pi \leqq \|h\|_\infty$ を得る．一方，任意の $\varepsilon > 0$ に対して，適当な折れ線関数 ϕ で，

$$\int_0^{1/2} \phi(x)\,dx - \int_{1/2}^1 \phi(x)\,dx = 2/\pi$$

かつ $\|\phi\|_\infty \leqq 2/\pi + \varepsilon$ を満たすものが容易に構成できる．したがって，f と S の距離は $2/\pi$ であることがわかった．このことと，(11.5)から，すべての x で $|h(x)| = 2/\pi$ であることが導かれる．しかしこのような h で(11.5)を満足する連続関数は存在しない．

応用上特に有用なのは X が実軸の区間の上の連続関数の集合 $C([a,b])$ である場合である．$\{g_k\}$ としては

$$g_k(x) = x^{k-1} \quad (k=1,2,\cdots,N)$$

をとる．すなわち，S は $N-1$ 次以下の多項式全体になる．このとき定理 11.2 で存在が保証される元のことを**最良近似多項式**と呼ぶ．$C([a,b])$ での最良近似多項式は唯ひとつ存在する(演習問題)．

一般の空間では定理 11.2 の最良近似が唯ひとつに定まることは稀である．最良近似がふたつ以上存在する例は簡単に作ることができる．

例 11.4 $X = \mathbb{R}^2$ にノルム $\|(x_1,x_2)\| = \max\{|x_1|,|x_2|\}$ を入れる．S を実軸とする．点 $(0,1)$ と S との距離は 1 であるが，実軸上の区間 $[-1,1]$ のすべての点は点 $(0,1)$ からちょうど 1 だけ離れている． □

最良近似の一意性に関しては **Haar の定理**という著しい定理が知られている．

定理 11.5(Haar) K を，2 次元以上の Euclid 空間内のコンパクト集合とし，S を張る関数 g_k はすべて連続であると仮定する．もし，1 点のみで結ばれた 3 本の曲線からなる集合が K に含まれれば，$X = C(K)$ の元で 2 個以上の最良近似を持つものが存在する． □

Davis [16] を参照することとして，ここでは証明しない．この定理は $C(K)$ における最良近似がいつも唯ひとつ存在するのは，本質的に K が 1 次元区間である場合に限られることを意味する．

一般に，Banach 空間 $(X, \|\ \|)$ とその閉部分空間 S に対して最良近似がた

かだかひとつしか存在しないことが保証されるためにはそのノルムがある程度特殊なものでなければならないことがわかっている．第 7 章の狭義凸あるいは一様凸空間の定義を思い出そう．

定理 11.6 Banach 空間 $(X, \|\ \|)$ が狭義凸ならば，任意の部分空間への最良近似は(存在したとしても)たかだかひとつである． □

証明は容易であるから練習問題とする．

定理 11.7 Banach 空間 $(X, \|\ \|)$ が一様凸ならば，任意の閉部分空間(次元は無限でもよい) S への最良近似が唯ひとつ存在する．

[証明] $f \in X$ に対し，$M = \inf_{g \in S} \|f - g\|$ とおく．最良近似の定義から，$f_n \in S$ かつ，$\|f - f_n\| \to M \ (n \to \infty)$ なる列 $\{f_n\}$ がとれる．$\|f - f_n + f - f_m\| = 2\|f - (f_n + f_m)/2\| \geq 2M$ であるから $n, m \to \infty$ のとき $\|f_n - f_m\| \to 0$ でなければならない．完備性から $\{f_n\}$ は収束し，この極限が最良近似を与える． ∎

定理 11.2 の簡単な系として次の定理が証明できる．

定理 11.8 X を Banach 空間とし，S をその有限次元部分空間とする．このとき，S は閉部分空間である．

[証明] 点列 $u_n \in S$ が点 $v \in X$ に収束するとする．このとき，$\min_{w \in S} \|v - w\|$ を達成する $w \in S$ が存在する．v は S の集積点であるからこの最小値は 0 である．すなわち，$v \in S$ である． ∎

さて，最良近似の存在はわかったが，これがどれくらい「良い」近似なのかは S の選び方に依存する．今，無限列 $g_1, g_2, \cdots \in X$ が与えられているものとし，これらは線形独立であるものと仮定しよう．自然数 N に対し，$g_1, g_2, \cdots, g_N$ で張られる空間を S_N と記することにする．$f \in X$ に対し，

$$E_N(f) = \min_{g \in S_N} \|f - g\|$$

と書くことにする．N が大きくなるとき，$E_N(f)$ は単調に減少する．E_N はいわば誤差に対応する量であるから，これができる限りすみやかに 0 に収束してほしい．そのような $\{g_k\}$ をうまく選ぶことが応用上重要な問題になるわけである．

定義 11.9　点列 $\{g_k\}_{k=1}^\infty$ が完全であるとは,すべての k について $L(g_k)=0$ を満たす $L\in X^*$ が $L=0$ に限られる場合をいう.　□

「$\{g_k\}$ が完全であること」と,「$\{g_k\}$ を含む最小の閉部分空間が X であること」とは同値である.これは Hahn–Banach の定理によって容易に証明できる.

$X=C([a,b])$ で $g_k(x)=x^{k-1}$, $k=1,2,\cdots$ のときこれらは完全である.これは Weierstrass の定理 11.15 による.一般に,$\lim_{N\to\infty}E_N(f)=0$ がすべての $f\in X$ について成り立つことと,$\{g_k\}$ が完全であることとは同値である.したがって,我々は完全な $\{g_k\}$ を探さねばならないことになる.完全性に関して次の **Müntz の定理** が有名である.

定理 11.10(Müntz)　関数列 $x^{p_0}, x^{p_1}, \cdots$ において
$$0 = p_0 < p_1 < p_2 < \cdots, \quad \lim_{j\to\infty} p_j = +\infty$$
を仮定する.このとき,この関数列が $C([0,1])$ で完全であるための必要十分条件は
$$\sum_{j=1}^\infty \frac{1}{p_j} = +\infty$$
である.　□

証明は Achieser [1] あるいは Davis [16] を見よ.

数値解析の問題では,$E_N(f)$ ができるだけすみやかに 0 に収束する $\{g_k\}$ を見出すことが要求される.これに関して次の **Bernstein の定理** が成り立つ.これはこのような要求が一般には満たされないことを意味する.

定理 11.11(Bernstein)　X と,線形独立で完全な $\{g_k\}_{k=1}^\infty$ が与えられていると仮定する.このとき,0 に収束する任意の正数列 $\{\varepsilon_n\}_{n=1}^\infty$ に対して,
$$E_N(f) = \varepsilon_N \quad (N=1,2,\cdots)$$
を満たす $f\in X$ が存在する.　□

証明は Davis [16] にあるのでここでは証明しない.$\{\varepsilon_N\}$ としてはどのように遅く収束する数列をとってもよい.したがって,この定理は非常にゆっくりしか近似できない元の存在を示している.

Bernstein の定理は,X の元すべてについて速く収束するような $\{g_k\}$ はと

れない，ということをいっているわけであるから，実際の問題としては，近似される関数 f の枠をもう少し狭めて近似の収束を速めることを狙うしかない．

多項式近似に関する善し悪しについては次の **Jackson の定理** が有名である．

定理 11.12（Jackson）　$X = C([-1,1])$ とし，たかだか N 次の多項式からなる空間 S を考える．このとき，

$$\min_{g \in S} \|f - g\| \leqq \frac{2 + \pi^2}{2} \omega(1/N)$$

が成立する．ここで，ω は f の**連続率**（modulus of continuity）と呼ばれる量で，

$$\omega(\delta) = \sup\{|f(x) - f(y)|;\ x, y \in [-1,1],\ |x - y| \leqq \delta\}$$

で定義される． □

証明は Davis [16] あるいは杉原–室田 [73] を見よ．関数 f が Lipschitz 連続ならば，最良近似多項式の誤差は $O(1/N)$ であることがわかる．

例題 11.13　関数 f が区間 $[-1,1]$ を含む複素領域で解析的であるならば，N に依存しない定数 $c_0 > 0$ と $\rho \in (0,1)$ が存在して，

$$\min_{g \in S} \|f - g\| \leqq c_0 \rho^N.$$

ここで，S はたかだか N 次の多項式からなる空間である．

［証明］　関数 F を

$$F(\theta) = f(\cos \theta)$$

で定義する．この関数 F は $[-\pi, \pi]$ で滑らかで，かつ周期的な偶関数である．したがってそれは Fourier 余弦展開可能である．

$$F(\theta) = \sum_{k=0}^{\infty} a_k \cos k\theta.$$

$$a_0 = \frac{1}{\pi} \int_0^{\pi} F(y)\, dy, \quad a_k = \frac{2}{\pi} \int_0^{\pi} F(y) \cos ky\, dy \quad (1 \leqq k)$$

である．定数 $c_1 > 1$ と $\rho \in (0,1)$ が存在して，$|a_k| \leqq c_1 \rho^k$ $(1 \leqq k)$ が成立する

(練習問題). したがって,
$$\left|F(\theta) - \sum_{k=0}^{N} a_k \cos k\theta\right| \leq \sum_{k=N+1}^{\infty} |a_k| \leq c_1 \frac{\rho^{N+1}}{1-\rho}$$
を得る. $\cos k\theta$ は $x = \cos\theta$ の k 次多項式である. これは k 次 **Chebyshev 多項式**と呼ばれる多項式であり, 通常 $T_k(x)$ で表される. 以上で
$$\left|f(x) - \sum_{k=0}^{N} a_k T_k(x)\right| \leq c_1 \frac{\rho^{N+1}}{1-\rho}$$
がわかった. ∎

例題 11.14 $1 < a$ とし, $f(x) = 1/(x-a)$ の多項式近似を $[-1, 1]$ で考える. このとき,
$$E_N(f) = O((a + \sqrt{a^2-1})^{-N})$$
が成り立つ. これを見るには
$$\int_0^\pi \frac{\cos ky}{\cos y - a}\, dy = \frac{-\pi}{\sqrt{a^2-1}}(a + \sqrt{a^2-1})^{-k}$$
に注意すればよい. □

§11.2 関数族の完全性

古典的な数値解析の基本的問題に, ある関数族の何らかの関数空間での完全性の問題がある. その中で最も基本的なものは次の **Weierstrass の(多項式近似)定理**である.

定理 11.15 K を Euclid 空間 $\mathbb{R}^N$ のコンパクト集合であるとすると, すべての多項式のなす関数族は $C(K)$ で稠密である. □

$N = 1$ の場合には次の **Bernstein の定理**の系として得られる.

定理 11.16 $C([0,1]) \ni f$ とする. f に対する N 次 **Bernstein 多項式**とは
$$B_N(f; x) = \sum_{k=0}^{N} f\left(\frac{k}{N}\right)\binom{N}{k} x^k (1-x)^{N-k}$$
で定義される N 次多項式のことである. 任意の $f \in C([0,1])$ に関して

$$\lim_{N\to\infty}\max_{x\in[0,1]}|f(x)-B_N(f;x)|=0$$

が成り立つ. □

高木[75], Davis[16], Achieser[1]には Bernstein の定理の直接の証明がある. また, 杉原–室田[73]にも別証明がある.

Weierstrass の定理 11.15 は Stone によって一般化され, 次のように抽象化されている.

定理 11.17（**Stone–Weierstrass の定理**）　K をコンパクト距離空間とし, $C(K)$ を K 上の実数値連続関数のなす Banach 空間であるとする. Y を $C(K)$ の線形部分空間とする（閉部分空間とは仮定しない）. さらに, 次の3条件を仮定する:

（ⅰ）　$x,y\in K$, $x\neq y$ ならば, ある $f\in Y$ が存在して, $f(x)\neq f(y)$;

（ⅱ）　$f,g\in Y$ ならば, $fg\in Y$;

（ⅲ）　Y はすべての定数関数を含む.

このとき, Y は $C(K)$ で稠密である. □

この定理も多くの文献で取り上げられているので証明はしない（例えばディユドネ[18]を見よ）. Stone–Weierstrass の定理において K を Euclid 空間のコンパクト集合とし, Y を多項式全体とすると, Y が定理の仮定を満たすことが容易に証明できる. この意味で, 古典的な Weierstrass の定理は Stone–Weierstrass の定理に含まれるのである.

Stone–Weierstrass の定理は複素数値連続関数のなす空間の場合には少し変更が必要である.

定理 11.18　K をコンパクト距離空間とし, $C(K)$ を K 上の複素数値連続関数のなす Banach 空間であるとする. Y を $C(K)$ の線形部分空間とする（閉部分空間とは仮定しない）. さらに, 次の4条件を仮定する:

（ⅰ）　$x,y\in K$, $x\neq y$ ならば, ある $f\in Y$ が存在して, $f(x)\neq f(y)$;

（ⅱ）　$f,g\in Y$ ならば, $fg\in Y$;

（ⅲ）　Y はすべての定数関数を含む;

（ⅳ）　$f\in Y$ ならば, $\overline{f}\in Y$.

このとき，Y は $C(K)$ で稠密である． □

証明はディユドネ[18]を見よ．

問 1 関数列 $\{e^{kx}\}_{k=0}^{\infty}$ が $C([0,1])$ で完全であることを証明せよ．

具体的な関数近似では，適当な関数列 $\{f_n\}_{n=1}^{\infty}$ を選んで完全になるようにする．関数列は定義されている領域によってさまざまなものが考案されている．1次元有界閉区間のときには，Legendre 多項式，Chebyshev 多項式などが使われる．

定義 11.19 $P_0(x) \equiv 1$ と定義し，自然数 n に対して

$$P_n(x) = \frac{1}{2^n n!} \frac{d^n}{dx^n} (x^2 - 1)^n$$

と定義し，これを n 次 **Legendre 多項式** と呼ぶ． □

定義から容易にわかるように，Legendre 多項式はちょうど n 次の多項式である．また，

$$(1 - 2xr + r^2)^{-1/2} = \sum_{n=0}^{\infty} P_n(x) r^n$$

を満たすことが証明されている(小松[43], Lebedev [49])．

定理 11.20 多項式系 $\{\sqrt{n+(1/2)}\, P_n\}_{n=0}^{\infty}$ は $L^2(-1,1)$ で完全正規直交系をなす．

[証明] $P_n(x)$ の多項式としての次数がちょうど n であることから，任意の N 次多項式は $P_0, P_1, \cdots, P_N$ の線形結合で表される．多項式全体が $C([-1,1])$ で稠密であるから，Legendre 多項式全体の完全性が従う．

$m \neq n$ のとき $\int_{-1}^{1} P_n(x) P_m(x)\, dx = 0$ であることを証明するには，自然数 m と整数 $k = 0, 1, \cdots, m-1$ に対して

$$\int_{-1}^{1} x^k P_m(x)\, dx = 0$$

を示せばよい．左辺は

§11.2 関数族の完全性

$$\frac{1}{2^m m!} \int_{-1}^{1} x^k \frac{d^m}{dx^m}(x^2-1)^m dx$$

に等しいが，これは部分積分すれば 0 である．

$$\int_{-1}^{1} P_n(x)^2 dx = \frac{2}{2n+1}$$

の証明は多少の準備が必要なのでここでは行わない．小松[43], Lebedev [49] を見よ．

正規化された Legendre 多項式 $\sqrt{n+(1/2)}\, P_n(x)$ は，関数列 $1, x, x^2, x^3, \cdots$ から，$L^2(-1,1)$ で Schmidt の直交化によって得られた関数列に等しい (Lebedev [49])．

定理 11.20 によって

(11.6)
$$f(x) = \sum_{n=0}^{\infty} \alpha_n P_n(x),$$
$$\alpha_n = \frac{2n+1}{2} \int_{-1}^{1} f(x) P_n(x)\, dx$$

は $L^2(-1,1)$ で収束する．しかし，(11.6)の右辺が一様収束するかどうかは別問題である．

定理 11.21 $f \in H^1(-1,1)$ ならば，(11.6)は $[-1,1]$ で一様収束する． □

この定理は，加藤敏夫，『数学』4(1952)，100–101 による．Jackson [37] pp. 31–32 には，次の定理が証明なしに載っている．

定理 11.22 $f \in C([-1,1])$ の連続率を $\omega(\delta)$ とすると

$$\sup_{-1 \leq x \leq 1} \left| f(x) - \sum_{n=1}^{N} \alpha_n P_n(x) \right| \leq C\omega(1/N)\sqrt{N}.$$

ここで，C は f にも N にも依存しない定数である． □

この定理によって，$f \in C^\alpha([-1,1])$ かつ $1/2 < \alpha$ ならば Legendre 展開が $[-1,1]$ で一様に収束することがわかる．加藤の定理(その証明はきわめて初等的である)では $f \in H^1(-1,1) \subset C^{1/2}([-1,1])$ を仮定しているので両者を比較してみると面白い．Legendre 展開が一様収束するための十分条件でもっと緩いものが存在するのかどうか，筆者は知らない．ただ，$\varepsilon > 0$ に対し，

$[-1+\varepsilon, 1-\varepsilon]$ での一様収束ならば，$\alpha > 0$ で $f \in C^\alpha([-1,1])$ ならば十分であることが Jackson [37] p.31 の定理 9 の系に述べられている．また，ある点 $x_0 \in (-1,1)$ での Legendre 展開の収束性はその点における Fourier 級数の収束と同値であることが知られている（W. H. Young, *Proc. London Math. Soc.* **18**(1920), 141–162)．証明は Young の論文もしくは小松[43]を見よ．

定義 11.23 整数 $n = 0, 1, \cdots$ に対して
$$T_n(x) = \cos(n \arccos x)$$
と定義し，これを **Chebyshev 多項式** と呼ぶ． □

定理 11.24 Chebyshev 多項式系 $\{T_n\}_{n=0}^\infty$ は
$$L^2\left((-1,1);\frac{dx}{\sqrt{1-x^2}}\right)$$
で完全直交系をなす．

[証明]
$$\int_{-1}^1 T_n(x) T_m(x) \frac{dx}{\sqrt{1-x^2}} = \int_0^\pi \cos n\theta \cos m\theta\, d\theta$$
から直交性が従う．また，f が上の関数空間に属することと θ の関数 $f(\cos\theta)$ が $L^2(-1,1)$ に属することは同値である．これと Weierstrass の定理によって完全性がわかる． ■

半無限区間 $[0, \infty)$ のときによく使われるのは Laguerre 多項式である．

定義 11.25 整数 $n = 0, 1, \cdots$ と $\alpha \in (-1, \infty)$ に対して
$$L_n^\alpha(x) = \frac{e^x x^{-\alpha}}{n!} \frac{d^n}{dx^n}(e^{-x} x^{n+\alpha})$$
と定義し，これを **Laguerre 多項式** と呼ぶ． □

問 2 L_n^α は x の n 次多項式であることを確かめよ．

定理 11.26 Laguerre 多項式系 $\{L_n^\alpha\}_{n=0}^\infty$ は
$$L^2((0,\infty); e^{-x} x^\alpha dx)$$
で完全直交系をなす．さらに詳しく

§11.2 関数族の完全性 — 229

$$\phi_n(x) = \left(\frac{n!}{\Gamma(n+\alpha+1)}\right)^{1/2} e^{-x/2} x^{\alpha/2} L_n^\alpha(x)$$

$(n=0,1,\cdots)$ は $L^2(0,\infty)$ で完全正規直交系をなす．ここで，Γ はガンマ関数である．

[証明] 直交性の証明は，たとえば Lebedev [49] を見よ．完全性を示すには，

$$F(s) = \int_0^\infty f(x) e^{-x} x^\alpha e^{-sx} dx$$

とおく．$f \in L^2((0,\infty); e^{-x}x^\alpha dx)$ ならば，$F(s)$ は $-1/2 < \mathrm{Re}[s] < \infty$ で正則な関数を表す．もし f がすべての Laguerre 多項式と $L^2((0,\infty); e^{-x}x^\alpha dx)$ で直交するならば，F の原点におけるすべての導関数が 0 になる．したがって $F(s) \equiv 0$ を得る．F に Laplace 逆変換(Davies [15])をほどこしたものが $x^\alpha e^{-x} f(x)$ であるから f はほとんどいたるところで 0 である． ∎

$L^2(\mathbb{R})$ の中で完全な関数族で最も有名なのは Hermite 関数である．

定義 11.27 $H_0(x) \equiv 1$ と定義し，自然数 $n \geq 1$ に対して

$$H_n(x) = (-1)^n e^{x^2} \frac{d^n}{dx^n} e^{-x^2}$$

を n 次 **Hermite 多項式** と呼ぶ．n 次 Hermite 多項式の多項式としての次数はちょうど n であることに注意せよ． □

定理 11.28 Hermite 多項式系 $\{H_n(x)\}_{n=1}^\infty$ は

$$L^2(\mathbb{R}; e^{-x^2} dx)$$

で完全直交関数系をなす．関数

$$\phi_n(x) = \left(2^n n! \sqrt{\pi}\right)^{-1/2} e^{-x^2/2} H_n(x) \quad (n=0,1,\cdots)$$

は $L^2(\mathbb{R})$ の完全正規直交系をなす．

[証明] 後半さえ示せばよい．ϕ_n が直交系であることを証明するには，$n=0,1,\cdots,m-1$ に対して

$$\int_\mathbb{R} \phi_m(x) e^{-x^2/2} x^n dx = 0$$

であることを示せば十分である．しかるに，これは

$$\int_{\mathbb{R}} x^n \left(\frac{d^m}{dx^m} e^{-x^2} \right) dx = 0$$

と書き直せる．部分積分によってこれが正しいことがすぐにわかるから，直交系であることが証明された．

(11.7) $\quad \int_{\mathbb{R}} \phi_n(x)^2 dx = \frac{1}{2^n n! \sqrt{\pi}} \int_{\mathbb{R}} e^{-x^2} H_n(x)^2 dx = 1$

は次のように証明される．まず次式に注意する：

(11.8) $\quad \exp(-z^2 - 2xz) = \sum_{n=0}^{\infty} \frac{(-1)^n H_n(x)}{n!} z^n.$

これは $\exp(-z^2 - 2xz) = \exp(-(z+x)^2) \exp(x^2)$ を $z=0$ のまわりで Taylor 展開すれば得られる．(11.8)の両辺を z で微分すると

$$-2x \sum_{n=0}^{\infty} \frac{(-1)^n H_n(x)}{n!} z^n - 2 \sum_{n=0}^{\infty} \frac{(-1)^n H_n(x)}{n!} z^{n+1} = \sum_{n=1}^{\infty} \frac{(-1)^n H_n(x)}{(n-1)!} z^{n-1}.$$

これより，

(11.9) $\quad H_{n+1}(x) - 2x H_n(x) + 2n H_{n-1}(x) = 0 \quad (n = 0, 1, \cdots)$

を得る．(11.9)において n を $n-1$ に代えて

$$H_n - 2x H_{n-1} + 2(n-1) H_{n-2} = 0.$$

これに $e^{-x^2} H_n(x)$ をかけて積分すると，

$$\int_{\mathbb{R}} e^{-x^2} H_n(x)^2 dx - 2 \int_{\mathbb{R}} x e^{-x^2} H_n(x) H_{n-1}(x) \, dx$$
$$= -2(n-1) \int e^{-x^2} H_n(x) H_{n-2}(x) \, dx$$

を得るが，Hermite 関数の直交性はすでに証明したから，この右辺は 0 になる．次に，(11.9)に $e^{-x^2} H_{n-1}(x)$ をかけて積分すると，

$$2n \int_{\mathbb{R}} e^{-x^2} H_{n-1}(x)^2 dx - 2 \int_{\mathbb{R}} x e^{-x^2} H_n(x) H_{n-1}(x) \, dx = 0.$$

これら 2 式によって

$$\int_{\mathbb{R}} e^{-x^2} H_n(x)^2 dx = 2n \int_{\mathbb{R}} e^{-x^2} H_{n-1}(x)^2 dx$$

を得る．これと

$$\int_{\mathbb{R}} e^{-x^2} H_0(x)^2 dx = \int_{\mathbb{R}} e^{-x^2} dx = \sqrt{\pi}$$

から(11.7)がただちに従う.

完全性を証明するために, すべての ϕ_n と直交する $f \in L^2(\mathbb{R})$ が存在したと仮定しよう. このとき,

$$F(z) = \frac{1}{\sqrt{2\pi}} \int_{\mathbb{R}} f(x) e^{-x^2/2} e^{-izx} dx$$

とおく. 容易にわかるように, F はすべての $z \in \mathbb{C}$ について有限確定となり, $F(z)$ は z の正則関数となる. 仮定より, すべての n について

$$F^{(n)}(0) = \frac{(-i)^n}{\sqrt{2\pi}} \int_{\mathbb{R}} f(x) e^{-x^2/2} x^n dx = 0$$

であるから, $F \equiv 0$ を得る. したがって $f \equiv 0$ となり, 完全性が証明された. ∎

最近ではウェーブレットが注目を集めているが, これも $\mathbb{R}$ 上の関数族で $L^2(\mathbb{R})$ で完全なものである. ウェーブレット関数族はある関数の平行移動や拡大・縮小で得られたもの全体からなっている. これに関連して, 次節で証明する Wiener の定理が古典的な結果である. この定理によれば, ある関数を平行移動したものだけ完全になるためにはその関数に厳しい条件が必要になることがわかる.

§11.3 Wiener の定理

N. Wiener による次の定理を証明する.

定理 11.29 $K \in L^2(\mathbb{R})$ とし, その Fourier 変換 $\widehat{K}(\xi)$ が, ほとんどすべての ξ に対して $\widehat{K}(\xi) \neq 0$ を満たすものと仮定する. このとき,

$$K(\cdot - \alpha) \quad (\alpha \in \mathbb{R})$$

の全体は $L^2(\mathbb{R})$ で完全である. 逆にこの関数族が完全ならば, ほとんどすべての ξ について $\widehat{K}(\xi) \neq 0$ である. □

Fourier 変換によってこの定理は次の定理と同値である.

定理 11.30 $\phi \in L^2(\mathbb{R})$ が, ほとんどすべての ξ に対して $\phi(\xi) \neq 0$ を満たすことと,
$$\phi(\xi) \exp(i\alpha\xi) \quad (\alpha \in \mathbb{R})$$
の全体が $L^2(\mathbb{R})$ で完全であることとは同値である.

[証明] 関数 ϕ が, 測度正のある集合 E で恒等的に 0 であると仮定しよう. このとき E は有界であると仮定して一般性を失わない. E の定義関数を f とすると,
$$\int_{-\infty}^{\infty} \left| f(\xi) - \sum_k \beta_k \phi(\xi) \exp(i\alpha_k \xi) \right|^2 dx \geqq m(E) > 0$$
であるから, 上の関数族は完全ではあり得ない.

次に, ほとんどすべての ξ について $\widehat{\phi}(\xi) \neq 0$ であると仮定しよう.

第1段. $g(\xi) = f(\xi)/\phi(\xi)$ とおき, $0 < A$, $0 < B$ に対して
$$g_{AB}(\xi) = \begin{cases} g(\xi) & |g(\xi)| < B \text{ かつ } |\xi| < A \\ Bg(\xi)/|g(\xi)| & |g(\xi)| \geqq B \text{ かつ } |\xi| < A \\ 0 & |\xi| > A \end{cases}$$
と定義する.
$$\int_{-\infty}^{\infty} |f(\xi) - g_{AB}(\xi)\phi(\xi)|^2 d\xi$$
$$= \left(\int_{-\infty}^{-A} + \int_{A}^{\infty} \right) |f(\xi)|^2 d\xi + \int_{-A}^{A} |f(\xi) - g_{AB}(\xi)\phi(\xi)|^2 d\xi$$
において, まず A を十分大きくとって右辺第1項が $\varepsilon^2/2$ 以下になるようにする. 次に, B を大きくとって第2項が $\varepsilon^2/2$ 以下になるようにする. これは $|f(\xi) - g_{AB}(\xi)\phi(\xi)|$ が B について単調減少でほとんどいたるところ 0 に収束するから可能である (Beppo–Levi の定理).

以上で
(11.10) $$\|f(\xi) - g_{AB}(\xi)\phi(\xi)\| \leqq \varepsilon$$
なる $A > 0$ と $B > 0$ が存在することがわかった.

第2段. $A < C$ なる C をとり, $(-C, C)$ で g_{AB} に等しく, かつ $2C$ 周期を

持つ関数を g_C とする.

$$\|g_{AB}\phi - g_C\phi\|^2$$
$$= \sum_{k=1}^{\infty}\left\{\int_{-C}^{C}|g_{AB}(\xi)\phi(\xi+2kC)|^2 d\xi + \int_{-C}^{C}|g_{AB}(\xi)\phi(\xi-2kC)|^2 d\xi\right\}$$
$$\leqq B^2\left(\int_{C}^{\infty}+\int_{-\infty}^{-C}\right)|\phi(\xi)|^2 d\xi$$

だから, $C > 0$ を十分大きくとることによって,

(11.11) $$\|g_{AB}\phi - g_C\phi\| \leqq \varepsilon$$

とできる.

第3段. g_C を Fourier 展開する:

$$g_C(\xi) = \sum_{k=-\infty}^{\infty} \beta_k \exp(i\pi k\xi/C).$$

そうして

(11.12) $$g_C(\xi) - \sum_{k=-N}^{N}\left(1 - \frac{|k|}{N}\right)\beta_k \exp(i\pi k\xi/C)$$

を評価する.

$$\left|\sum_{k=-N}^{N}\left(1 - \frac{|k|}{N}\right)\beta_k \exp(i\pi k\xi/C)\right|$$
$$= \left|\frac{1}{2C}\int_{-C}^{C} g_C(v) \sum_{k=-N}^{N}\left(1 - \frac{|k|}{N}\right)\exp(i\pi k(\xi-v)/C)\,dv\right|$$
$$\leqq B\frac{1}{2C}\int_{-C}^{C}\left|\sum_{k=-N}^{N}\left(1 - \frac{|k|}{N}\right)\exp(i\pi k(\xi-v)/C)\right|dv.$$

一方,

$$\sum_{k=-N}^{N}\left(1 - \frac{|k|}{N}\right)\exp(i\pi k(\xi-v)/C) = \frac{1}{N}\frac{\sin^2\left(\dfrac{N\pi(\xi-v)}{2C}\right)}{\sin^2\left(\dfrac{\pi(\xi-v)}{2C}\right)}$$

であることがわかる. 特に, この関数は実数値でいたるところ非負であるので

$$\left| \sum_{k=-N}^{N} \left(1 - \frac{|k|}{N}\right) \beta_k \exp(i\pi k\xi/C) \right|$$
$$\leqq B \frac{1}{2C} \int_{-C}^{C} \sum_{k=-N}^{N} \left(1 - \frac{|k|}{N}\right) \exp(i\pi k(\xi-v)/C)\, dv = B$$

であることが証明された.したがって,(11.12)は一様に有界である.

次に,$N \to \infty$ のとき,

$$\int_{-C}^{C} \left| g_C(\xi) - \sum_{k=-N}^{N} \left(1 - \frac{|k|}{N}\right) \beta_k \exp(i\pi k\xi/C) \right|^2 d\xi$$
$$= 2C \left\{ \sum_{k=-\infty}^{\infty} |\beta_k|^2 - \sum_{k=-N}^{N} \left(1 - \frac{k^2}{N^2}\right) |\beta_k|^2 \right\}$$

は 0 に収束する.したがって,適当な部分列 $N(j)$ をとれば

$$\left| g_C(\xi) - \sum_{k=-N(j)}^{N(j)} \left(1 - \frac{|k|}{N(j)}\right) \beta_k \exp(i\pi k\xi/C) \right|$$

は $j \to \infty$ のときほとんどいたるところ 0 に収束する.$j \to \infty$ のとき Lebesgue の収束定理を使えば,

$$g_C(\xi)\phi(\xi) - \sum_{k=-N(j)}^{N(j)} \left(1 - \frac{|k|}{N(j)}\right) \beta_k \phi(\xi) \exp(i\pi k\xi/C)$$

の L^2 ノルムはいくらでも小さくできるので,証明が終わることになる. ∎

　以上で見てきたように,与えられた関数を近似するということは既知関数の族の線形結合でできる限りもとの関数に近いものを選ぶことである.したがってそれらの既知関数族を目的に応じて選ぶという操作が必要になる.これまでその代表的なものは三角関数とか多項式とかであった.最近よく使われるものにウェーブレットがある.ページ数の制限のためウェーブレットの解説はあきらめざるを得なかった.ベネデット[5]などで勉強してほしい.

§11.4　数値積分の関数解析的解釈

　積分とは連続線形汎関数の一種である.K を Euclid 空間内のコンパクト集合とし,$X = C(K)$ とする.

$$L\colon C(K)\ni f\longmapsto \int_K f$$

なる写像を考える. ここで積分は Lebesgue 積分である. $\|f\|$ を最大値ノルムとし, $m(K)$ を K の Lebesgue 測度とすれば

$$\left|\int_K f\right|\leq m(K)\|f\|$$

が成立する. これは, $L\in X^*$ を意味する.

一般に積分を厳密に計算できる関数は限られているから, 積分を近似する公式がさまざまに提案されている. これはすなわち, L を X^* の既知量で近似する方法の提案である.

例 11.31 $K=[0,1]$ とし, N を自然数とする.

$$\int_0^1 f(x)dx \sim \frac{1}{2N}f(0)+\sum_{k=1}^{N-1}\frac{1}{N}f\left(\frac{k}{N}\right)+\frac{1}{2N}f(N)$$

と近似する公式は, **台形公式**としてよく知られている. $k=0,1,\cdots,N$ に対し $L_k\in X^*$ を

$$L_k(f)=f(k/N)$$

で定義する. この記号を用いると,

$$L\sim \frac{1}{2N}L_0+\frac{1}{N}\sum_{k=1}^{N-1}L_k+\frac{1}{2N}L_N$$

で近似をおこなっていることになる. 右辺を $L^{(N)}$ で表すと, 次の定理が成り立つ. □

定理 11.32 $N\to\infty$ のとき, $L^{(N)}$ は L に X^* で汎弱収束する. しかし X^* で強収束はしない.

[証明] 汎弱収束を示すには, 定理 6.11 によって, 次の 2 点を証明すれば十分である.
(i) $\|L^{(N)}\|\leq 1$.
(ii) すべての $f\in C^2([0,1])$ に対して $Lf-L^{(N)}f\to 0$.
(i)は定義からただちに従う. (ii)を示すには, まず $h=1/N$ とおいて,

(11.13) $\left|\int_a^{a+h} f(x)\,dx - h\dfrac{f(a)+f(a+h)}{2}\right| \leqq \dfrac{5h^2}{12} \max_{a \leqq y \leqq a+h} |f''(y)|$

を示す. Taylor の定理によって, 任意の $x \in [a, a+h]$ に対してある $\xi \in [a, x]$ が存在して

(11.14) $\qquad f(x) = f(a) + (x-a)f'(a) + \dfrac{(x-a)^2}{2}f''(\xi)$

が成立する. $x = a + h$ とおくと,

(11.15) $\qquad f'(a) = \dfrac{f(a+h) - f(a)}{h} - \dfrac{h}{2}f''(\xi)$

を得る. (11.15) を (11.14) に代入して $[a, a+h]$ で積分すると,

$$\left|\int_a^{a+h} f(x)dx - h\dfrac{f(a)+f(a+h)}{2}\right| \leqq \dfrac{5h^3}{12}\|f''\|_\infty$$

を得る.

(11.13) を区間 $[k/N, (k+1)/N]$ に適用し, 和をとれば,

(11.16) $\qquad |Lf - L^{(N)}f| \leqq \dfrac{5h^2}{12}\|f''\|_\infty$

を得る.

必ずしも強収束しないことを見るには,

- $f \in C([0,1])$,
- $f((2k-1)/(2N)) = 1 \ (k=1,2,\cdots,N)$,
- $f(k/N) = 0 \ (k=1,2,\cdots,N)$,
- 各区間 $[k/(2N), (k+1)/(2N)] \ (0 \leqq k \leqq 2N-1)$ で f は 1 次関数,

を満たす f を考える. このとき,

$$\int_0^1 f(x)\,dx = \dfrac{1}{2}$$

であり, $L^{(N)}f = 0$ である. したがって,

$$\dfrac{1}{2} \leqq \sup_{\|f\| \leqq 1} \dfrac{|Lf - L^{(N)}f|}{\|f\|}$$

となり, 強収束しないことがわかる. ∎

$L_0, \cdots, L_N$ で張られる X^* の部分空間を S としたとき,S での L の最良近似が存在する(定理 11.2). そのひとつを M_N で表そう. また,X^* のノルムを $\| \ \|$ で表す. このとき,$\|L-M_N\|$ は $N \to \infty$ のとき,0 に収束するであろうか? 上記定理の証明を見れば,これは 0 に収束しないことがわかる. 同じ証明で,

$$\inf \left\| L - \sum_{k=1}^{N} a_k L_{x_k} \right\| \geq \frac{1}{2}$$

であることも示される. ここで,$L_{x_k} f = f(x_k)$ で,inf は,すべての実数 a_j と,N 個の任意の点 $x_k \in [0,1]$ についてとるものである.

結局,$C([0,1])$ について一様に収束する積分公式は存在しないことになる. 実用上は,まったく任意の連続関数の積分が必要になることは少ないので,$C([0,1])$ のある部分集合について一様収束する公式で満足するという立場に立つことが多い. 例えば,台形公式は $C^2([0,1])$ の共役空間で強収束することは上の (11.16) が示している. この観点から 1 次元区間においてもっともすぐれた積分公式は二重指数関数型積分公式と呼ばれ,高橋秀俊と森正武によって発見され,多くの日本人数学者によって理論が整備されてきた. これについては杉原-室田 [73] を一読されることをお勧めする.

別の立場としては汎弱収束で満足することもあり得る. つまり,与えられた関数に応じた公式を使い,その公式の汎用性を望まない立場である. 数値積分についてはこれ以上述べない. Davis-Rabinowitz [17], 杉原-室田 [73] を参照のこと. また,多重積分の数値的な公式の研究には多くの魅力的な問題が存在する. これについても杉原-室田 [73] を参照されたい.

§11.5 Lax–Milgram の定理

本節以下では楕円型微分方程式の数値計算法について述べる. その抽象的な基盤をなすのが,表題の定理である. X を実 Hilbert 空間としその双対空間を X^* で表す. $a(\ ,\ )$ を $X \times X$ 上の有界双線形写像とする. すなわち,$(u,v) \mapsto a(u,v)$ は $X \times X$ から $\mathbb{R}$ への写像で,各々の変数について線形

で，ある定数 M が存在して
(11.17) $\qquad |a(u,v)| \leqq M\|u\|\,\|v\| \quad (u,v \in X)$
が成立するものとする．

定義 11.33 有界双線形写像 $a(\ ,\ )$ が**強圧的**(coercive)であるとは，ある正の定数 α が存在して，
$$\alpha\|u\|^2 \leqq a(u,u) \quad (u \in X)$$
が成立することである． □

定理 11.34（**Lax–Milgram の定理**） $a(\ ,\ )$ を Hilbert 空間 X 上の強圧的な有界双線形写像であるとする．このとき，任意の $f \in X^*$ に対して
$$a(u,v) = f(v) \quad (v \in X)$$
を満たす $u \in X$ が唯ひとつ存在する． □

a を $a(u,v)=(u,v)_X$（X の内積）ととれば，これは強圧的双線形写像である．したがって Lax–Milgram の定理は，Riesz の表現定理を特殊な場合として含むことに注意せよ．強圧的な有界双線形写像は必ずしも 2 変数について可換であることを要求していないから，もっと一般的なものがいくらでも存在することにも注意せよ．

[証明] 解がたかだかひとつしか存在しないことをまず証明する．このためには $f=0$ から $u=0$ を導けばよい．解 u は $a(u,v)=0$ をすべての $v \in X$ について満足する．したがって特に，$a(u,u)=0$ である．a は強圧的であるから $\alpha\|u\|^2 \leqq a(u,u)=0$．$\alpha>0$ であるから $u=0$ が従う．

$u \in X$ に対して $f_u \in X^*$ を $f_u(v)=a(u,v)$ で定義する．定理を証明するには $u \mapsto f_u$ が X から X^* の上への写像であることを示せばよい．$\alpha\|u\|^2 \leqq |f_u(u)| \leqq \|f_u\|\,\|u\|$ より $\|f_u\| \geqq \alpha\|u\|$ を得る．したがって，f_{u_n} が Cauchy 列ならば u_n も Cauchy 列になる．ゆえに，$F=\{f_u\,;\,u \in X\}$ は X^* の線形閉部分空間である．これが X^* に一致することを示せばよい．
$$S = \{v \in X\,;\,f_u(v)=0 \ (u \in X)\}$$
とおく．$S=\{0\}$ と F が X^* で稠密であることは同値であるから，$S=\{0\}$ さえ示せば証明が終わる．$v \in S$ ならば $f_v(v)=0$ である．したがって，$a(v,v)=0$ である．a は強圧的であるから $v=0$ でなければならない． ■

Lax–Milgram の定理は線形楕円型偏微分方程式の解の存在証明に使われることが多い．応用例は藤田-黒田-伊藤[21]を見よ．一方，数値的な近似解の存在・誤差評価にもなくてはならない道具である．

§11.6　最良近似としての Galerkin 法

Galerkin 法とはどのようなものかを簡単な例で考察しよう．Galerkin 法はさまざまな偏微分方程式を数値的に計算する方法であるが，ここでは一番理解しやすい Poisson 方程式の数値計算を考えよう．Ω を 2 次元有界領域とし，Ω で定義された関数 f が与えられているものとする．このとき，

$$-\Delta u = f \quad (x \in \Omega) \tag{11.18}$$

$$u = 0 \quad (x \in \partial\Omega) \tag{11.19}$$

を満たす関数 u を求める問題を Poisson 方程式の Dirichlet 問題と呼ぶ．この問題を次のように定式化しなおす．$X = H^1_0(\Omega)$ とする．この Sobolev 空間の内積を

$$((v, w)) = \int_\Omega \nabla v(x) \cdot \nabla w(x)\, dx$$

で定義する．これから定まるノルムを $\|v\|_1 = \sqrt{((v,v))}$ とする．さて，上の問題を，「$u \in V$ で

$$((u, v)) = (f, v) \quad (\forall v \in X) \tag{11.20}$$

を満たすものを求めよ」と書きなおすことができる．(11.18), (11.19) と (11.20) がある意味で "同値" であることを形式的な計算で見ておこう．(11.18) に $v \in C_0^\infty(\Omega)$ をかけて積分すると，

$$(\nabla u, \nabla v) = (f, v)$$

を得る．この両辺を v の関数と見ると，どちらも X 上の有界線形汎関数である．$C_0^\infty(\Omega)$ は $X = H^1_0(\Omega)$ で稠密である．したがって，これはすべての $v \in X$ について成り立ち，(11.20)を得る．

未知関数 u を近似するために X の有限次元部分空間 S を数値計算しやす

いように定義する．S の定義は後回しとして，今はこの S が与えられたものとしよう．$u_S \in S$ で

(11.21) $\qquad ((u_S, v)) = (f, v) \quad (\forall v \in S)$

を満たすものを考えよう．これを u の近似解として採用する方法を Galerkin 法と呼ぶ．u_S はすべての $v \in S$ に対して $((u_S - u, v)) = 0$ を満たすから，Galerkin 法による近似 u_S は，解 u の S への，$X = H_0^1(\Omega)$ での直交射影である．したがって，u_S は S に関する最良近似である．**Ritz 法**とは

$$\min_{u \in S} \int_\Omega \left[\frac{1}{2} |\nabla u(x)|^2 - f(x) u(x) \right] dx$$

の解を近似として採用する方法で，今の問題の場合，Galerkin 法と同値である．

有限要素法(finite element method)とは，Galerkin 法の特殊な場合で，S として区分的に多項式である関数からなる空間を選ぶ方法である．一例をあげよう．Ω を 2 次元の正方形 $[0,1] \times [0,1]$ とする．これを図 11.1 のように三角形分割する．そして，各三角形の上で 1 次多項式で，Ω 全体で連続，かつ，$\partial \Omega$ で 0 になる関数全体を S とする．この S を使って(11.21)を計算する．もちろん，応用上重要な場合には方程式がもっと複雑であったり，領域が入り組んでいたりするので，このように単純な定式化がいつも推奨されるわけではない．しかし，数値計算のためのさまざまな知識は現在では確立されているといってよい状況にある．興味のある読者は田端[74]，菊地[41]，

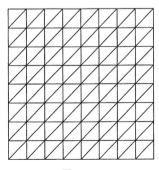

図 11.1

森[60]などを参照していただきたい.

Galerkin 法の拡張のひとつに **Petrov–Galerkin 法**と呼ばれるものがある. これは重みつき残差法と呼ばれるものと同じである. これは, S と同じ次元の部分空間 R をとって

$$u_S \in S, \quad ((u_S, v)) = (f, v) \quad (\forall v \in R)$$

の解を近似解として採用する方法である. $R = S$ ならば通常の Galerkin 法に他ならない. この方法をさらに拡張して, R として必ずしも X の部分空間ではないものをとることもある. 一例をあげよう. $\Omega = [0,1]$ とし, $[0,1]$ 内に N 個の点 $x_1, x_2, \cdots, x_N$ をとる. そして, $\delta(\cdot - x_j)$ $(1 \leqq j \leqq N)$ で張られる空間を R とする. この方法を**拘束点法**(collocation method)と呼ぶ. また, S としてはさまざまな選択が有り得るが, f が滑らかならば $N-1$ 次以下の Chebyshev 多項式全体をとるとよい. この計算法を**選点スペクトル法**と呼ぶことがある.

§11.7 Trefftz 法

Galerkin 法に対比すべき方法に **Trefftz 法**がある. Galerkin 法が「境界条件は満たすが, 微分方程式は満たさない」関数の集まりの中から近似解を探すのに対し, Trefftz 法では「微分方程式は満たすが, 境界条件は満たさない」関数の集まりの中から解を探す. Poisson 方程式の Dirichlet 問題

(11.22) $\qquad -\triangle u = f \quad (x \in \Omega)$

(11.23) $\qquad u = \phi \quad (x \in \partial\Omega)$

を考えよう. (11.22)を満たす関数 u_0 が与えられているものとしよう. 一方で, $-\triangle u_k = 0$ を Ω で満たす関数列 u_k $(k=1,2,\cdots)$ も与えられているものと仮定する. ここで, u_1 は定数関数 $u_1 \equiv 1$ であると仮定しておく. 未知定数 α_n を用いて

(11.24) $\qquad u^{(N)} = u_0 + \sum_{n=1}^{N} \alpha_n u_n$

とおいてみよう．これは(11.22)を厳密に満たすが，境界条件(11.23)は必ずしも満たさない．そこで(11.24)の $u^{(N)}$ が境界条件を近似的に満たすように係数 α_n を求める．これが Trefftz 法である(Mikhlin [57])．

境界条件をどう満たすかによって，さまざまなバージョンが考えられる．Mikhlin [57]では次のような方法を提唱している：(11.22), (11.23)の解を u として，

$$\int_\Omega |\nabla u(x) - \nabla u^{(N)}(x)|^2 dx$$

が最小になるように α_n を定めよ．この方法は一見未知関数 u を使っているので実用にならないように見えるが，実はそうではない．α_n は次の条件で特徴づけられる：

$$\frac{\partial}{\partial \alpha} \int_\Omega \left| \nabla(u(x) - u_0(x)) - \sum_{n=1}^N \alpha_n \nabla u_n(x) \right|^2 dx.$$

この条件は

(11.25) $$Aa = b$$

と表すことができる．ここで，a は α_n $(1 \leq n \leq N)$ を成分とするベクトルで，A は次を成分とする $N \times N$ 行列である：

$$A_{jk} = \int_\Omega \nabla u_j(x) \cdot \nabla u_k(x) \, dx,$$

b は

$$\int_\Omega \nabla(u - u_0) \cdot \nabla u_j(x) \, dx$$

を成分とするベクトルである．部分積分によって

$$\int_\Omega \nabla(u - u_0) \cdot \nabla u_j(x) \, dx = \int_{\partial\Omega} (u - u_0) \frac{\partial u_j}{\partial n} \, dS - \int_\Omega (u - u_0) \triangle u_j(x) \, dx$$
$$= \int_{\partial\Omega} (\phi - u_0) \frac{\partial u_j}{\partial n} \, dS$$

と計算されるが，これは既知量である．あとは(11.25)を解いて α_n を求めればよい．係数行列 A が正則行列であることと，$\{u_n\}_{n=1}^N$ が $L^2(\Omega)$ で線形独立

§11.7 Trefftz法 —— 243

であることとは同値である(簡単だから各自証明せよ). したがって, $u_1 \equiv 1$ を満たす線形独立な $\{u_n\}_{n=1}^N$ を採用しておけば解が求められる.

上に述べた方法とは別に, 拘束点を使う方法もよく使われる. これは $\partial\Omega$ の上の N 個の点 $\xi_1, \xi_2, \cdots, \xi_N$ をとって,

(11.26) $\qquad u^{(N)}(\xi_n) = \phi(\xi_n) \quad (1 \leqq n \leqq N)$

を要請する. α_n の満たすべき条件は

$$Ga = b.$$

ここで, G は

$$G_{jk} = u_k(\xi_j)$$

を成分とする $N \times N$ 行列で, b は

$$\phi(\xi_j) - u_0(\xi_j)$$

を成分とするベクトルである. この方法の便利な点は, 係数行列 G の計算が簡単であることである. 係数行列 A の成分は積分を含むため計算に時間がかかる. 欠点は G の正則性が証明しづらいことである.

これらの方法の収束について考察してみよう.

$$X = \{f \in L^2(\Omega);\ f\text{ は }\Omega\text{ で調和関数}\}$$

を考える. 次の命題によって, X は $L^2(\Omega)$ の閉部分空間となり, したがって Hilbert 空間となる.

定理 11.35 X は $L^2(\Omega)$ の閉部分空間である.

[証明] 閉集合であることを示せば十分である. $u \in X$ とすると u は Ω では C^2 級である. 平均値の定理(藤田他[22])によって

(11.27) $\qquad u(x) = \dfrac{1}{|B|} \int_B u(y)\,dy$

を得る. ここで, $x \in \Omega$, B は x を中心とする閉球で, Ω に含まれるものなら半径は何でもよい. いま, $u_n \in X$, かつ $L^2(\Omega)$ で $u_n \to v$ と仮定しよう. (11.27)において $u = u_n$ として $n \to \infty$ とすると, 右辺が

$$\dfrac{1}{|B|} \int_B v(y)\,dy$$

に収束することがわかる. 一方, u_n は L^2 で強収束するから, 部分列をとれ

ば v にほとんどいたるところで収束する(藤田-黒田-伊藤[21], §2.2). したがって,

$$(11.28) \qquad v(x) = \frac{1}{|B|} \int_B v(y)\,dy$$

がほとんどすべての点で成り立つことがわかった．この右辺は x の連続関数であるから，これはすべての $x \in \Omega$ と, x を中心とするすべての閉球 $B \subset \Omega$ に対して成り立つ．ところがこれから v が調和関数であることが従う(平均値の定理の逆: 藤田他[22])．これで X が閉集合であることがわかった．

同様に,
$$Y = \{f \in C(\overline{\Omega})\,;\, f\text{ は }\Omega\text{ で調和関数}\}$$
とおくと, Y は $C(\overline{\Omega})$ の閉部分空間であることが証明できる．

定理 11.36 $\{u_n\}_{n=1}^{\infty}$ が X で完全で線形独立ならば, (11.24)で計算された近似解 $u^{(N)}$ は $N \to \infty$ のとき解 u に収束する．

この定理はほぼ自明である．一方, (11.26)で計算した近似解が収束するかどうかの証明は容易でない．そもそも近似解が存在するかどうか, つまり, 係数行列 G が正則かどうかすら明らかではない．下手に ξ_n をとると収束しないということもあり得るであろう．

Trefftz 法の特別な場合に**代用電荷法**と呼ばれるものがある．典型的な場合を考えよう．2次元領域で Dirichlet 問題

$$(11.29) \qquad -\triangle u = 0 \quad (x \in \Omega)$$
$$(11.30) \qquad u = \phi \quad (x \in \partial\Omega)$$

を考えよう．有界領域 Ω は単連結であるとしよう．閉曲線 $\partial\Omega$ の外側に別の閉曲線 Γ をとり, Γ の内部に $\overline{\Omega}$ が含まれるようにする．点 ζ_k $(k=1,2,\cdots,N)$ を Γ 上にとり, 関数 u_n を
$$u_n(x) = \log|x - \zeta_n|$$
で定義する．明らかに u_n は $\overline{\Omega}$ で調和である．これに対応して近似解を
$$u^{(N)}(x) = \sum_{n=1}^{N} \alpha_n u_n(x)$$

という形で求める. 未知定数 α_k を求めるために点 ξ_k $(k=1,2,\cdots,N)$ を $\partial\Omega$ 上にとる. そして,
$$u^{(N)}(\xi_n) = \phi(\xi_n)$$
を要請する. 係数行列
$$G = (G_{jk}), \quad G_{jk} = \log|\xi_j - \zeta_k|$$
が正則ならば, 近似解が一意に存在する. あまり変なふうに ξ_j や ζ_k をとると係数行列は正則でなくなることがある(岡本久・桂田祐史,『応用数理』**2**(3)(1992), 2–20). 関数の族 $\log|\cdot - \zeta|$ $(\zeta \in \Gamma)$ が X あるいは Y で完全であることは証明できる(同論文). しかし, 収束の一般的な十分条件はわかっていないようである. ひとつの処方箋が M. Katsurada and H. Okamoto, *Inter. J. Comp. Math. Appl.* **31**(1996), 123–137 に与えられている.

§11.8 境界要素法

境界要素法(boundary element method)は別名**境界積分法**とも呼ばれ, ポテンシャル問題や弾性体の問題などでしばしば用いられる数値解法である. 特に外部領域における境界値問題には有効である. 以下, 境界要素法のアイデアを紹介しよう.

簡単のために, 調和関数の外部 Dirichlet 問題を考えよう. Ω を $\mathbb{R}^3$ 内のコンパクト集合の外部であるとする. ϕ を $\partial\Omega$ 上で与えられた関数であるとする. そして次の境界値問題

(11.31) $\quad\triangle u(x) = 0 \quad (x \in \Omega)$

(11.32) $\quad u(\xi) = \phi(\xi) \quad (\xi \in \partial\Omega)$

(11.33) $\quad \lim_{|x|\to\infty} u(x) = 0$

を考えよう.

境界要素法の出発点は Green の公式である: D を有界領域とすると
$$\int_D (f\triangle g - g\triangle f)\,dx = \int_{\partial D}\left(f\frac{\partial g}{\partial n} - g\frac{\partial f}{\partial n}\right) dS.$$

ここで，$\partial/\partial n$ は ∂D における外向き法線微分を表す．いま，$x \in \Omega$ を固定し，$0 < \varepsilon, R$ を固定する．$R > 0$ は十分大きくとって，原点を中心とする半径 R の球が $K = \mathbb{R}^3 \setminus \Omega$ を内部に含むようにする．また，ε は十分小さくとり，x を中心として半径 ε の球が Ω に含まれるようにする．最後に，
$$D = \{y \in \Omega ;\ |y| < R,\ |y-x| > \varepsilon\}$$
とする．この領域の上で，$f = u,\ g(y) = E(y-x)$ ととる．E は **Newton ポテンシャル** と呼ばれる関数で，
$$E(z) = \frac{1}{4\pi} \frac{1}{|z|}$$
で定義される．f も g も D で調和関数であるから，Green の公式は次のように書かれる：
$$\left(\int_{\partial \Omega} + \int_{|y|=R} - \int_{|y-x|=\varepsilon} \right) \left(u(y) \frac{\partial}{\partial n_y} E(y-x) - E(y-x) \frac{\partial u}{\partial n}(y) \right) dS_y = 0.$$
ここで $R \to \infty$ とする．ポテンシャル理論によって，$|y| \to \infty$ のとき
$$u(y) = O(|y|^{-1}), \quad \nabla u(y) = O(|y|^{-2})$$
となることが知られている（藤田他[22] 定理 4.3）．これと，
$$E(y-x) = O(|y|^{-1}), \quad \nabla_y E(y-x) = O(|y|^{-2})$$
から $|y| = R$ での面積分が 0 に収束することがわかる．次に $|y-x| = \varepsilon$ での面積分の $\varepsilon \to 0$ での極限を考えると，
$$\lim_{\varepsilon \to 0} \int_{|y-x|=\varepsilon} \left(u(y) \frac{\partial}{\partial n_y} E(y-x) - E(y-x) \frac{\partial u}{\partial n}(y) \right) dS_y = -u(x)$$
を得る．したがって，
$$u(x) = \int_{\partial \Omega} \left(E(y-x) \frac{\partial u}{\partial n}(y) - u(y) \frac{\partial}{\partial n_y} E(y-x) \right) dS_y$$
が導かれた．境界上で $u = \phi$ であるから

(11.34) $$u(x) = \int_{\partial \Omega} \left(E(y-x) \frac{\partial u}{\partial n}(y) - \phi(y) \frac{\partial}{\partial n_y} E(y-x) \right) dS_y.$$

この等式において右辺では $\partial u/\partial n$ だけが未知量である．したがって，$\partial u/\partial n$ を何らかの方法で別途計算できれば $u(x)$ が求められたことになる．

$\partial u/\partial n$ を求めるには次のようにする．$\xi \in \partial\Omega$ を固定し，
$$D = \{y \in \Omega;\ |y| < R,\ |y-\xi| > \varepsilon\}$$
なる領域で $f=u$, $g(y) = E(y-\xi)$ に対して Green の公式を適用して $R \to \infty$, $\varepsilon \to 0$ とすると，

$$(11.35)\quad \frac{1}{2}u(\xi) = \int_{\partial\Omega}\left(E(y-\xi)\frac{\partial u}{\partial n}(y) - u(y)\frac{\partial}{\partial n_y}E(y-\xi)\right)dS_y$$

を得る．ここで，$\partial E/\partial n_y$ は $|y-\xi|^{-2}$ なる項を含むので一見すると主値で積分を定義する必要があるように見えるが，実は通常の積分になることが次のようにしてわかる．

$$\frac{\partial E}{\partial n_y}(y-\xi) = \sum_{k=1}^{3} n_y \cdot \nabla E(\zeta)\bigg|_{\zeta = y-\xi}$$

において $y \in \partial\Omega$ の制限の下で $y \to \xi \in \partial\Omega$ とすると，有限確定な値に近づくことがわかる．

さて，(11.35) によって，

(11.36)
$$\int_{\partial\Omega} E(y-\xi)\frac{\partial u}{\partial n}(y)\,dS_y = \frac{1}{2}\phi(\xi) - \int_{\partial\Omega}\phi(y)\frac{\partial}{\partial n_y}E(y-\xi)\,dS_y = v(y).$$

ここで右辺は既知の関数である．

式 (11.36) にならって，作用素

$$T:\ w \longmapsto \int_{\partial\Omega} E(y-\xi)w(y)\,dS_y$$

を定義する．結局，$\partial u/\partial n$ を求めることは，作用素 T の逆作用素を計算することに他ならないことになる．しかしながら，この積分作用素は T はコンパクトであることが容易に示され，$\partial u/\partial n$ を求めることは第 1 種 Fredholm 型積分作用素の解を求めることと同じ困難を伴う．

定理 11.37 T は $L^2(\partial\Omega)$ 上の自己共役作用素で，1 対 1 である．しかしその逆写像は $L^2(\partial\Omega)$ では有界でない．

［証明］ 積分核 $E(\eta-\xi)$ は $(\eta,\xi) \in \partial\Omega \times \partial\Omega$ について 2 乗可積分ではない．しかし，

$$\sup_{\xi \in \partial\Omega} \int_{\partial\Omega} |E(\eta-\xi)|\, dS_\eta < \infty, \quad \sup_{\eta \in \partial\Omega} \int_{\partial\Omega} |E(\eta-\xi)|\, dS_\xi < \infty$$

が成り立つから, 定理 8.2 によって T は $L^2(\partial\Omega)$ 上の有界作用素になる. $E(x) = E(-x)$ に注意すれば自己共役であることもほぼ自明である. 残りの主張は次の不等式から導かれる.

(11.37) $\qquad \alpha\|w\|_{-1/2}^2 \leqq (Tw, w) \leqq \beta\|w\|_{-1/2}^2 .$

ここで, α と β は w に依存しない正の定数である. この不等式は T が $H^{-1/2}(\partial\Omega)$ から $H^{1/2}(\partial\Omega)$ への同型写像であることをも意味している. つまり, T の逆写像を近似的にせよ求める際に最もふさわしい空間は $H^{1/2}(\partial\Omega)$ なのである. L^2 型の関数空間は多くの場合に最適の枠組を提供するが, つねにそうとは限らない.

不等式(11.37)の証明は H. Okamoto, *J. Fac. Sci. Univ. Tokyo*, Sect. IV **35** (1988), 345–362 を参照されたい.

与えられた f に対していかにして $T^{-1}f$ を計算するかが境界要素法のポイントである. そのやり方にはいろいろあって, Galerkin 法もそのひとつであるが, 実際の計算に用いられることは少ない. それは T^{-1} のための Galerkin 法は計算量が大きくなり過ぎるという欠点があるからである. 実際には選点法など, 計算量が少なくしかも Galerkin 法と同等(以上)の精度の計算方法が開発されている(磯[34], ブレビア[9]).

──────── 演習問題 ────────

11.1 Ω を N 次元 Euclid 空間内の有界領域とする. Ω で調和で, かつ, $\overline{\Omega}$ で連続な関数全体を X とし,

$$\|f\| = \sup_{x \in \Omega} |f(x)|$$

をノルムとする. この空間は Banach 空間であることを証明せよ.

11.2 上の Banach 空間を 2 次元単連結領域 Ω で考える. $0 < R$ を十分大きくとって, $\overline{\Omega}$ が, 原点を中心とする半径 R の円板に含まれるようにする. 原点を

中心とする半径 R の円周上に,この円周で稠密になるような点列 x^j $(j=1,2,\cdots)$ をとる.
$$g_j(x_1, x_2) = \log((x_1-x_1^j)^2 + (x_2-x_2^j)^2)$$
で g_j を定義すると,$\{g_j\}_{j=1}^{\infty}$ は X で完全であることを証明せよ.

11.3 $r \in [0,1]$ に対し,
$$T_r(x) = \begin{cases} x/r & (0 \leq x \leq r) \\ 1 & (r \leq x \leq 1) \end{cases}$$
と定義する.$[0,1]$ 内のすべての有理数全体を $\{r_n\}$ とするとき,$\{T_{r_n}\}$ は $L^2(0,1)$ で完全である.これを示せ.

11.4 定理 11.6 を証明せよ.

11.5 $C([0,1])$ での最良近似多項式は唯ひとつであることを示せ.

11.6 $1 < p < \infty$ とする.α, β を与えられた定数として,$f(x) = \alpha \cos Nx + \beta \sin Nx$ とおく.また,
$$S = \left\{ \sum_{k=0}^{N-1} a_k \cos kx + \sum_{k=1}^{N-1} b_k \sin kx \,\bigg|\, a_k, b_k \in \mathbb{R} \right\}$$
とする.$L^p(0, 2\pi)$ における f の S に関する最良近似は恒等的に 0 である関数であることを証明せよ.

11.7 $F(z)$ は区間 $[0,\pi]$ を含む $\mathbb{C}$ の開集合で正則であり,$F(z+\pi) = F(z)$ が成り立つものと仮定する.
$$a_k = \frac{2}{\pi} \int_0^\pi F(x) e^{ikx} dx$$
とおくとき,ある $\rho \in (0,1)$ が存在して,$a_k = O(\rho^k)$,$k \to \infty$ であることを示せ.

11.8 定理 11.32 の記号を用いる.N に無関係な定数 B_0 が存在して,実数列 $a_n^{(N)}$ が
$$\sum_{n=0}^{N} |a_n^{(N)}| < B_0$$
を満たすものとし,$L_N = \sum_{n=0}^{N} a_n^{(N)} L_n$ とおく.もし,$C([0,1])$ の稠密な線形部分空間 X において
$$\lim_{N \to \infty} L^{(N)} f = Lf \quad (f \in X)$$
が成立するならば,$L^{(N)}$ は L に汎弱収束することを示せ.

11.9 X を Banach 空間とし，S をその線形閉部分空間とする．$x \in X \setminus S$ に対し，

$$y_0 \in S \text{ が } x \text{ の } S \text{ での最良近似である}$$

ことと，次の 3 条件を満たす $f \in X^*$ が存在することとが同値であることを証明せよ．

(i) $\|f\| = 1$;
(ii) $f(y) = 0 \ (y \in S)$;
(iii) $f(x - y_0) = \|x - y_0\|$.

あとがき

 関数解析は現代流の偏微分方程式論において必須の道具である．と同時に，関数解析の多くの定理は積分方程式や偏微分方程式におけるさまざまな事実の抽象化になっている．たとえば，Fredholm の定理は，行列の階数を積分方程式へ拡張し，抽象化したものと考えることができるし，Krein–Rutman 理論は，楕円型偏微分作用素の最大値原理周辺の事実を抽象化したものと見ることもできる．そういった意味で，関数解析を学ぶと同時に，あるいは学んだ直後に，偏微分方程式を学ぶことが効果的であろう．ただし，偏微分方程式論を学ぶためには Schwartz の超関数を知っていた方がよい．Schwartz の超関数は Banach 空間よりもさらに一般的な，局所凸線形位相空間の元とみなすことができる．こういう高級な関数解析は，本書で取り扱った，直感的な関数解析よりもより抽象的な取り扱いが必要となる．以下，分野ごとに参考文献をあげることにする．

(1) 関数解析

 まず最初に，この本の内容を補い，さらに勉強をするための関数解析の教科書をあげよう．日本語で手に入りやすく定評のある教科書としては，例えば，藤田–黒田–伊藤[21]，黒田[45]，藤田[23]，コルモゴロフ–フォミーン[42]があげられる．もちろん，これら以外にも数多くの優れた関数解析の教科書があり，教科書との「相性」もあるので，各自いろいろな本を見て好みの教科書を選ぶのがよいと思う．内容としては，上にあげた[21]がほぼ標準的と思われるので目安としてほしい．加藤[88]も良書である．

 英語の教科書も，もちろん数多くの良書があるが，著者達が標準的と考える本としては，Yosida [82], Kato [38], Stone [72], Hille–Phillips [26], Dunford–Schwartz [19] 等があげられる．[82]は半群理論の構築者の一人で

ある吉田耕作による教科書であり，長いあいだ標準的な教科書として用いられてきた．Schwartz の超関数や偏微分方程式を学ぶための好著である．[38] も古典的な名著であり，優れた教科書として名高い．内容的には他の教科書とはかなり異なり，摂動論を中心として一般論から応用まで広く論じた大著である．[72] は本書でも触れた「Stone の定理」の Stone による古典的な教科書である．内容的にはやや古い感もあるが，逆に取っつきやすいかもしれない．[26], [19] はどちらも膨大な内容を持つ理論書であり通読するのは大変と思われるが，しばしば標準的な文献として引用される．また，あとであげる Reed–Simon [62] の第1巻もよくまとまった関数解析の入門書となっている．

(2) 偏微分方程式論

関数解析は，歴史的に微分方程式や数理物理への応用を目的に開発された理論であり，応用を抜きに学ぶのではバランスを欠くし，深い理解もおぼつかない．ここでは，関数解析を用いた偏微分方程式論の勉強の手引きとなる本を紹介する．

日本語の教科書としては，溝畑[59], 熊ノ郷[44], 井川[32] 等が薦められる．[59] は 1960 年当時の最新の理論を中心に整理された教科書であり，現在から見ると古さを感じさせる部分(例えば記号の使い方など)もあるが，優れた教科書として推薦できる．[44] はバランスのとれた(線形)偏微分方程式論への入門書であり，読みやすく書きながら深い結果まで論じている．[32] は双曲型方程式，楕円型方程式を中心に論じた偏微分方程式の入門書であり，超関数，Sobolev 空間についても丁寧に解説されている．

偏微分方程式論は広大な分野なだけに，英語の文献としても多数の本があげられる．ここでは，比較的新しく，多くの題材を扱った本として，Taylor [77](全3巻), Hörmander [31](全4巻)を紹介しておこう．これらはいずれも大著であるが，この分野を代表する研究者達によって書かれた「総まとめ」という感じの本であり，展望を得るために眺めてみるといいだろう．

(3) 数理物理学

 数理物理学は，関数解析の理論のひとつの源であり，現在に至るまで両者は密接な関係を持ちながら発展してきた．たとえば，Hilbert 空間の公理化は量子力学の基礎付けのために J. von Neumann によって成し遂げられたものであり，それはノイマン[83]に説明されている．クーラン–ヒルベルト[11]はこの分野の開拓者によって書かれた古典的名著として有名で，微分方程式の教科書としても定評がある．他に日本語の数理物理の参考書としては，黒田[46]，谷島[80]をあげておこう．[80]は変分法や Fourier 解析，偏微分方程式の教科書としても豊富な内容が盛り込まれている．

 クーラン–ヒルベルトの教科書の現代版を目論んで，量子力学の数学的理論を中心に書かれたのが Reed–Simon [62] である．かなり大部ではあるが比較的読みやすく，第 2 巻の半ば以降は各章を独立して読める．[62]はこの分野の標準的教科書といえるが，発展の速い分野だけにすでに古さも感じられる．それを補うためには，Cycon–Froese [13]，Holden–Jensen [29]，Hislop–Sigal [27] を見るとよいだろう．

 関数解析の理論の重要な発展としては，量子場の理論の公理化に端を発する作用素環(C^*-環，W^*-環)の理論も忘れるわけにはいかない．標準的な教科書としては，Pedersen [63]，Sakai [64] があげられる．数理物理への応用を視野に入れた教科書としては，Bratteli–Robinson [8] がある．

(4) 数値解析学

 日本語の教科書では何といっても杉原–室田[73]をお勧めする．数学的にかなり高度な部分もあるが，かといって応用の意味を忘れるような抽象さがなく，理論と応用のバランスが取れている．また，L. Collatz, *Functional analysis and numerical mathematics*, Academic Press, 1966 や Achieser [1] も多くの具体的な知識を与えてくれる著書として推薦できる．偏微分方程式の数値解析法を論じたものに，S. K. Godunov and V. S. Ryabenkii, *Difference schemes*, North-Holland, 1987，R. D. Richtmyer and K. W. Morton, *Difference methods for initial-value problems*, 2nd ed., Interscience, 1967 が

ある.どちらも古典的名著であり,本書を読まれたならば比較的困難なく読めるであろう.山口昌哉・野木達夫,数値解析の基礎,共立出版,1969 も偏微分方程式の数値解析法の解説として優れている.少し大部であるが,A. Quarteroni and A. Valli, *Numerical approximation of partial differential equations*, Springer, 1994 は最近の研究をふまえた教科書として内容が充実している.

参考文献

[1] N. I. Achieser, *Theory of approximation*, Ungar, 1956.
[2] R. A. Adams, *Sobolev spaces*, Academic Press, 1975.
[3] S. Banach, *Théorie des opérations linéaires*, Z Subwenji Funduszu Kultury Narodowej, Warszawa, 1932, reprinted by Chelsea, 1963.
[4] S. Banach, *Theory of linear operators*, North-Holland, 1987.
[3]の英語訳, A. Pelczyński と Cz. Bessage による最近の結果が追加されている.
[5] J. J. ベネデット・M. W. フレージャー編, ウェーブレット——理論と応用, 山口昌哉・山田道夫監訳, シュプリンガー東京, 1995.
[6] G. D. Birkhoff and O. D. Kellogg, Invariant points in function space, *Trans. Amer. Math. Soc.* **23**(1922), 96–115.
[7] ブルバキ, 数学原論, 位相線型空間 1, 2, 東京図書, 1968, 1970.
[8] O. Bratteli and D. W. Robinson (ed.), *Operator algebras and quantum statistical mechanics*, I(2nd ed.), II, Springer, 1987, 1981.
[9] C. A. ブレビア, 境界要素法入門, 神谷紀生他訳, 培風館, 1980.
[10] A. J. Chorin and J. E. Marsden, *Mathematical introduction to fluid mechanics*, Springer, 1993.
[11] R. クーラン・D. ヒルベルト, 数理物理学の方法 1-4, 齋藤利弥監訳, 東京図書, 1989.
[12] R. Courant, *Dirichlet's principle, conformal mapping and minimal surfaces*, Interscience, 1950, reprinted by Springer, 1977.
[13] H. L. Cycon, R. G. Froese, W. Kirsch, and B. Simon, *Schrödinger operators with applications to physics and geometry*, Springer, 1987.
[14] I. Daubechies, *Ten lectures on wavelets*, Society for Industrial and Applied Mathematics, 1992.
[15] B. Davies, *Integral transforms and their applications*, Springer, 1978.

[16] P. J. Davis, *Interpolation and approximation*, Dover, 1975.
[17] P. J. Davis・P. Rabinowitz, 計算機による 数値積分法, 森正武訳, 日本コンピュータ協会, 1981.
[18] ディユドネ, 現代解析の基礎 1, 森毅訳, 東京図書, 1971.
[19] N. Dunford and J. T. Schwartz, *Linear operators I–III*, Interscience, 1958–71.
[20] G. Duvaut and J.-L. Lions, *Inequalities in mechanics and physics*, Springer, 1976.
[21] 藤田宏・黒田成俊・伊藤清三, 関数解析, 岩波書店, 1991.
[22] 藤田宏・池部晃生・犬井鉄郎・高見穎郎, 数理物理に現われる偏微分方程式 I(岩波講座基礎数学), 岩波書店, 1977.
[23] 藤田宏, 関数解析(岩波講座応用数学), 岩波書店, 1995.
[24] I. C. Gohberg and I. A. Fel'dman, *Convolution equations and projection methods for their solution*, Translations of Mathematical Monographs, Amer. Math. Soc., 1974.
[25] E. Hewitt and K. Stromberg, *Real and abstract analysis*, Springer, 1965.
[26] E. Hille and R. S. Phillips, *Functional analysis and semi-groups*, Amer. Math. Soc. Colloq. Publ. **XXXI**, 1957.
[27] P. D. Hislop and I. M. Sigal, *Introduction to spectral theory with applications to Schrödinger operators*, Springer, 1996.
[28] K. Hoffman, *Banach space of analytic functions*, Prentice Hall, 1962.
[29] H. Holden and A. Jensen(ed.), *Schrödinger operators*, Springer Verlag Lecture Notes in Physics **345**, Springer, 1989.
[30] C. O. Horgan, Korn's inequalities and their applications in continuum mechanics, *SIAM Review* **37**(1995), 491–511.
[31] L. Hörmander, *The analysis of linear partial differential operators I–IV*, Springer, 1983–85.
[32] 井川満, 偏微分方程式論入門, 裳華房, 1996.
[33] 今井功, 流体力学(前編), 裳華房, 1973.
[34] 磯祐介, 境界要素法の数理, 『数学』**41**(1989), 112–125.
[35] 伊藤清三, ルベーグ積分入門, 裳華房, 1963.
[36] 伊藤清三・小松彦三郎編, 解析学の基礎, 岩波書店, 1977.

[37] D. Jackson, *The theory of approximation*, Amer. Math. Soc., 1930.
[38] T. Kato, *Perturbation theory for linear operators*, 2nd ed., Springer, 1976.
[39] 吉田耕作・加藤敏夫, 大学演習 応用数学 I, 裳華房, 1961.
[40] Y. Katznelson, *An introduction to harmonic analysis*, Dover, 1976.
[41] 菊地文雄, 有限要素法概説——理工学における基礎と応用, サイエンス社, 1980.
[42] A. N. コルモゴロフ・S. V. フォミーン, 函数解析の基礎(第2版), 山崎三郎訳, 岩波書店, 1971, 原著ロシア語, 1968.
[43] 小松勇作, 特殊函数, 朝倉書店, 1967.
[44] 熊ノ郷準, 偏微分方程式, 共立出版, 1978.
[45] 黒田成俊, 関数解析, 共立出版, 1980.
[46] 黒田成俊, スペクトル理論 II (岩波講座基礎数学), 岩波書店, 1979.
[47] O. A. ラジゼンスカヤ, 非圧縮粘性流体の数学的理論, 藤田宏・竹下彬訳, 産業図書, 1979.
[48] H. ラム, 流体力学 1, 2, 3, 今井功・橋本英典訳, 東京図書, 1978, 1981, 1988.
[49] N. N. Lebedev, *Special functions and their applications*, Dover, 1972.
[50] J. Lindenstrauss and L. Tzafriri, *Classical Banach spaces I*, Springer, 1977.
[51] Y. Meyer, *Wavelets and operators*, Cambridge Univ. Press, 1992.
[52] C. Marchioro and M. Pulvirenti, *Mathematical theory of incompressible nonviscous fluids*, Springer, 1994.
[53] 増田久弥, 非線型楕円型方程式 (岩波講座基礎数学), 岩波書店, 1977.
[54] 増田久弥, 非線型数学, 朝倉書店, 1985.
[55] 俣野博, 現代解析学への誘い, シリーズ現代数学への入門, 岩波書店, 2004.
[56] Y. Matsuno, *Bilinear transformation method*, Academic Press, 1984.
[57] S. G. Mikhlin, *Variational methods in mathematical physics* (translation from Russian), Pergamon Press, 1964.
[58] S. G. Mikhlin, *Multidimensional singular integrals and integral equations* (translation from Russian), Pergamon Press, 1965.
[59] 溝畑茂, 偏微分方程式論, 岩波書店, 1965.

[60] 森正武, 有限要素法とその応用, 岩波書店, 1983.
[61] L. Nirenberg, *Topics in nonlinear functional analysis*, Courant Institute of Mathematical Sciences, Lecture Note, 1974.
[62] M. Reed and B. Simon, *Methods of modern mathematical physics I–IV*, Academic Press, 1972–79.
[63] G. K. Pedersen, *C* algebras and their automorphism groups*, Academic Press, 1979.
[64] S. Sakai, *C*-algebras and W*-algebras*, Springer, 1971.
[65] J. Serrin, Mathematical principles of classical fluid mechanics, *Handbuch der Physik* **VIII/2**(1959).
[66] M. Shinbrot, *Arch. Rational Mech. Anal.* **17**(1964), 255–271.
[67] I. Singer, *Best approximation in normed linear spaces by elements of linear subspace*, Springer, 1970.
[68] D. R. Smart, *Fixed point theorems*, Cambridge Univ. Press, 1974.
[69] E. M. Stein, *Singular integrals and differentiability properties of functions*, Princeton Univ. Press, 1970.
[70] E. M. Stein and G. Weiss, *Introduction to Fourier analysis on Euclidean space*, Princeton Univ. Press, 1971.
[71] G. G. Stokes, On the theories of the internal friction of fluids in motion, and of the equilibrium and motion of elastic solids, *Trans. Camb. Phil. Soc.* **8**(1845), *Mathematical and Physical Papers* **1**, 75–129.
[72] M. H. Stone, *Linear transformations in Hilbert spaces and their applications to analysis*, Amer. Math. Soc. Colloq. Publ. **XV**, 1964.
[73] 杉原正顯・室田一雄, 数値計算法の数理, 岩波書店, 1994.
[74] 田端正久, 微分方程式の数値解法 II(岩波講座応用数学), 岩波書店, 1994.
[75] 高木貞治, 解析概論(改訂第 3 版), 岩波書店, 1983.
[76] 田辺広城, 関数解析(上・下), 実教出版, 1978, 1981.
[77] M. Taylor, *Partial differential equations I–III*, Springer, 1996.
[78] R. Temam, *Navier-Stokes equations*, North-Holland, 1977.
[79] C. Truesdell, *A first course in rational continuum mechanics*, Academic Press, 1991.
[80] 谷島賢二, 物理数学入門, 東京大学出版会, 1994.

[81] 吉田耕作・伊藤清三編, 函数解析と微分方程式, 岩波書店, 1976.
[82] K. Yosida, *Functional analysis*, 6th ed., Springer, 1980.
[83] J. v. ノイマン, 量子力学の数学的基礎, 井上健他訳, みすず書房, 1957.
[84] N. Wiener, *The Fourier integral and certain of its applications*, Dover, 1958.
[85] E. Zeidler, *Applied functional analysis, main principles and their applications*, Springer, 1995.
[86] E. Zeidler, *Applied functional analysis, applications to mathematical physics*, Springer, 1995.
[87] W. P. Ziemer, *Weakly differentiable functions*, Springer, 1989.

(追加)
[88] 加藤敏夫, 位相解析, 共立出版, 1957(2001 年に復刊).
[89] H. Okamoto and M. Shōji, *The mathematical theory of permanent progressive water-waves*, World Scientific, 2001.
[90] 一松信編, 数学七つの未解決問題, 森北出版, 2002, 第 7 章.
[91] A. Granas and J. Dugundji, Fixed Point Theory, Springer, 2003.

演習問題解答

第1章

1.1 a を K の内点, つまり $\varepsilon > 0$ が存在して $(a-\varepsilon, a+\varepsilon) \subset K$ であるとする. このとき,

$$f_n(x) = \begin{cases} 1, & x \geq a+1/n \text{ のとき} \\ n(x-a), & a < x < a+1/n \text{ のとき} \\ 0, & x \leq a \text{ のとき} \end{cases}$$

とおくと, $f_n \in C(K)$, そして Lebesgue の収束定理により

$$\|f_n - f_m\|_1 \to 0 \quad (n, m \to \infty),$$

つまり $\{f_n\}$ が Cauchy 列であることが分かる. さらに

$$f_\infty(x) = \begin{cases} 1, & x > a \text{ のとき} \\ 0, & x \leq a \text{ のとき} \end{cases}$$

とおけば $f_\infty \notin C(K)$ であり

$$\|f_n - f_\infty\|_1 \to 0 \quad (n \to \infty)$$

が成立するから, $(C(K), \|\cdot\|_1)$ は完備でない.

1.2 A_n は収束列なので, 一様有界, つまり任意の n に対して $\|A_n\| \leq C$ である. したがって, $n \to \infty$ のとき,

$$\|A_n B_n - AB\| = \|A_n(B_n - B) + (A_n - A)B\|$$
$$\leq \|A_n\| \|B_n - B\| + \|A_n - A\| \|B\|$$
$$\leq C\|B_n - B\| + \|A_n - A\| \|B\| \to 0.$$

1.3 $f, u \in C(K)$ ならば $M_f u(x) = f(x)u(x)$ は連続なので, $M_f u \in C(K)$ であり

$$\|M_f u\| = \max |f(x)u(x)| \leq \max |f(x)| \cdot \max |u(x)| = \max |f(x)| \cdot \|u\|.$$

つまり, $\|M_f\|_{B(C(K))} \leq \max |f(x)|$. 一方, $u = f \in C(K)$ とすれば,

$$\|M_f f\| = \max |f(x)|^2 = (\max |f(x)|)^2 = \|f\|^2$$

となるので, $\|M_f\|_{B(C(K))} = \|f\| = \max |f(x)|$ を得る.

I_k については,

$$\|I_k u\| = \max_x \left| \int k(x,y)u(y)dy \right| \leq \max_x \left| \int |k(x,y)| \cdot |u(y)|dy \right|$$

$$\leq \max_{x,y} |k(x,y)| \max_y |u(y)| \int dy = |K| \max_{x,y} |k(x,y)| \cdot \|u\|$$

よりただちに求める評価が従う.

1.4 整数 $m > 0$ を固定して, $n > m$ を

$$n = mk + r, \quad r \in \{0, 1, \cdots, m-1\}$$

と分解する. すると劣加法性より,

$$a_n = a_{mk+r} \leq k a_m + a_r.$$

ゆえに,

$$\frac{a_n}{n} \leq \frac{k}{n} a_m + \frac{a_r}{n} = \frac{a_m}{m} + \frac{a_m}{m}\left(\frac{km}{n} - 1\right) + \frac{a_r}{n} = \frac{a_m}{m} - \frac{r}{n}\frac{a_m}{m} + \frac{a_r}{n}$$

を得る. $n \to \infty$, つまり $k \to \infty$ とすると, 右辺は (a_m/m) に収束する. したがって,

$$\limsup_{n \to \infty} \frac{a_n}{n} \leq \frac{a_m}{m}.$$

ここで m が任意であることに注意すると, これより

$$\limsup_{n \to \infty} \frac{a_n}{n} \leq \inf_n \frac{a_n}{n} \leq \liminf_{n \to \infty} \frac{a_n}{n}$$

が示される. すなわち, (a_n/n) の極限は存在し, 求める等式が成立する.

1.5 $r(A) < \tilde{r}(A)$ と仮定しよう.

$$F(w) = \left(A - \frac{1}{w}\right)^{-1}$$

とおけば, 仮定より $F(w)$ は $\{w \,|\, |w| < r(A)^{-1}\}$ で正則である.

$$s = (r(A) + \tilde{r}(A))/2 < \tilde{r}(A)$$

とすると, Cauchy の積分公式より

$$F^{(n)}(w) = \frac{n!}{2\pi} \oint_{|w|=1/s} \frac{F(v)}{v^{n+1}} dv, \quad |w| < 1/s$$

を得る. $w = 0$ でのノルムを評価すると,

$$F^{(n)}(0) \leq n! \sup_{|v|=1/s} \|F(v)\| s^{n+1}.$$

一方, レゾルベントの Neumann 級数展開によれば $F^{(n)}(0) = n! A^{n-1}$ なので, 結

局任意の n に対して,
$$\|A^{n-1}\| \leqq Cs^{n+1}, \quad C = \sup_{|v|=1/s} \|F(v)\|$$
が成立することになる．これを $(1/n)$ 乗して $n \to \infty$ の極限をとれば $\tilde{r}(A) \leqq s$ が導かれるが，それは矛盾．つまり，$r(A) \geqq \tilde{r}(A)$ である．以上より，$r(A) = \tilde{r}(A)$ が証明された．

1.6 (1) $\alpha > 1/p$, (2) $\alpha > -n/p$.

1.7 $f \in L^\infty$, $\|f\|_\infty \neq 0$ とする．まず，$1 \leqq p < \infty$ のとき
$$\|f\|_p \leqq (\mu(X))^{1/p} \|f\|_\infty \quad (f \in L^\infty)$$
なので，
$$\|f\|_\infty \geqq \limsup_{p \to \infty} \|f\|_p$$
が従う．そこで後は，任意の $\varepsilon > 0$ に対して p が十分大きいとき
$$\|f\|_p \geqq \|f\|_\infty - \varepsilon$$
が成立することを示せばよい．$\alpha = \|f\|_\infty - \varepsilon/2 > 0$ とおくと，$\|f\|_\infty$ の定義より
$$\beta = \mu\{x \mid |f(x)| \geqq \alpha\} > 0$$
である．したがって
$$\|f\|_p^p = \int |f|^p d\mu \geqq \int_{\{x \mid |f(x)| \geqq \alpha\}} \alpha^p d\mu \geqq \alpha^p \beta$$
が成立する．ゆえに $\|f\|_p \geqq \alpha \beta^{1/p}$. $\beta > 0$ だから $p \to \infty$ のとき $\beta^{1/p} \to 1$ となり，p が十分大きいとき
$$\|f\|_p \geqq (\|f\|_\infty - \varepsilon/2) \beta^{1/p} > \|f\|_\infty - \varepsilon$$
が従う．

1.8 ℓ^p の Cauchy 列は成分ごとに Cauchy 列であることに注意すると，成分ごとの極限が存在することが分かる．あとは，それらによって定義される数列が ℓ^p に入ること，ℓ^p で Cauchy 列がこの数列に収束することを示せばよい．詳細は省略する．（L^p-空間の完備性の証明を参考にしてもよい．）

第2章

2.1
$$\|u+v\|^2 + \|u-v\|^2 = (u+v, u+v) + (u-v, u-v)$$

$$= \|u\|^2 + (u,v) + (v,u) + \|v\|^2 + \|u\|^2 - (u,v) - (v,u) + \|v\|^2$$
$$= 2(\|u\|^2 + \|v\|^2).$$

2.2 前問と同様にして，

$$\|u+v\|^2 - \|u-v\|^2 = \|u\|^2 + (u,v) + (v,u) + \|v\|^2 - \|u\|^2 + (u,v) + (v,u) - \|v\|^2$$
$$= 2((u,v) + (v,u)) = 4\operatorname{Re}[(u,v)].$$
$$\|u+iv\|^2 - \|u-iv\|^2 = 2((u,iv) + (iv,u)) = -4i\operatorname{Im}[(u,v)].$$

これらより，分極公式が従う．$\mathbb{R}$ 上の Hilbert 空間の場合は，第 2 の式の項が不要であることに注意しよう．

2.3 $I=[0,1]$, $L^p=L^p(I)$ の場合を考えよう．一般の場合も同様(考えてみよ)．

$$u(x) = \begin{cases} 1, & x < 1/2 \\ 0, & x \geqq 1/2 \end{cases} \qquad v(x) = \begin{cases} 0, & x < 1/2 \\ 1, & x \geqq 1/2 \end{cases}$$

とすると，$1 \leqq p < \infty$ に対して

$$\|u+v\|_p^2 + \|u-v\|_p^2 = 2,$$
$$2(\|u\|_p^2 + \|v\|_p^2) = 2(2^{2/p} + 2^{2/p}) = 2^{2-2/p}.$$

$p=\infty$ の場合もこれが成立するのは簡単に分かる．したがって中線定理が成立するのは $p=2$ の場合に限られる．

2.5 A を自己共役作用素，$Au=\lambda u$, $\|u\| \neq 0$, $\lambda \in \mathbb{C}$ とすると，
$$(Au,u) = (\lambda u, u) = \lambda \|u\|^2.$$
一方，
$$(Au,u) = (u, Au) = (u, \lambda u) = \overline{\lambda} \|u\|^2$$
も成立するので，$\lambda = \overline{\lambda}$, すなわち $\lambda \in \mathbb{R}$ が従う．

2.6 $Au=\lambda u$, $Av=\mu v$ とする．すると，$\lambda, \mu \in \mathbb{R}$ だから
$$(\lambda - \mu)(u,v) = (Au,v) - (u,Av) = 0$$
となり，$(u,v)=0$ が導かれる．

2.7 $(Au,u) \in \mathbb{R}$ $(u \in X)$ と仮定すると，
$$\operatorname{Im}(Au,u) = \frac{1}{2i}((Au,u) - (u,Au))$$
$$= ((2i)^{-1}(A-A^*)u, u) = 0 \quad (u \in X).$$

ここで，$B = (2i)^{-1}(A - A^*)$ は自己共役である．すると命題 2.38, 命題 2.40 の証明と同様にして，$\sigma(B) = \{0\}$, したがって $B = 0$ が導かれる．つまり $A = A^*$ であり，A は自己共役である．

2.8 例 2.41 とほぼ同様である．ただし，$u_\varepsilon(x)$ としては
$$\Omega_{z,\varepsilon} = \{x \in \Omega \mid |f(x) - z| < \varepsilon\}$$
と定義して，
$$u_\varepsilon(x) = \begin{cases} 1, & x \in \Omega_{z,\varepsilon} \\ 0, & x \notin \Omega_{z,\varepsilon} \end{cases}$$
とおく．z が任意の $\varepsilon > 0$ に対し $\mu(\Omega_{z,\varepsilon}) > 0$ を満たせば，
$$\|(M_f - z)u_\varepsilon\| < \varepsilon \|u_\varepsilon\|, \quad \|u_\varepsilon\| \neq 0$$
が成立し，$z \in \sigma(M_f)$ がしたがう．（他の部分はやさしいので省略する．）

第3章

3.1 定義より $(Y^\perp)^\perp \supset Y$ は明らかであり，直交補空間はつねに閉部分空間だから $(Y^\perp)^\perp \supset \overline{Y}$ がしたがう．一方，$(Y^\perp)^\perp \neq \overline{Y}$ と仮定すると，$u \in (Y^\perp)^\perp \setminus \overline{Y}$ が存在する．すると射影定理により，$u = v + w$, $v \in \overline{Y} \subset (Y^\perp)^\perp$, $w \in \overline{Y}^\perp = Y^\perp$ と書ける．仮定より $w \neq 0$ である．一方，$w = u - v \in (Y^\perp)^\perp$. したがって $w \in Y^\perp \cap (Y^\perp)^\perp = \{0\}$ であり，これは矛盾．つまり $(Y^\perp)^\perp = \overline{Y}$ である．

3.2 $\operatorname{Ker} A$ が線形部分空間であることは明らかだろう．閉であることを示そう．$u_n \in \operatorname{Ker} A$, $u_n \to u \in X$ とすると，
$$Au = A(\lim u_n) = \lim Au_n = 0.$$
ゆえに $u \in \operatorname{Ker} A$ である．（A の連続性を用いたことに注意．）

$\operatorname{Ran} A$ が閉でない例を作る．$X = \ell^2$ としよう．
$$(Au)_n = n^{-1} u_n \quad (u = (u_n) \in \ell^2, \ n = 1, 2, \cdots)$$
とおくと $\operatorname{Ran} A$ は ℓ^2 で稠密である．なぜなら，有限個を除いて 0 であるような ℓ^2 の元は $\operatorname{Ran} A$ に入る．一方，$\operatorname{Ran} A \neq \ell^2$ である．たとえば，$a_n = 1/n$ ($n = 1, 2, \cdots$) とおくと，$(a_n) \in \ell^2$ だが $(a_n) \notin \operatorname{Ran} A$. 実際，$(a_n) \in \operatorname{Ran} A$ とすると，$A^{-1}(a_n) = (1) \in \ell^2$ となり矛盾．

3.5 $\lambda \in \sigma(A)$ とすると，場合分けを考えれば，命題 3.26 の (i) から (iii)，あるいは命題 3.27 の条件のどれかは成立することが分かる．命題 3.27 の条件が

成立する場合は $\lambda \in \sigma_d(A)$ であることは明らかだから，命題 3.26 の(i)–(iii)のそれぞれの場合に $\lambda \in \sigma_{\mathrm{ess}}(A)$ を示せばよい．(ii), (iii)については容易だろうから，(i)：$\lambda \in \sigma_c(A) \Longrightarrow \lambda \in \sigma_{\mathrm{ess}}(A)$ を確かめよう．もし $\varepsilon > 0$ に対して

$$\dim \operatorname{Ran} \chi_{(\lambda-\varepsilon, \lambda+\varepsilon)}(A) < \infty$$

であるとすると，$A\lceil(\operatorname{Ran}\chi_{(\lambda-\varepsilon, \lambda+\varepsilon)}(A))$ は有限次元空間上の作用素であり，点スペクトルしか持たない．これは仮定に矛盾するから，$\dim \operatorname{Ran} \chi_{(\lambda-\varepsilon, \lambda+\varepsilon)}(A) = \infty$，つまり $\lambda \in \sigma_{\mathrm{ess}}(A)$ である．

3.6 定義に戻って注意深く確かめればよい．

第 4 章

4.1 背理法を用いる．$\{u_n\}$ が u に収束しないとすると，$\{u_n\}$ の部分列 $\{w_n\}$ が存在して，$d(w_n, u) \geq \varepsilon > 0$ となる．ここで $d(\cdot, \cdot)$ は X の距離関数．これは，$\{w_n\}$ も u に収束する部分列を持つことに矛盾する．

4.2 $\Omega \times \Omega$ の可測集合族は，$K \times K' \subset \Omega \times \Omega$（$K, K'$：可測）の形の集合から生成されることに注意する．このことから，$\chi_{K \times K'}(x, y)$（K, K'：有界可測）の形の定義関数の線形結合で表される関数の集合は，$L^2(\Omega \times \Omega)$ の中で稠密なことが導かれる．ここで，χ_Λ は Λ の定義関数とする．

$\{\varphi_j(x)\}$ が $L^2(\Omega)$ の正規直交基底とすると，$\{\varphi_j \otimes \varphi_k = \varphi_j(x)\varphi_k(y)\}$ が $L^2(\Omega \times \Omega)$ の正規直交系であることは容易に分かる．実際，

$$(\varphi_j \otimes \varphi_k, \varphi_l \otimes \varphi_m) = \iint \varphi_j(x)\varphi_k(y)\overline{\varphi_l(x)\varphi_m(y)}dxdy$$

$$= (\varphi_j, \varphi_l)(\varphi_k, \varphi_m) = \delta_{jl}\delta_{km}$$

となる．一方，K, K' を有界可測集合とすると，$\{\varphi_j(x)\}$ の完全性より，任意の $\varepsilon > 0$ に対して

$$\left\|\chi_K - \sum_{j=1}^N \alpha_j \varphi_j\right\| < \varepsilon, \quad \left\|\chi_{K'} - \sum_{k=1}^N \beta_k \varphi_k\right\| < \varepsilon$$

が成立するような α_j, β_k, N が存在する．すると，

$$\left\|\chi_{K \times K'} - \sum_{j,k=1}^N \alpha_j \beta_k \varphi_j \otimes \varphi_k\right\|$$

$$= \left\|\chi_{K \times K'} - \chi_K \otimes \sum_k \beta_k \varphi_k + \chi_K \otimes \sum_k \beta_k \varphi_k - \left(\sum_j \alpha_j \varphi_j\right) \otimes \left(\sum_k \beta_k \varphi_k\right)\right\|$$

$$\leqq \|\chi_K\| \cdot \left\|\chi_{K'} - \sum_k \beta_k \varphi_k\right\| + \left\|\chi_K - \sum_j \alpha_j \varphi_j\right\| \cdot \left\|\sum_k \beta_k \varphi_k\right\|$$

が従う．Bessel の不等式より $\left\|\sum_k \beta_k \varphi_k\right\| \leqq \|\chi_{K'}\|$ と仮定してよいから，結局

$$\left\|\chi_{K \times K'} - \sum_{j,k=1}^N \alpha_j \beta_k \varphi_j \otimes \varphi_k\right\| \leqq \varepsilon(\|\chi_K\| + \|\chi_{K'}\|)$$

を得る．$\varepsilon > 0$ は任意だったから，これから $\{\varphi_j \otimes \varphi_k\}$ の完全性が導かれる．

4.3 $N = \dim \operatorname{Ran} A$ とし，$\{\psi_1, \cdots, \psi_N\}$ を $\operatorname{Ran} A$ の正規直交基底とする．

$$u \in X \longmapsto (Au, \psi_j) \in \mathbb{C}$$

は X^* の元だから，Riesz の表現定理によって

$$(Au, \psi_j) = (u, \varphi_j), \quad u \in X$$

を満たす $\varphi_j \in X$ が存在する．これらのベクトルが問題の条件を満たす．

4.4

$$u \in \operatorname{Ker} A^* \iff (v, A^* u) = 0 \quad (\forall v \in X)$$
$$\iff (Av, u) = 0 \quad (\forall v \in X)$$
$$\iff u \in (\operatorname{Ran} A)^\perp,$$

ゆえに $\operatorname{Ker} A^* = (\operatorname{Ran} A)^\perp$．もう一つの式は，これから導かれる．

4.5 u_n, v_n をヒントの点列とする．$\{v_n\}$ が有界でないと仮定して矛盾を導こう．$\{v_n\}$ の部分列 $\{v_{n(k)}\}$ で，$k \to \infty$ のとき $\|v_{n(k)}\| \to \infty$ となるものをとってくる．そして $w_{n(k)} = \|v_{n(k)}\|^{-1} v_{n(k)}$ とおくと

$$(A-1)w_{n(k)} = \|v_{n(k)}\|^{-1} u_{n(k)} \to 0 \quad (k \to \infty)$$

が成立する．一方，$\{w_{n(k)}\}$ は弱位相に関して相対コンパクトだから，弱収束する部分列をとって $w_{n'(k)} \xrightarrow{w} w$ とすることができる．すると A がコンパクトだから $Aw_{n'(k)} \to Aw$ がしたがう．上の収束と合わせると，

$$w_{n'(k)} = -(A-1)w_{n'(k)} - Aw_{n'(k)} \to Aw \quad (k \to \infty)$$

となり，$\{w_{n'(k)}\}$ は実はノルムで収束していることが分かる．つまり，$w_{n'(k)} \to w \ (k \to \infty)$ である．一方，

$$(A-1)w = \lim_{k \to \infty}(A-1)w_{n'(k)} = 0$$

だから $w \in \operatorname{Ker}(A-1)$．これは $w_{n'(k)} \in [\operatorname{Ker}(A-1)]^\perp$ に矛盾する．ゆえに $\{v_n\}$ は有界である．

したがって $\{v_n\}$ は弱位相に関して相対コンパクトだから，部分列 $\{v_{n(k)}\}$ をとって $v_{n(k)} \xrightarrow{w} v \in X \ (k \to \infty)$ が成立するようにできる．すると，上の議論と同様に

して, $k \to \infty$ のとき
$$v_{n(k)} = -(A-1)v_{n(k)} + Av_{n(k)} = -u_{n(k)} + Av_{n(k)} \to -u + Av$$
となり, やはり $v_{n(k)} \to v$ はノルム収束の意味で成立している. ゆえに
$$u = \lim_{k \to \infty}(A-1)v_{n(k)} = (A-1)v \in \text{Ran}(A-1)$$
が従う.

第5章

5.3 最初の方は, 稠密な部分空間 $D(A), D(B)$ で $D(A) \cap D(B) = \{0\}$ を満たすものを見つければ十分である (作用素 A, B を与える必要はない). 例えば, $X = L^2(\mathbb{R})$ として
$$D(A) = C_0^\infty(\mathbb{R}), \quad D(B) = \{u \in X \mid \mathcal{F}u \in C_0^\infty(\mathbb{R})\}$$
とおけばよい. ここで, $\mathcal{F}$ は Fourier 変換である. すると, $D(A) \cap D(B)$ の元は解析的, かつコンパクトな台を持つので 0 でなければならない. これらを定義域として持つ作用素としては, 次のようなものが挙げられる. f, g を (有界とは限らない) 連続関数として,
$$Au(x) = f(x)u(x), \quad Bu(x) = \mathcal{F}^{-1}(g(\xi)(\mathcal{F}u)(\xi))(x) \quad (u \in X, x \in \mathbb{R}).$$
こうすると, $D(AB) = \{0\}$ も成立する.

5.4 $D(M_f) \neq C_0^\infty(\Omega)$ は明らかだから, $\overline{M_f^{\min}} = M_f$ を示せば十分. 命題 5.4 の証明で見たように, M_f のグラフ・ノルムは $L^p(\Omega, (1+|f|^p)dx)$ のノルムと同値である. したがって, $C_0^\infty(\Omega)$ が $L^p(\Omega)$ の中で稠密であることの証明と同様にして, $C_0^\infty(\Omega)$ が $D(M_f)$ の中でグラフ・ノルムに関して稠密であることが示される.

5.5 開写像定理の A^{-1} に対して閉グラフ定理を適用すればよい.

欧文索引

absolutely continuous　　67
absolutely continuous spectrum　　70
absolutely continuous subspace　　68
adjoint operator　　39
almost periodic series　　78
Banach space　　3
basis　　125
best approximation　　218
boundary element method　　245
bounded　　5
bounded quadratic form　　59
closable　　99
closed operator　　98
closure　　99
coercive　　238
cokernel　　110
collocation method　　241
compact　　82
complete　　3
complete orthonormal system　　24
conjugate exponent　　132
conjugate linear　　37
conjugate space　　34
constitutive equation　　211
continuous　　67
continuous spectral subspace　　71
continuous spectrum　　71
convergence in mean　　30
convex cone　　192
convolution　　144
counting measure　　16
definition domain　　98

discrete　　67
discrete Schrödinger operator　　78
discrete spectrum　　71
domain　　98
dual space　　34
eigenvalue　　41
embedding theorem　　153
essential spectrum　　71
essentially bounded　　14
essentially self-adjoint　　111
exact　　126
finite element method　　240
first resolvent equation　　12
fixed point　　181
fixed point theorem　　181
Fourier transform　　139
frame　　126
frame operator　　126
functional calculus　　50
generalized derivative　　147
graph　　98
graph norm　　99
Hilbert space　　21
inner product　　20
inner product space　　21
integral kernel　　46
integral operator　　46
inverse Fourier transform　　142
kernel　　42
linear functional　　34
linear operator　　4, 98
modulus of continuity　　223

multi-resolution analysis 33
multiplication operator 44
non-negative 40
norm 2, 5
normed linear space 2
nowhere dense 105
operator 4
operator norm 5
operator of finite rank 86
orthogonal complement 55
orthogonal decomposition 55
orthogonal projection 35, 54
orthonormal basis 24
orthonormal system 24
partition of unity 114
perfect fluid 211
polarization identity 22
projection 54
projection theorem 34
pure point spectrum 70
pure point subspace 68
quadratic form 20, 59
range 42
reflexive 105
regular 11
resolvent 9
resolvent set 9
Riesz representation theorem 34
self-adjoint 39, 111

self-adjoint part 40
seminorm 102
separable 27
singular 67
singular continuous 67
singular continuous spectrum 70
singular continuous subspace 68
skew-adjoint part 40
Sobolev space 151
spectral decomposition theorem 64
spectral measure 58
spectral projection 60
spectral radius 12
spectrum 9
stress tensor 210
strictly convex 138
strong convergence 82
strongly-continuous one-parameter
　　unitary group 117
subadditivity 13
symmetric 40, 111
tight 126
uniformly convex 138
unitary operator 39
wavelet transform 145
weak* convergence 124
weak convergence 82
weak integral 64

和文索引

∗弱収束 124
Abelの積分方程式 167
Baireのカテゴリー定理 106

Banach空間 3
Benjamin–Ono方程式 179
Beppo–Leviの定理 232

Bernstein 多項式　224
Bernstein の定理　222, 224
Bessel の不等式　25
Brouwer の不動点定理　181
$C_0^\infty(\Omega)$　138
$\mathbb{C}^N$　23
Cauchy の応力原理　209
Cauchy–Poisson 法則　214
Cesàro 和　128
Chebyshev 多項式　224, 228
Clarkson の不等式　132
CLM 方程式　177
Constantin–Lax–Majda 方程式　177
Crapper の解　178
Dirichlet の原理　158
Euler 方程式　177, 200, 211
Fourier 関数系　29
Fourier 逆変換　142
Fourier 級数展開の完全性　29
Fourier 変換　139, 141, 144
Fredholm の交代定理　93
Frobenius の定理　192
Galerkin 法　239
Haar 関数系　31
Haar の定理　220
Hahn–Banach の拡張定理　103
Helmholtz 分解　203
Hermite 関数系　30
Hermite 空間　23
Hermite 作用素　111
Hermite 多項式　30, 229
Hilbert 空間　21
Hilbert 変換　169
Hilbert–Schmidt 型の積分作用素　88
Hilbert–Schmidt の展開定理　94

Hölder の不等式　15
Jackson の定理　223
Ker　42
Korn の不等式　156
Krein–Rutman の定理　193
L^∞　14
L^p　14
ℓ^p　16
$L^p(\Omega)$　16
$L^p_{\text{loc}}(\Omega)$　139
Laguerre 多項式　228
Laplace 逆変換　175
Laplace 変換　175
Lax–Milgram の定理　238
Lebesgue 空間　14
Legendre 関数系　30
Legendre 多項式　30, 226
Leray–Schauder の不動点定理　188, 201
Levi-Civita 方程式　178
Mayer のウェーブレット　33
Mazur の定理　185
Mellin 変換　175
Minkowski の不等式　15
Müntz の定理　222
Navier–Stokes 方程式　190, 199, 208, 215
Neumann 級数展開　9
Newton ポテンシャル　246
Parseval の等式　26
Peano の定理　122
Petrov–Galerkin 法　241
Poincaré の不等式　150
Poisson 核　173
Poisson の和公式　142
Radon–Nikodým 分解　67

Ran 42
Rellich–Kondrachov のコンパクト性定理 157
Riesz の表現定理 34
Riesz–Markov の定理 57
Riesz–Schauder の定理 91
Ritz 法 240
Schauder 基底 125
Schauder の不動点定理 185
Schmidt の直交化法 28
Schwarz の不等式 20
Shannon の公式 143
Shinbrot の不動点定理 189
Sobolev 空間 151
Sobolev の埋め込み定理 153, 155
Stieltjes 測度 64
Stokes の流体公理 212
Stone の定理 118
Stone–Weierstrass の定理 225
Trefftz 法 241
Volterra 型積分方程式 165
w* 収束 124
Weierstrass の多項式近似定理 50, 224
Wiener の定理 231
Wiener–Hopf 型積分方程式 168

ア 行

一様凸 138
一様有界性の原理 106
ウェーブレット基底 31
ウェーブレット変換 145
応力テンソル 210

カ 行

概 Mathieu 作用素 78

開写像定理 107
概周期数列 78
下界 126
核 42
かけ算作用素 44
可分 27
完全 126
完全正規直交系 24
完全流体 211
完備 3
基底 125
強圧的 238
境界積分法 245
境界要素法 245
狭義凸 138
狭義の Lebesgue 空間 16
強収束 82
共役空間 34
共役作用素 39
共役指数 132
共役線形 37
強連続 1 径数ユニタリー群 117
グラフ 98
グラフ・ノルム 99
広義導関数 147, 148
合成積 144
構成方程式 211
拘束点法 241
固有値 41
コンパクト 82

サ 行

最良近似 218
　　——の存在 218
最良近似多項式 220
差分作用素 76

作用素　4
　——の演算　50
作用素ノルム　5
自己共役　39, 111
自己共役部分　40
射影　54
射影定理　34
弱位相での積分　64
弱コンパクト　187
弱収束　82
弱閉　187
弱連続　187
上界　126
スペクトル　9, 66
スペクトル射影　60
スペクトル射影(作用素)　57
スペクトル写像定理　50
スペクトル測度　58
スペクトル半径　12
スペクトル分解定理　64
正規直交基底　24
正規直交系　24
正則　11
積分核　46, 163
積分作用素　45
積分方程式　163
絶対連続　67
絶対連続スペクトル　70
絶対連続部分空間　68
セミノルム　102
線形作用素　4, 98
線形汎関数　34
選点スペクトル法　241
線分条件　150
前閉　99
粗　105

像　42
双線形形式　20, 59
双対空間　34

タ 行

第1レゾルベント方程式　12
第1種 Fredholm 積分方程式　163, 168
台形公式　235
対称　40, 111
タイト　126
第2種 Fredholm 積分方程式　163
代用電荷法　244
多重解像度解析　33
単位の分解　114
中線定理　22
直交射影　54
直交射影(成分)　35
直交分解　55
直交補空間　55
定義域　98
点スペクトル　70
点スペクトル部分空間　68
特異　67
特異連続　67
特異連続スペクトル　70
特異連続部分空間　68
凸錐　192

ナ 行

内積　20
内積空間　21
ノルム　2, 5
　——の連続性　2
ノルム空間　2

ハ 行

反自己共役部分　40
汎弱収束　124
反射的　105
非圧縮一様流体　208
非圧縮粘性流体　199
非粘性流体　200
非負　40
複素 Fourier 関数系　30
不動点　181
不動点定理　181
フレーム　126
フレーム作用素　126
分極公式　22, 58
平均収束　30
閉グラフ定理　107
閉作用素　98
閉包　99
変形速度テンソル　211
変分法の基本定理　139
変分問題　158
本質的自己共役　111
本質的スペクトル　71
本質的有界　14

ヤ 行

有界　5
有界双線形形式　59
有限階数の作用素　86
有限要素法　240
ユニタリー作用素　39
余核　110

ラ 行

離散 Hilbert 変換　180
離散 Schrödinger 作用素　78
離散スペクトル　71
離散的　67
レゾルベント　9
レゾルベント集合　9
劣加法性　13
連続　67
連続ウェーブレット変換　146
連続スペクトル　71
連続スペクトル部分空間　71
連続率　223

■岩波オンデマンドブックス■

関数解析

2006年1月26日　第1刷発行
2016年11月10日　オンデマンド版発行

著　者　岡本 久　中村 周

発行者　岡本 厚

発行所　株式会社 岩波書店
　　　　〒101-8002　東京都千代田区一ツ橋2-5-5
　　　　電話案内　03-5210-4000
　　　　http://www.iwanami.co.jp/

印刷／製本・法令印刷

© Hisashi Okamoto, Shu Nakamura 2016
ISBN 978-4-00-730534-4　　Printed in Japan